# Photoshop
# 入门与进阶学习手册

## 景观 · 建筑效果图后期处理

高力 主编　欧艺伟　杨文婷　副主编

化学工业出版社

·北京·

## 内容简介

本书以零基础读者为对象，从软件及插件的安装、软件基础功能，到完整案例的建模操作，循序渐进地进行讲解，并详细地介绍了建筑、景观等模型的制作方法和技巧，可以帮助读者在实践中巩固前六章的内容，熟练运用软件的使用方法，真正做到理论与实际结合。同时，随书附赠配套视频和模型源文件，以帮助读者更好地理解操作技巧。

本书讲解全面，内容翔实，适合建筑学、城市规划、环境艺术、园林景观等专业的师生阅读，也可作为相关行业从业者的自学参考书。

图书在版编目（CIP）数据

Photoshop入门与进阶学习手册：景观·建筑效果图后期处理 / 高力主编；欧艺伟，杨文婷副主编. —北京：化学工业出版社，2023. 11
ISBN 978-7-122-44209-3

Ⅰ. ①P… Ⅱ. ①高… ②欧… ③杨… Ⅲ. ①图像处理软件 Ⅳ. ①TP391.413

中国国家版本馆CIP数据核字（2023）第177237号

责任编辑：吕梦瑶　　文字编辑：冯国庆
责任校对：王　静　　装帧设计：对白设计

出版发行：化学工业出版社
（北京市东城区青年湖南街13号　邮政编码100011）
印　　装：北京瑞禾彩色印刷有限公司
787mm×1092mm　1/16　印张15¾　字数400千字
2024年5月北京第1版第1次印刷

购书咨询：010-64518888　　售后服务：010-64518899
网　　址：http://www.cip.com.cn
凡购买本书，如有缺损质量问题，本社销售中心负责调换。

定　　价：98.00元

# 前言

Photoshop是Adobe公司旗下一款专注于处理以像素构成的数字图像的软件，其被广泛应用于平面设计、广告摄影、影像创意、网页制作等行业领域。本书侧重于建筑学、城乡规划、风景园林、环境设计等学科领域的设计图纸表达。Photoshop 的界面构成逻辑清晰，操作上手快，设计师可以通过基础工具快速处理图像，并且该软件与Adobe公司旗下的Illustrator、Indesign等图像类软件有良好的交互性，可实现不同软件之间的完美连接。同时，Photoshop 软件可以加载丰富多样的插件，以满足建筑类图纸绘制工作的需求，在一定程度上拓宽了Photoshop软件的应用场景，因此Photoshop软件迅速得到广大建筑师、城乡规划师、景观设计师和室内设计师的青睐。

Photoshop自创始起至今已有将近20个版本，截至2024年，已经迭代至Photoshop 2024。本书共分为7章，包含软件介绍、软件入门、工具列、图像调整、图层运用和实例操作等，内容由浅入深、层层递进，以满足不同学习阶段读者的使用需求。

为丰富Photoshop在建筑学、城乡规划、风景园林、环境设计等学科领域的应用市场，本书第7章以景观设计专业图纸为例，为读者提供了景观彩平图和效果图制作教程，并且配备了详细的视频讲解，相关视频文件，请关注公众号“卓越软件官微”，后台回复“Photoshop”即可获取。

本书涉及的知识内容较多，在编写过程中难免存在不足之处，希望广大读者多提宝贵意见，读者的反馈将更好地推动本书的后续修编工作。

卓越软件课程研发中心

2023年12月1日

# 目录

# 第3章 Photoshop工具列

## 第4章 Photoshop图像调整

## 第5章 Photoshop图层运用

## 第6章 Photoshop技巧专题

## 第7章 Photoshop实例操作

# 第1章　Photoshop 软件介绍

## 1.1 软件概述

Photoshop（全称Adobe Photoshop）是一款数字图像编辑和设计软件，简称PS，它可以便捷地创造、查看和修改多样化的创意电子图像，广泛应用于摄影后期、广告制作、插图绘制、交互设计、工业设计、建筑设计、景观规划、室内设计等多个行业。Photoshop的软件架构和功能系统相当庞大与复杂，其处理的图像类型一般为由像素所构成的数字电子图像，同时也涵盖矢量图像、数码视频、书籍文档等多种类型。Photoshop的软件平台生态完整，支持Windows、Mac OS、Android、iOS、iPad OS等多个操作系统，使用户可以随时随地地进行图像创作与编辑。

### 1.1.1 版本简介

Photoshop软件最初于1990年2月正式发布，在历时30多年的开发过程中，出现了多个经典的软件版本。总体而言，其较为重要的发展阶段有四次。第一次是自1990年的Photoshop 1.0至2002年的Photoshop 7.0版本，第二次是自2003年的Photoshop CS1至2012年的Photoshop CS6版本，第三次是自2013年的Photoshop CC至2019年的Photoshop CC 2019版本，第四次是自2020年的Adobe Photoshop 2020版本至今，目前的最新版本为Adobe Photoshop 2024。

### 1.1.2 功能特点

#### 1.1.2.1 界面简洁、操作高效

Photoshop的软件界面布局较为简洁，功能排布清晰明确，逻辑严谨。尽管其软件架构相对比较复杂，但简明的操作界面可以使用户快速上手，高效地完成不同类别的图像处理任务，对于不同技术层次的用户都比较友好。

#### 1.1.2.2 像素级图像处理架构

Photoshop相比于其他图像处理软件的核心特点在于它是一款对电子图像的像素点进行系统处理的图像软件，其编辑的对象类型为位图（与之相反的是，Adobe Illustrator编辑的图像类型为矢量图）。这种像素级的图像架构可以使其对电子图像进行精细化的绘制和编辑。

#### 1.1.2.3 多样化图像格式兼容

Photoshop支持海量的文件格式导入以及多样化的图像格式导出，几乎涵盖目前所有主流的图像文件类型，例如.jpg、.png、.bmp、.gif、.tiff、.hdr、.eps、.exr、.raw、.tga、.psd等位图格式；.ai、.svg等矢量图格式；.mp4、.mov、.flv等视频文件格式，以及.pdf便携文档格式等。可以使用户与多种软件平台协同合作，创作广泛的创意图像类型。

#### 1.1.2.4 快捷键型软件操作工作流

尽管Photoshop的界面布局明确，功能面板多样，编辑选项丰富，但其大量的软件功能操作均需通过快捷键才能完成，并且部分核心功能只有快捷键，无对应的菜单栏选项或面板按钮。因此，了解并熟记相关功能的快捷键对于Photoshop的学习和操作至关重要，这也是决定用户Photoshop技术水平和工作效率的重要因素。

# 1.2　配置要求

## 1.2.1　安装 Photoshop 的操作系统要求

**系统版本：** Windows 10 64位（版本20H2及以上）或Mac OS Big Sur (版本 11.0及以上)。

**运行库：** .NET Framework 4.0及以上版本。

**显卡驱动：** 建议安装品牌官方网站原版独立显卡驱动安装包。

**计算机用户名：** 用户名建议由非中文字符组成，例如：Administrator123@。

## 1.2.2　安装 Photoshop 的计算机硬件要求

**CPU：** 建议Intel®或AMD 64位中央处理器，主频2GHz及以上。

**显卡：** 建议NVIDIA系列或AMD系列的独立显卡，显存2GB及以上。

**内存：** 建议8GB及以上。

**硬盘：** 建议采用存储量64GB及以上的硬盘空间。

**鼠标：** 建议含滚轮的三键鼠标。

**显示器：** 建议1920×1080及以上分辨率。

# 1.3　安装卸载

## 1.3.1　Adobe Photoshop 2022 的安装

### 1.3.1.1　下载 Photoshop 安装包

扫描下方二维码进入“卓越软件官微”微信公众号，回复“软件安装”关键词，打开收到的网址链接，点击进入“后期软件”菜单，查找“Photoshop 2022”下载软件安装包。

**步骤01**　扫码关注“卓越软件官微”微信公众号，如图1-1所示。

图1-1　“卓越软件官微”微信二维码

**步骤02**　回复“软件安装”关键词，如图1-2所示。

图1-2　回复“软件安装”关键词

**步骤03**　收到“软件安装助手”链接，如图1-3所示。

图1-3　收到“软件安装助手”链接

**步骤04**　找到并进入“后期软件”菜单，如图1-4所示。

图1-4 找到并进入“后期软件”菜单

### 1.3.1.2 安装 Adobe Photoshop 2022

步骤01 打开从公众号中下载的安装包并解压，双击“Set-up”安装程序，如图1-5所示。

图1-5 Photoshop安装程序

步骤02 单击“继续”按钮，保持默认安装位置即可（也可自行更改路径），如图1-6所示。

图1-6 Photoshop初始安装

步骤03 单击“关闭”按钮，完成安装，如图 1-7所示。

图1-7 Photoshop完成安装

△ 提示

若安装过程中程序出错导致软件安装失败，可尝试以下几种解决方法：

① 重试安装“Adobe Photoshop 2022”程序；

② 检查系统是否有可用更新，确保计算机系统为Windows或Mac OS最新版本；

③ 检查并清理计算机C盘空间，保持C盘剩余空间在4GB以上；

④ 若出现错误代码，可前往Adobe官网查询对应的解决办法（https://helpx.adobe.com/cn/creative-cloud/kb/troubleshoot-download-install-logs.html）。

## 1.3.2 Adobe Photoshop 2022 的卸载

步骤01 打开计算机桌面上的“控制面板”，或按快捷键“Windows + R”打开运行窗口，输入指令“Control”并按“确定”按钮，如图1-8所示。打开“控制面板”后进入程序的子菜单“卸载程序”。

图1-8　打开控制面板

步骤02　在控制面板-程序和功能中的软件列表里找到“Adobe Photoshop 2022”，用鼠标左键双击即可卸载，如图1-9所示。

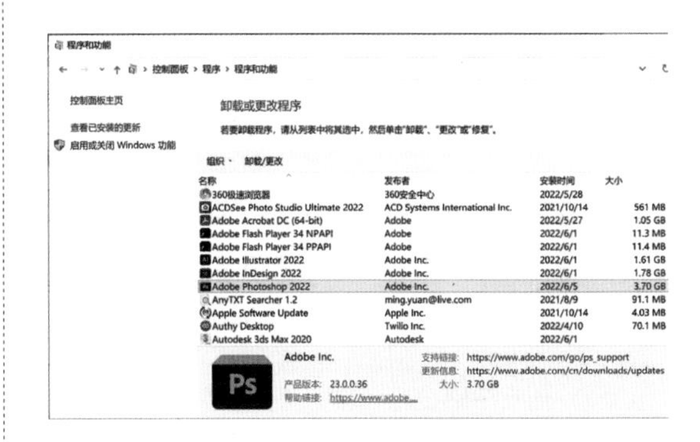


图1-9　Photoshop卸载

# 1.4　基础设置

Photoshop（以下简称PS）的基础设置旨在提高该软件的工作效率，通过对界面布局、工具选项、历史记录、文件处理、性能与暂存盘的设置可以将PS调试至符合用户需求的最佳工作状态。

## 1.4.1　界面设置

步骤01　检查PS当前工作区是否为“基本功能（默认）”，若PS界面变得陌生或不完整（例如缺少某个工具列或不小心删除了某个面板），可点击“窗口-工作区-复位基本功能”，使PS工作区恢复至默认状态，如图1-10所示。

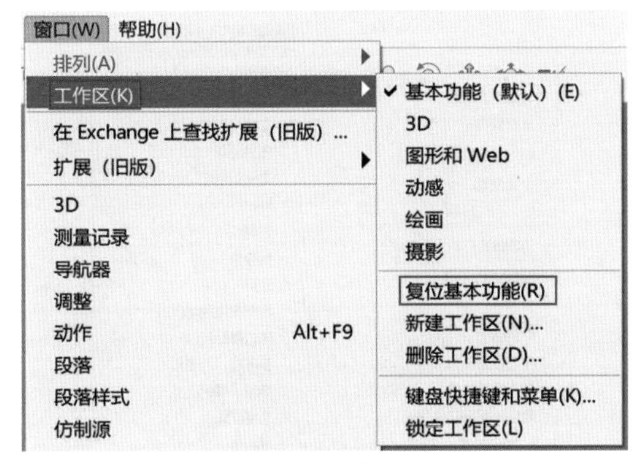


图1-10　PS界面工作区类型检查

△ 提示

后期若对PS掌握较为深入，且熟悉各个类别工作区的特点和使用方法，可根据自己的专业需要切换至对应的工作区。

① 3D：适用于制作三维造型效果。

② 图形和Web：适用于网页设计。

③ 动感：适用于动态视频编辑。

④ 绘画：适用于数字插画绘制。

⑤ 摄影：适用于摄影后期处理。

通常，若无特殊需求，建议选择基本功能，可满足各个行业大部分的PS使用需求。

步骤02　一般而言，建议初学者勾选“窗口”菜单栏中的“段落、画笔设置、历史记录、图层、颜色、直方图、字符、选项、工具”九个名称，如图1-11所示。

△ 提示

后期若有更多需求，勾选显示对应面板名称即可。

步骤03　分别拖动出现的九个面板至PS界面最右侧进行吸附，并合理排列其顺序，整理后的常用PS窗口面板示例如图1-12所示。

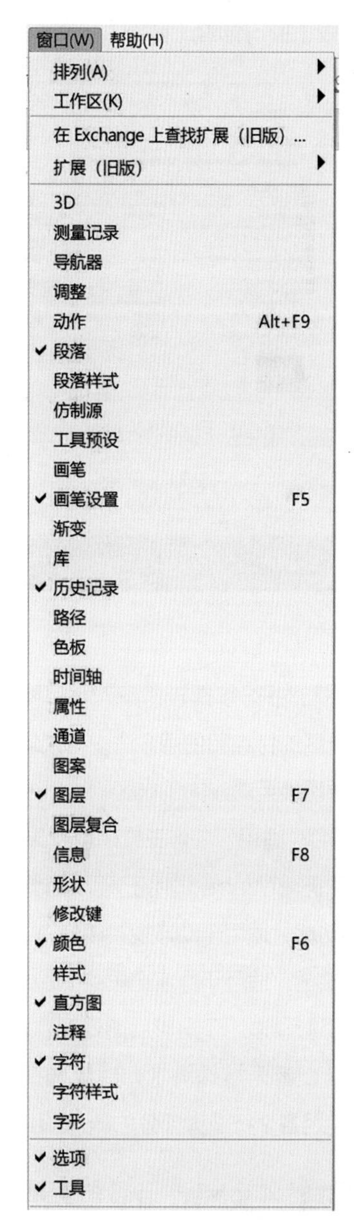


图1-11　勾选所需的窗口面板名称

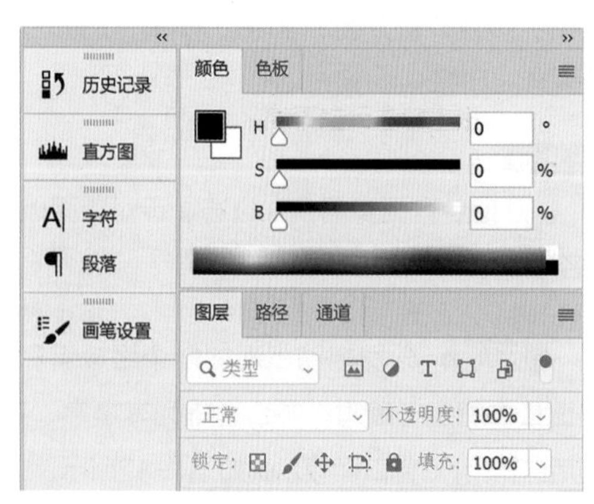


图1-12　整理后的常用PS窗口面板示例

步骤04　重新运行Photoshop后，按照如图1-13所示布局对PS界面进行整体布局。

图1-13　PS整体界面布局

## 1.4.2　系统设置

步骤01　执行“编辑>首选项>常规”菜单指令，或使用快捷键“Ctrl＋K”打开PS“首选项设置”（图1-14）。

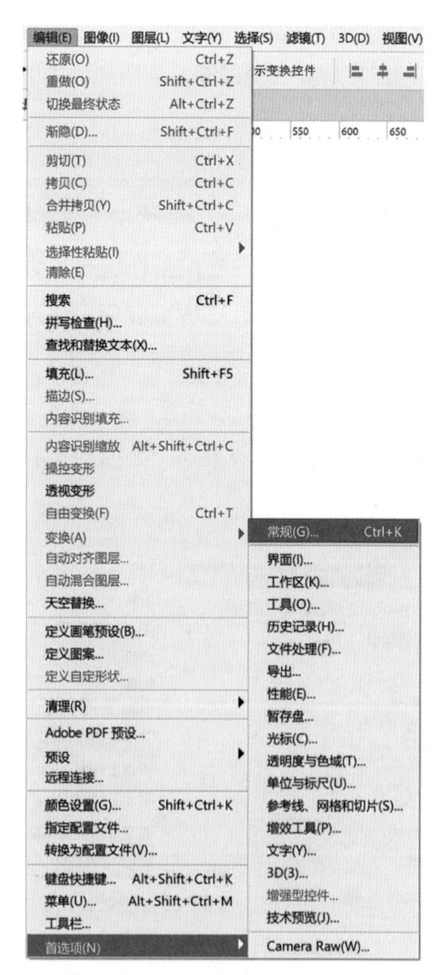


图1-14　PS首选项设置

**步骤02** 单击“常规”标签，将“HUD拾色器”改为“色相轮（中）”，如图1-15所示。

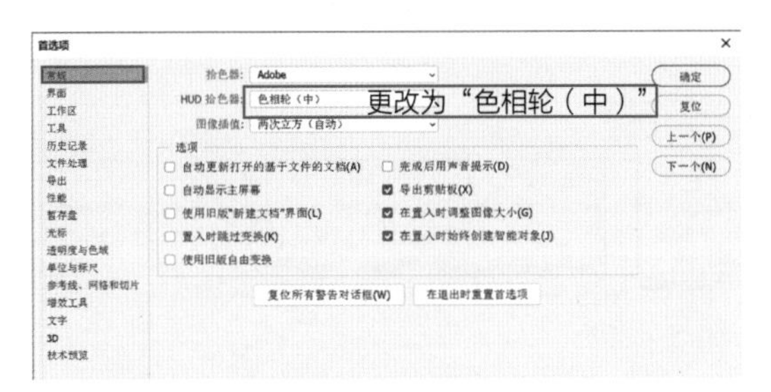


图1-15　常规选项设置

**步骤03** 单击“界面”标签，可更改以下内容。

① **界面颜色方案：**从左至右依次为黑色>深灰>浅灰>白色，用户可依据自己喜好选择对应的颜色方案，一般可保持默认。

② **界面缩放大小：**在“用户界面字体大小”栏可更改文字显示大小；在“UI缩放”栏可更改整体图标大小。用户可依据自己需求选择是否调整，一般可保持默认。注意：若有调整，需重新运行PS更改才会生效。

③ **通道显示颜色：**删选“用彩色显示通道”。以上调整如图1-16所示。

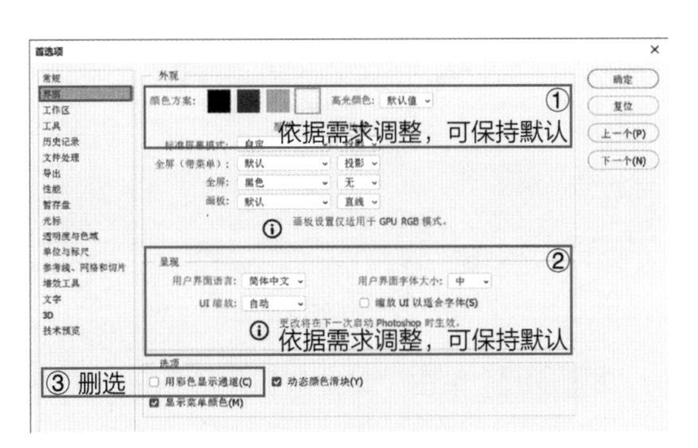


图1-16　界面选项设置

**步骤04** 单击“工具”标签，可选择更改以下内容。

**界面缩放快捷键：**PS默认缩放窗口的快捷键为“Alt＋鼠标中键滚轮”，若勾选“用滚轮缩放”选项则可以直接使用“鼠标中键滚轮”对PS界面窗口进行缩放，如图1-17所示。

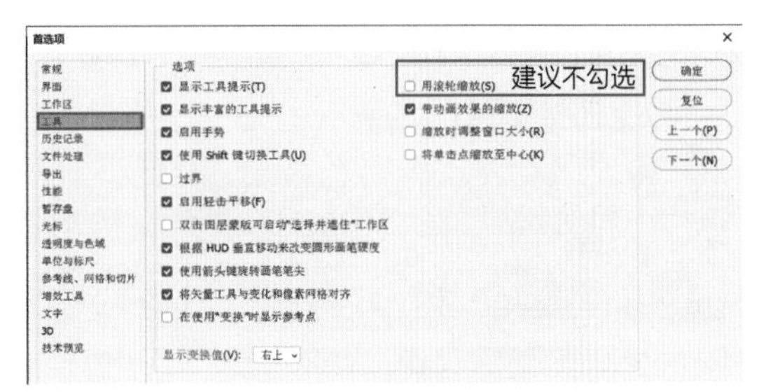


图1-17　工具选项设置

> **提示**
>
> 一般建议初学者不勾选此选项。由于Adobe系列的其他软件，如Illustrator和InDesign的界面缩放快捷键均为“Alt＋滚轮”且不支持自定义为滚轮缩放，因此用户保持“Alt＋滚轮”的缩放操作习惯有利于提高多个Adobe软件之间的协同工作效率。若已经习惯使用滚轮缩放PS界面，可根据需求勾选此选项。

**步骤05** 单击“历史记录”标签，勾选“历史记录”选项，类型选择“元数据”，如图1-18所示。

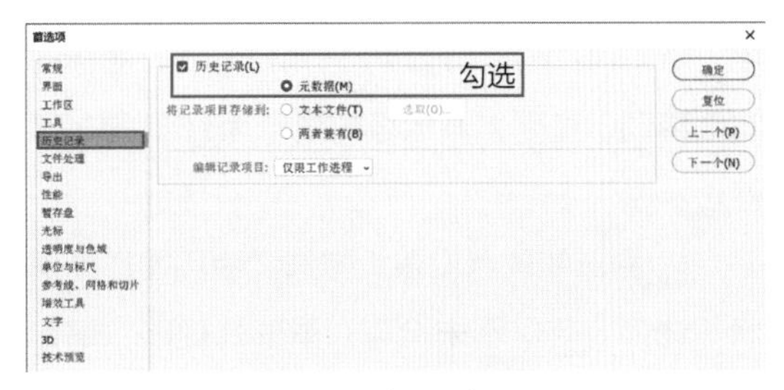


图1-18　历史记录选项设置

**步骤06** 单击“文件处理”标签，需更改以下内容。

① **文件自动保存设置：**勾选“存储至原始文件夹”“后台存储”和“自动存储恢复信息的间隔”三个选项，并将间隔的时长设置为“5分钟”，即PS会每5分钟自动保存一次，防止文件丢失。

② **文件存储格式设置：**勾选“启用旧版‘存储为’”选项（此为Adobe Photoshop

2022及以上版本才有的选项，低版本请忽略）。

以上调整如图1-19所示。

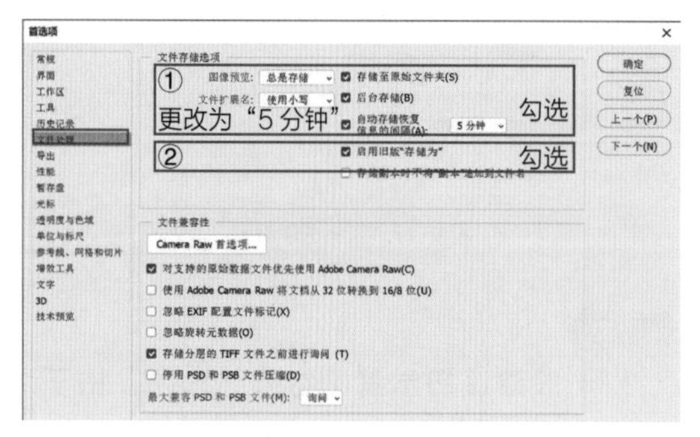


图1-19　文件处理选项设置

△ 提示

在Adobe Photoshop 2022及以上版本中，默认的快捷键“Ctrl+Shift+S”（“存储为”）无法直接另存为.jpg和.png等文件格式，在勾选“启用旧版‘存储为’”选项后，可以直接另存为常用的其他图像文件格式。

**步骤07**　单击“性能”标签，需更改以下内容。

① **内存使用情况：**在“让Photoshop使用…MB”栏下方，拖动小三角形“△”图标向右侧移动，直到上方括号内显示为70%的时候停止。

② **图形处理器设置：**勾选“使用图形处理器”选项。若显示未检测到图形处理器，请检查计算机是否有独立显卡：若有独立显卡，请更新显卡驱动程序后重新运行PS再次检查；若无请忽略。

以上调整如图1-20所示。

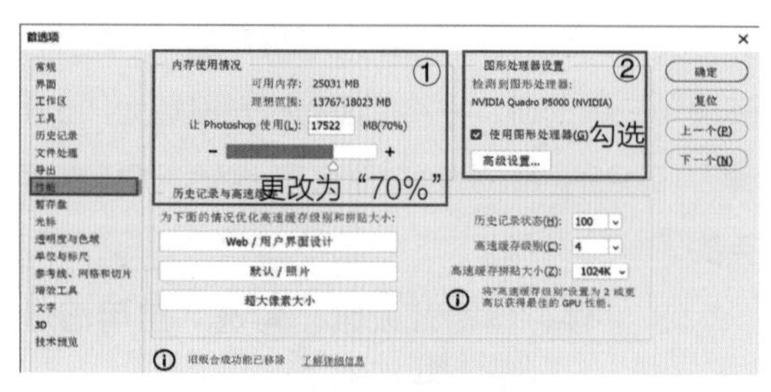


图1-20　性能选项设置

**步骤08**　单击“暂存盘”标签，删选C盘，勾选除了C盘以外的其余所有盘。若用户计算机内只有C盘，则忽略本步骤，如图1-21所示。

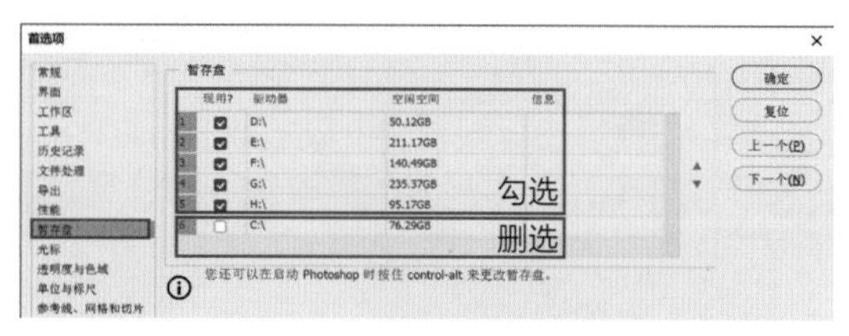


图1-21　暂存盘选项设置

△ 提示

暂存盘为PS在运行过程中因需存储临时文件而占用的磁盘空间，在PS关闭后，这些被占用的磁盘空间会被释放恢复至原来磁盘。但有时这些临时存储文件会多达几十GB，若存放在C盘可能会导致系统运行空间急剧压缩，增加系统崩溃的风险，因此建议删选C盘并勾选其他所有磁盘。

**步骤09**　单击“光标”标签，对于绘画光标点击选择“正常画笔笔尖”，对于其他光标点击选择“标准”，如图1-22所示。

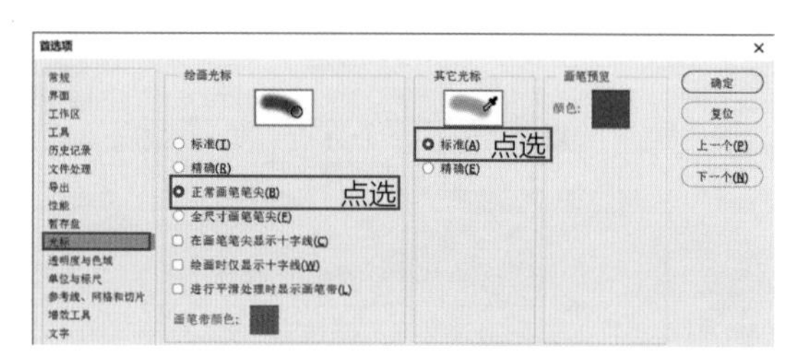


图1-22　光标选项设置

**步骤10**　单击“单位与标尺”标签，需更改以下内容。

① **单位：**标尺单位更改为“厘米”，文字单位更改为“点”。

② **预设分辨率：**打印分辨率更改为“300像素/英寸”，屏幕分辨率更改为用户计算机屏幕分辨率。关于分辨率的解析详见本书第二章。

以上调整如图1-23所示。

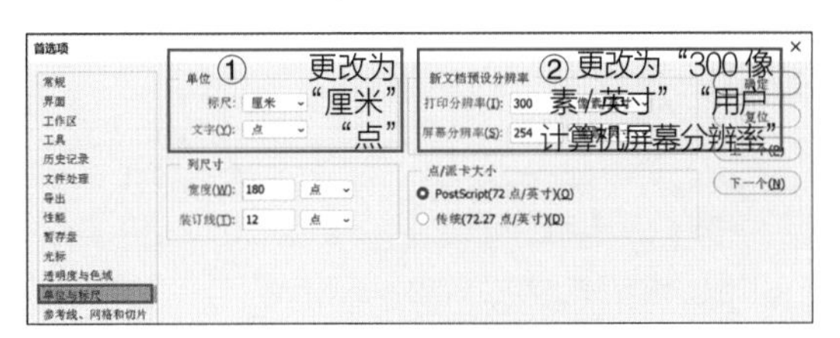


图1-23　单位与标尺选项设置

△ 提示

用户计算机屏幕分辨率的计算方法为

$$\text{用户计算机屏幕分辨率} = \frac{\sqrt{\text{屏幕横向分辨率}^2 + \text{屏幕纵向分辨率}^2}}{\text{屏幕对角线长度（屏幕尺寸）}}$$

以常见的15.6英寸（1英寸=2.54厘米）笔记本电脑显示屏、分辨率1920×1080为例，其计算机分辨率为

$$\frac{\sqrt{1920^2 + 1080^2}}{15.6} = 141\ \text{像素/英寸（ppi）}$$

用户可根据自己的计算机屏幕参数进行计算。

**步骤11**　单击“参考线、网格和切片”标签，用户可根据喜好选择更改“画布”和“智能参考线”的显示颜色，如图1-24所示。

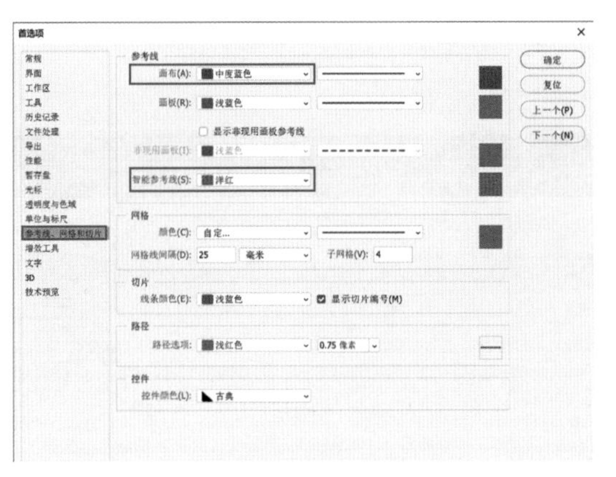

图1-24　参考线、网格和切片选项设置

**步骤12**　单击“文字”标签，勾选“使用ESC键来提交文本”选项。以上所有标签全部更改完成后，点击“确定”按钮，保存首选项设置，如图1-25所示。

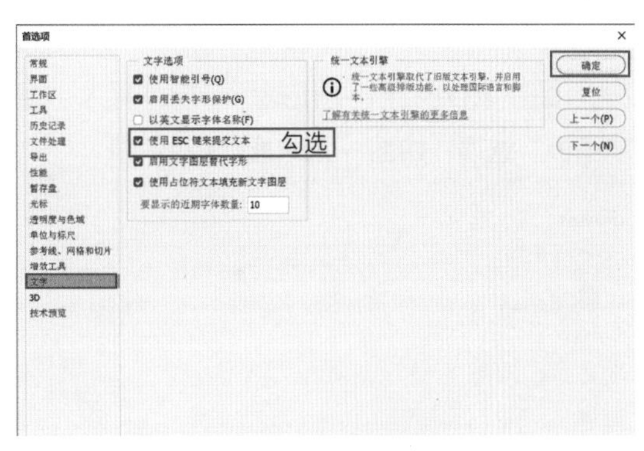


图1-25　文字选项设置

## 1.4.3　键盘快捷键设置

**步骤01**　执行“编辑>键盘快捷键”菜单指令，或使用快捷键“Alt+Shift+Ctrl+K”打开“键盘快捷键和菜单”设置面板，如图1-26所示。

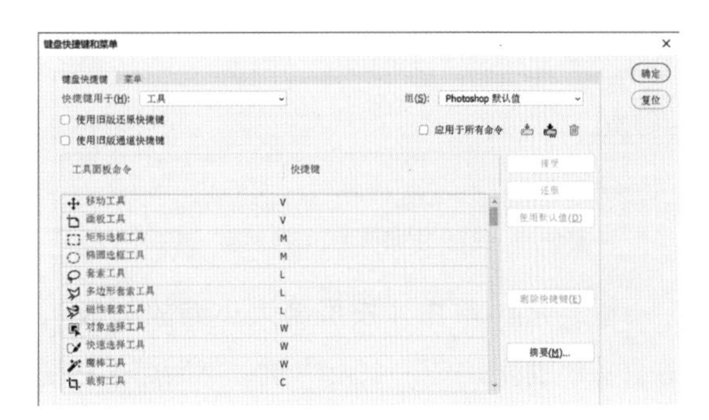

图1-26　“键盘快捷键和菜单”设置面板

△ 提示

在Photoshop操作中，用户经常使用“Alt+Ctrl+Shift”键盘组合快捷键，因而一般将“Alt+Ctrl+Shift”简称为“三键”。

**步骤02**　将“快捷键用于”选项类别由“工具”切换为“应用程序菜单”，如图1-27所示。

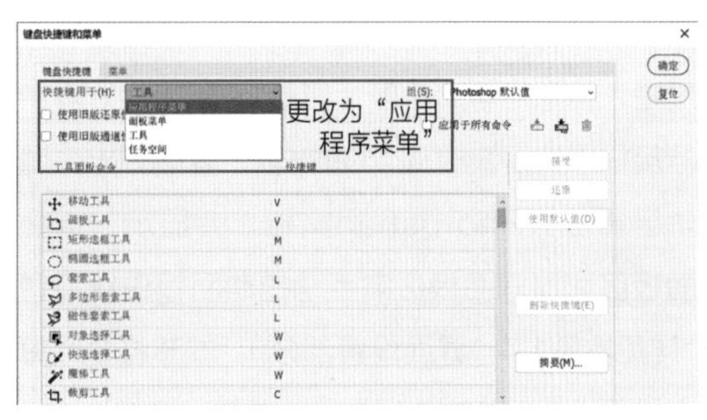


图1-27　切换为“应用程序菜单”设置

步骤03 点击下方列表“视图”旁边的“›”图标进行展开，下拉找到“按屏幕大小缩放画板”选项，如图1-28和图1-29所示。

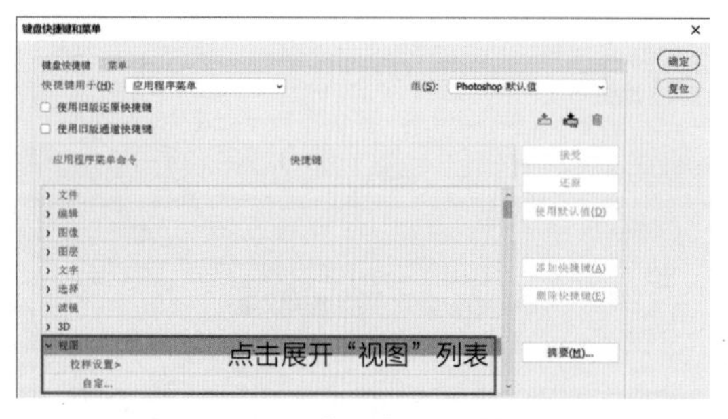


图1-28 展开“视图”列表快捷键设置

图1-29 找到“按屏幕大小缩放画板”选项

步骤04 单击“按屏幕大小缩放画板”，在计算机键盘上按下“Ctrl”键，然后点击右侧“接受”按钮，如图1-30所示。

图1-30 指定“按屏幕大小缩放画板”快捷键

步骤05 同理，点击展开“选择”菜单列表，找到并单击“所有图层”选项，在计算机键盘上按下“Alt＋Shift＋Ctrl＋A”按键进行快捷键指定，然后单击下方“接受并转到冲突处”按钮，最后单击右侧“确定”按钮完成键盘快捷键修改，如图1-31所示。

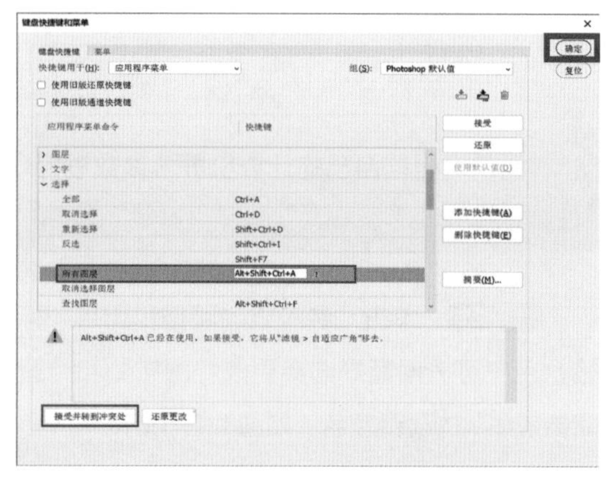

图1-31 修改“所有图层”快捷键

# 1.5 界面介绍

Photoshop的软件界面一般由十个部分组成，分别是菜单栏、选项栏、文件标签栏、工具栏、展开面板区、折叠面板区、绘图区、标尺栏、信息栏与滑轨区，如图1-32所示。其中标尺栏需按下快捷键“Ctrl＋R”才能调出，滑轨区需放大Photoshop文档才会显示，折叠面板区和展开面板区需手动拖动面板进行设置（详见本章1.4.1界面设置部分）。本节将介绍每个界面组成部分的作用与显示或关闭的方法。

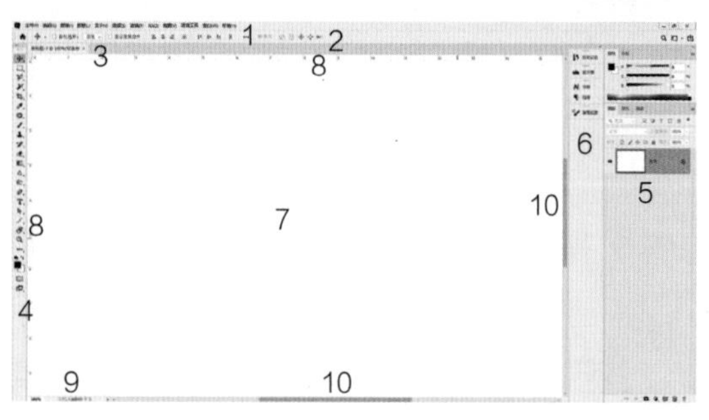


图1-32 Photoshop界面构成
1—菜单栏；2—选项栏；3—文件标签栏；4—工具栏；5—展开面板区；6—折叠面板区；7—绘图区；8—标尺栏；9—信息栏；10—滑轨栏

## 1.5.1　菜单栏

菜单栏包含最左侧的Photoshop标识、中间区域的Photoshop分类菜单和最右侧的窗口控件（最小化、最大化与关闭）三个部分。其中分类菜单有十二个，分别为：文件、编辑、图像、图层、文字、选择、滤镜、3D、视图、增效工具、窗口与帮助，如图1-33所示。

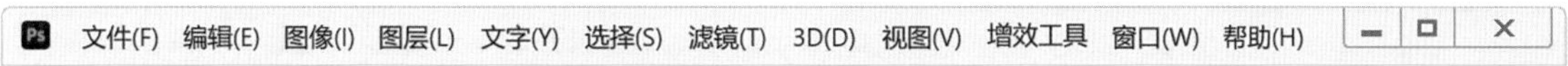

图1-33　Photoshop菜单栏

## 1.5.2　选项栏

选项栏显示当前工具的对应选项，其显示内容由当前所用工具类别决定，如图1-34所示。

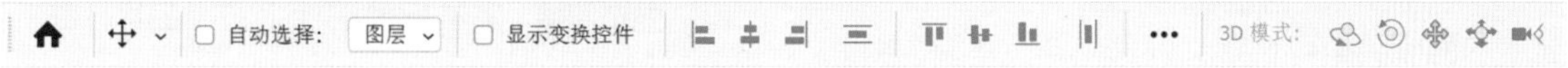

图1-34　Photoshop选项栏

## 1.5.3　文件标签栏

文件标签栏位于选项栏下方，信息包含正在编辑的Photoshop文件名称、@标识符、当前视窗缩放比例与文件的颜色模式四个部分。其中，“未标题-1”中的“未标题”代表当前文件未保存（已保存的文件名为“未标题”除外），“-1”代表这是当前未保存的第一个临时文档。一般情况下，在新建文档后，应立即保存文件并修改文件名，以防信息丢失，如图1-35所示。

图1-35　标题栏

## 1.5.4　工具栏

工具栏位于界面最左侧，是Photoshop最重要的操作面板之一，其内容众多，包含21个主要工具组及多个实用功能按钮，其图标从上到下依次代表的工具类型如图1-36所示。通常一个图标代表一类工具组，其组内包含多个工具，可使用鼠标右键单击进行切换，如图1-37所示。

图1-36　Photoshop工具类型

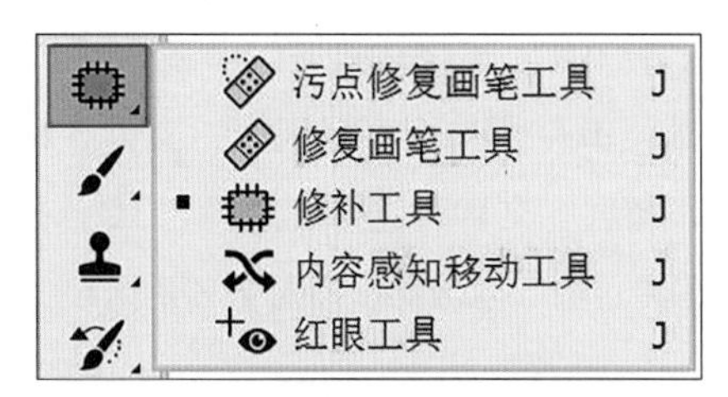


图1-37　用鼠标右键单击图标可在某一工具组下切换不同的工具（图示以“修补工具组”为例）

## 1.5.5　展开面板区

展开面板区一般位于Photoshop界面最右侧，包含“图层”和“颜色”等常用工具面板。显示的面板类型可自定义设置（详见本章1.4.1界面设置），位置可以移动，方法为用鼠标左键按住面板名称右侧的空白区域并拖拽，即可将其悬浮于Photoshop界面任意位置、吸附于其他面板或移动至“左/右/下”三个位置并吸附固定，如图1-38所示。

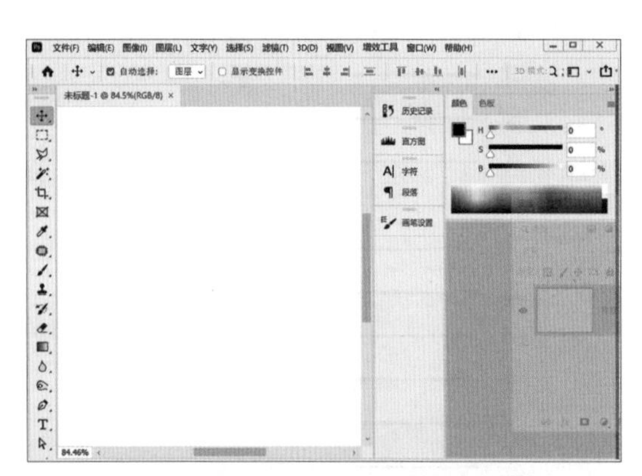

图1-38　移动“图层”面板并吸附于右侧边缘

## 1.5.6　折叠面板区

为了方便Photoshop软件操作，一般会在展开面板区左侧设置一个折叠面板区，用于存放那些使用频率较高但又不是时时刻刻都需要的快捷面板，例如“历史记录”“字符”“段落”和“画笔设置”等。具体操作方法如下。

**步骤01**　在菜单栏-“窗口”勾选所需的面板类型，单击弹出面板上方右侧的“<<”图标进行折叠收缩，如图1-39所示。

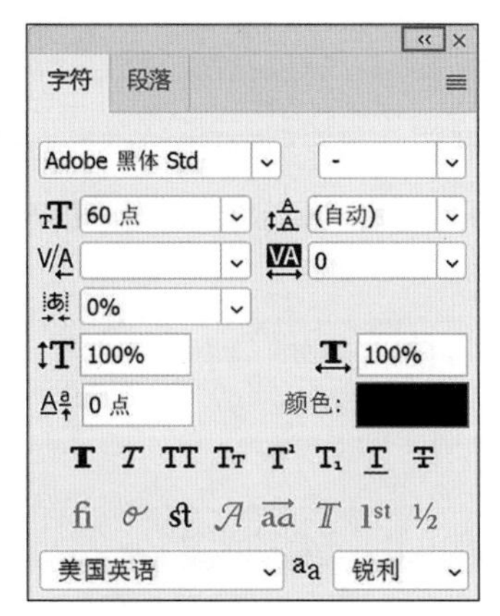


图1-39　收缩工具面板

**步骤02**　单击折叠面板上方空白区域进行拖动，如图1-40所示。

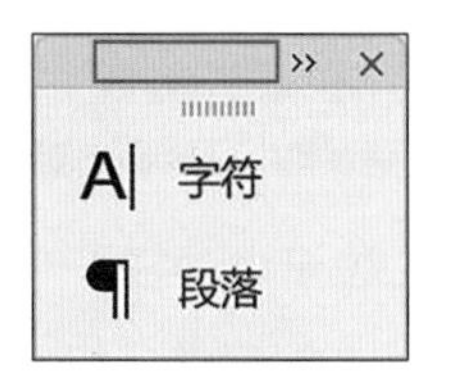


图1-40　拖动折叠面板

**步骤03**　拖拽面板至展开面板区左侧边缘进行吸附，如图1-41所示。

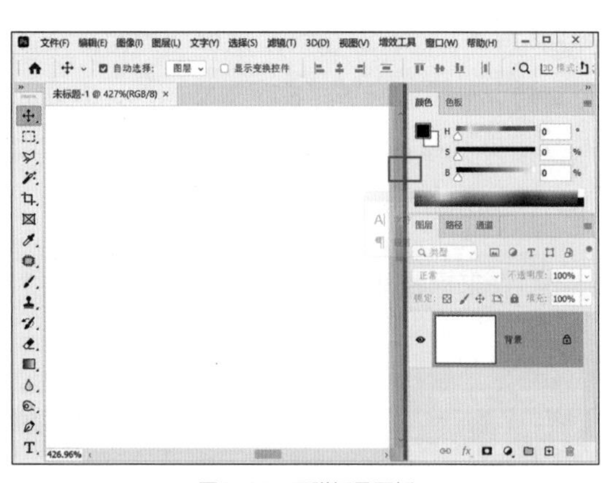

图1-41　吸附折叠面板

## 1.5.7　绘图区

绘图区位于Photoshop软件中央区域，是软件操作的主要界面。若未打开或新建任何文档，其背景为灰色，不可编辑，如图1-42所示。打开或新建Photoshop文档后，可进行放大、缩小、平移等基本视图操作，同时可对电子图像进行实时查看、编辑与修改，如图1-43所示。

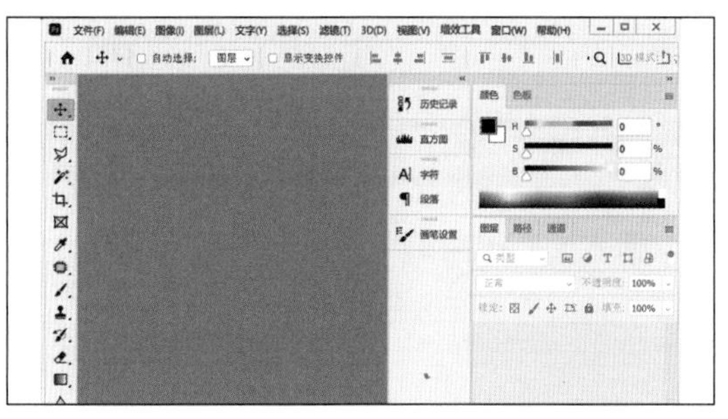

图1-42　未打开任何Photoshop文档的绘图区

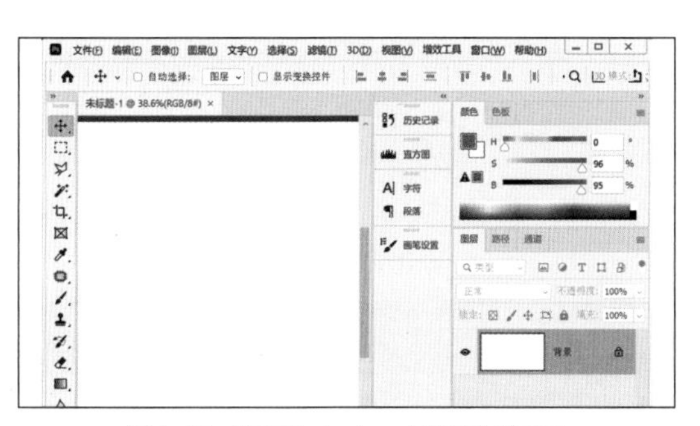

图1-43　新建Photoshop文档后的绘图区

## 1.5.8　标尺栏

标尺栏位于Photoshop最上方和最左侧区域，可用于度量画布尺寸，并创建画布参考线。

**标尺栏的打开方式为：**

① 按下快捷键“Ctrl＋R”（R代表英文单词Ruler，即直尺的意思）；

② 或者单击菜单栏-“视图”-“标尺”按钮，如图1-44所示。

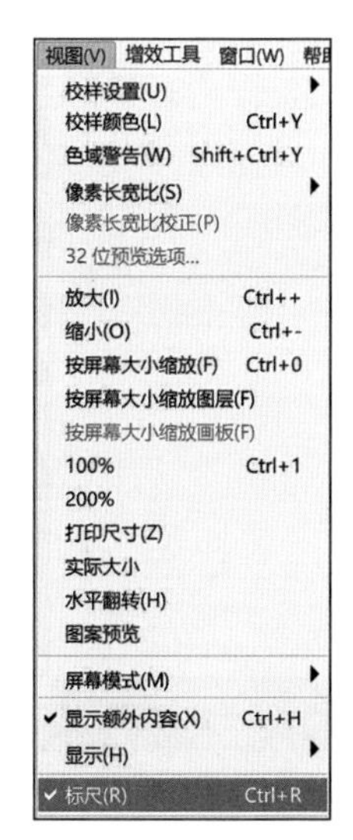


图1-44　打开标尺栏

**参考线的创建方式为：**用鼠标左键单击标尺任意区域并拖拽至绘图区进行固定，按下“Alt”键可切换方向，如图1-45所示。

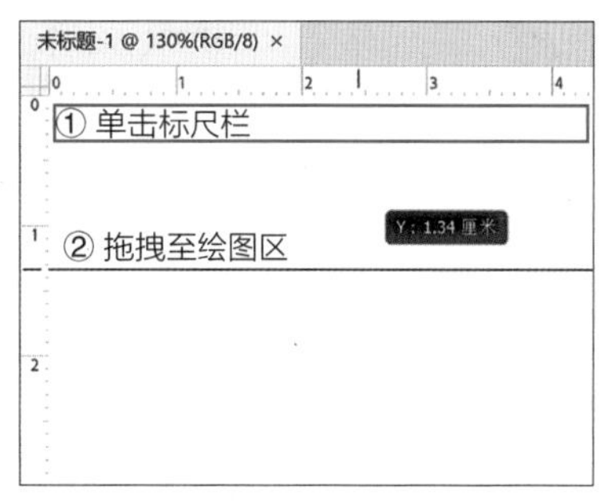


图1-45　创建参考线

## 1.5.9　信息栏

Photoshop信息栏位于界面左下角，默认包含当前界面缩放比例和文档大小等信息。若单击标签还可显示Photoshop文档高度、宽度、通道类型和分辨率等详细信息，如图1-46所示。

图1-46　Photoshop信息栏

## 1.5.10　滑轨栏

Photoshop滑轨栏位于绘图区右侧和下方，需放大Photoshop文档才会显示，用于左右或上下平移Photoshop界面视图。

## 1.5.11　新建工作区

可以将当前面板的大小和位置保存为命名工作区，即使移动或关闭面板也可以恢复该工作区。已保存工作区的名称显示在应用程序栏的工作区切换器中。

**▼ 操作方法**

步骤01　将所需的面板界面设置好后，单击菜单栏的“窗口 > 工作区 > 新建工作区”选项，即可打开“新建工作区”对话框，如图1-47所示。

步骤02　输入工作区的名称。

步骤03 在“捕捉”区域中，选择一个或多个选项。

① **键盘快捷键：**保存当前的键盘快捷键组。

② **菜单：**存储当前的菜单组。

③ **工具栏：**存储当前的工具栏。

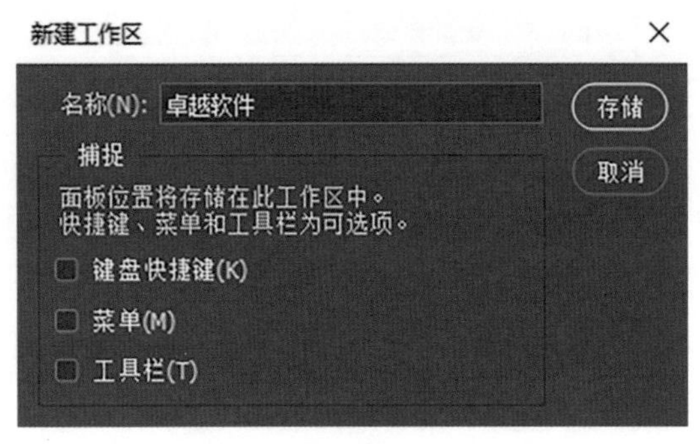


图1-47 “新建工作区”对话框

## 1.5.12 显示或切换工作区

在界面右上角的工作区切换器（ ）中选择一个工作区。

## 1.5.13 恢复工作区

在界面右上角的工作区切换器（ ）中选择“重置（工作区名称）”。

# 1.6 课后练习

按照如图1-48所示的界面布局调整工作区，然后保存工作区。

图1-48 调整工作区

# 第2章　Photoshop 软件入门

2.1 图像基本知识

2.2 文件菜单

2.3 视图操作

2.4 课后练习

# 2.1 图像基本知识

Photoshop是一款图像处理软件，只有了解图像的相关知识才能更好地使用Photoshop进行图像编辑，本节将介绍图像的相关基础知识。

## 2.1.1 数字图像类型

在使用软件处理不同类型的图像时，会遇到两种基本的数字图像类型：位图和矢量图。本小节将介绍位图和矢量图之间的差异及其常见用法。

### 2.1.1.1 位图

**位图：**又称栅格图像，由称为像素的图片元素组成。在处理栅格图像时，所编辑的是像素，而不是对象或形状。将位图放大，图像画面会变模糊，如图2-1和图2-2所示；将位图放大至最大倍数时，就能清晰地看见图像中类似于马赛克的小方块，这些方块就是像素，如图2-3所示。

图2-1 位图（原始图像）

图2-2 放大50倍的位图

图2-3 放大100倍的位图

**常见用例：**位图是连续色调图像（如电子照片或数字绘画）最常用的电子媒介，因为它们可以有效地表现图像阴影和颜色的细微层次。

**常用软件和文件类型：**大多数专业人士使用 Photoshop 处理位图。常见的从 Photoshop 中导出的位图文件类型有：JPEG、GIF、PNG 和 TIFF。

**分辨率和文件大小：**位图包含固定数量的像素，与分辨率有关。调整图像大小时，栅格图像会丢失或增加像素，从而降低图像品质。位图通常占用较大的存储空间，因为其中存储了像素信息，并且在某些 Creative Cloud 应用程序中使用时，通常需要压缩以保持较小的存储空间。

### 2.1.1.2 矢量图

**矢量图：**又称矢量图形、矢量形状或矢量对象，由几何（点、线或曲线）、有机或自由形状组成，这些形状由数学方程根据其特征进行定义。

**常见用例：**矢量图是创作技术插图、信笺抬头、字体或徽标等图稿的最佳选择，这些图稿可用于各种大小和各种输出媒体。矢量图还适用于专业标牌印制、CAD 和 3D 图形。

**常用软件和文件类型：**可以使用Adobe Illustrator、AutoCAD等软件创建矢量图稿。一些常见的矢量图形文件格式包括 AI、EPS、SVG、CDR 和 PDF等。

**分辨率和文件大小：**与位图不同，矢量图与分辨率无关，可以任意移动或修改矢量图，而不会丢失细节或影响清晰度，即当调整矢量图的大小、将矢量图打印到 PostScript 打印机、在 PDF 文件中存储矢量图或将矢量图导入基于矢量的图形应用程序中时，矢量图都将保持清晰的边缘，如图2-4～图2-6所示。

图2-4　矢量图（原始图像）

图2-5　放大10倍的矢量图

图2-6　放大20倍的矢量图

## 2.1.2　像素

**像素：**是构成位图的最基本的单位，每个像素都分配有特定的位置和颜色值。一幅图像所包含的像素越多，颜色信息越丰富，画面效果就越好，当然文件的存储空间也就越大。

## 2.1.3　分辨率

分辨率决定了位图图像细节的精细程度，包括绝对分辨率和单位分辨率两种类型。

### 2.1.3.1　绝对分辨率

**绝对分辨率：**指整个画面的横向和纵向分别容纳像素格的数量（个），如图2-7所示，这张图的绝对分辨率为24×19。

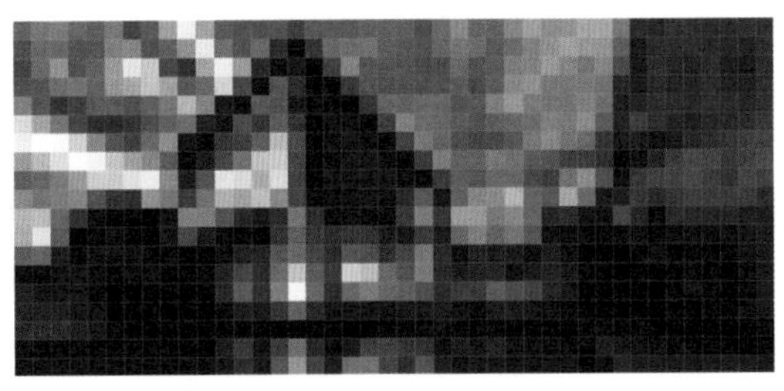

图2-7　绝对分辨率为24×19的位图

### 2.1.3.2　单位分辨率

**单位分辨率：**指单位长度内能排下的像素点的数量（个），以每英寸像素(ppi)衡量。通常用单位分辨率来衡量图像的清晰度，图像的单位分辨率越高，所包含的像素就越多，图像就越清晰，印刷的质量也就越好。同时，它也会增加文件占用的存储空间，所以单位分辨率的设置并不是越高越好，而是越合适越好。针对不同尺寸的介质，分辨率的设置也有所不同，如制作PPT演示文稿一般将分辨率设置为72ppi即可；制作宣传手册等类型的册子一般设置为150ppi；制作效果图一般设置为300ppi。

**打印预览：**单击菜单栏的“视图>打印尺寸”，可以将图像缩放至实际打印大小，在屏幕上查看打印尺寸。显示器的大小和分辨率会影响屏幕上的打印尺寸，需自行算出显示器的屏幕分辨率并输入至“首选项”（Ctrl+K）>“单位与标尺>屏幕分辨率”数值框内（屏幕分辨率=屏幕对角线像素数/屏幕尺寸，屏幕对角线像素数可以使用勾股定理算出。如屏幕尺寸为15.6英寸，分辨率为1080P的显示器，其屏幕分辨率为142）。

# 2.2　文件菜单

文件菜单主要用于处理Photoshop文件，如新建、打开、保存、另存为等。

## 2.2.1　新建

**新建：**创建一个空白的PhotoShop文件。

▼ **操作方法**

**方法 01** 执行“文件>新建”菜单指令，如图2-8所示。

**方法 02** 执行“新建”的快捷键“Ctrl+N”（“N”指“New”）。

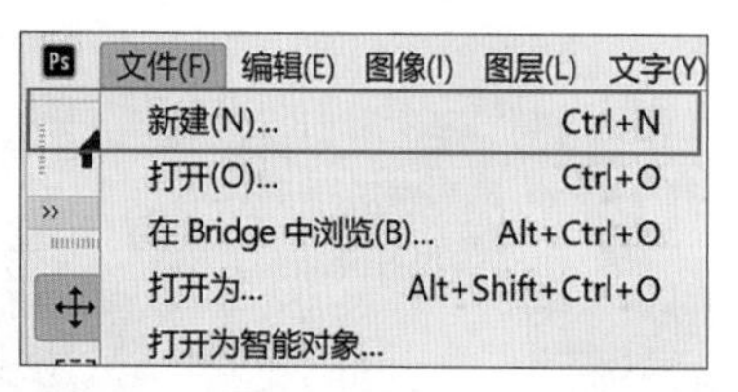


图2-8　新建文件

△ 提示

在创建文档时，可以从 Photoshop 自带的预设中选择画板模板，也可以自定义画板大小参数，从而创建文档。Photoshop支持存储自定义的预设参数，以便重复使用，如图2-9所示。

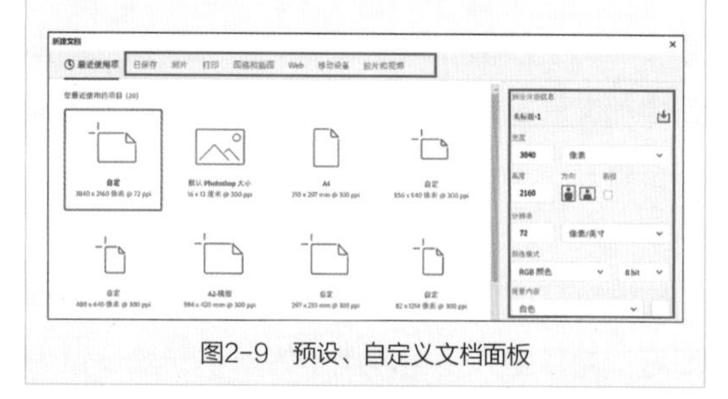

图2-9　预设、自定义文档面板

## 2.2.2　打开

**打开：**打开计算机中的Photoshop文件。

▼ **操作方法**

**方法 01** 直接在计算机中双击PSD.格式文件即可打开。

**方法 02** 执行“文件>打开”菜单指令，找到Photoshop文件“打开”即可，如图2-10所示。

**方法 03** 执行“打开”的快捷键“Ctrl + O”（“O”指“Open”），找到Photoshop文件“打开”即可。

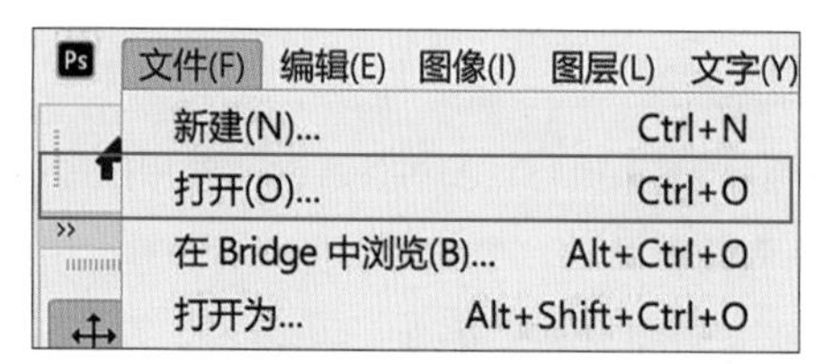


图2-10　打开文件

## 2.2.3　存储 / 存储为

### 2.2.3.1　存储

**存储：**保存已打开的Photoshop文件。

保存文件尤为重要，优秀的设计师都有良好的自主保存文件的习惯，而不依赖软件的自动保存功能。

▼ **操作方法**

**方法 01** 执行“文件>存储”菜单指令，如图2-11所示。

**方法 02** 执行“保存”的快捷键“Ctrl + S”（“S”指“Save”）。

△ 提示

用户第一次保存文件时，需要选择“保存类型”和“存储位置”，并输入“文件名”。

### 2.2.3.2　存储为

**存储为：**把当前文件另外保存，即将当前文件复制，并打开复制文件（同时保存并关闭原文件）。

▼ **操作方法**（以文件A为例）

**步骤01** 执行“存储为”的快捷键“Ctrl + Shift + S”或者执行“文件>存储为”菜单指令，如图2-11所示。

**步骤02** 选择“保存类型”和“存储位置”，并输入文件名“B”，则软件自动保存并关闭“文件A”，同时打开“文件B”。

图2-11　存储/存储为

#### 2.2.3.3 存储副本

**存储副本：**在Photoshop 2022新版本中，如果看不到所需的格式（如 JPEG 或 PNG），请对所有格式使用“存储副本”选项，并创建文档的保留版本，如图2-12所示。

图2-12 存储副本

> △ 提示
>
> 在 Photoshop 2022 中，可以使用以下首选项恢复到旧版“存储为”工作流程。

▼ **操作方法**

**步骤01** 执行“编辑 > 首选项 > 文件处理 > 文件存储选项”菜单指令。

**步骤02** 在弹出的窗口中，勾选“启用旧版‘存储为’”并单击“确定”按钮即可，如图2-13所示。

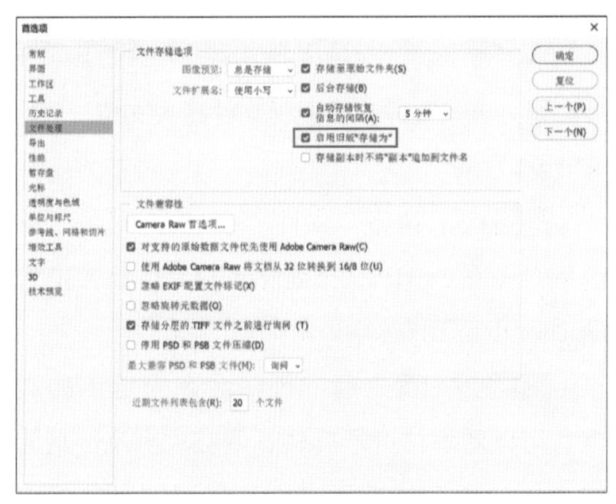

图2-13 启用旧版储存为

### 2.2.4 导出

**导出：**可以使用多种格式（包括 PSD、BMP、JPEG、PDF、Targa 和 TIFF）将各画板/图层作为单个文件导出和存储。在存储时为图层自动命名，可以设置选项控制名称的生成。

#### 2.2.4.1 导出为

**导出为：**每次将图层、图层组、画板或Photoshop 文档导出为图像时，如果需要微调设置图像格式、大小、比例等，则使用导出为选项。

**方法 01** 执行“文件>导出>导出为”菜单指令，以导出当前的 Photoshop 文档，如图2-14所示。

**方法 02** 转到图层面板。点击鼠标右键选择要导出的图层、图层组或画板，然后从下拉菜单中选择导出为，如图2-15所示。

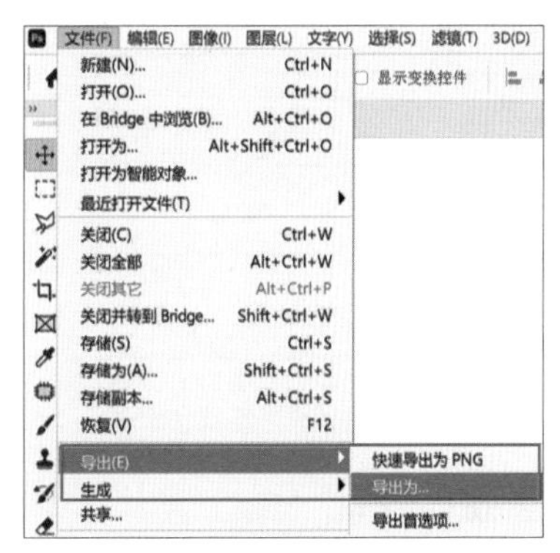


图2-14 “文件-导出-导出为”菜单指令

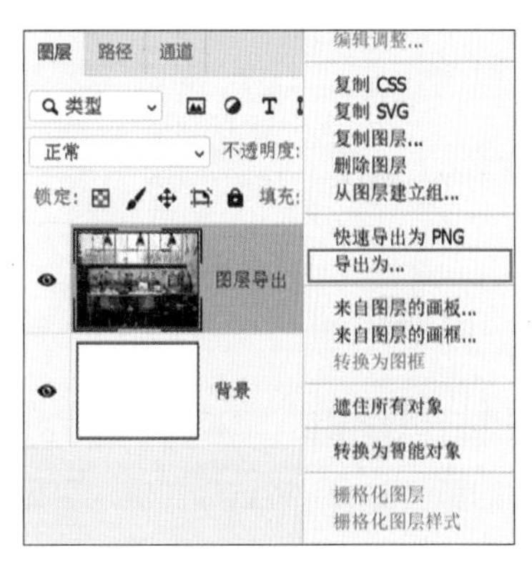


图2-15 在图层面板上点击鼠标右键-导出为

### 2.2.4.2 将图层导出到文件

**▼ 操作方法**（以“将图层导出到文件”为例）

**步骤01** 执行“文件>导出>将图层导出到文件”菜单指令。

**步骤02** 在弹出的窗口中，可选择所需的“存储位置”和“文件格式”，输入“文件名”并单击“运行”即可，如图2-16所示。

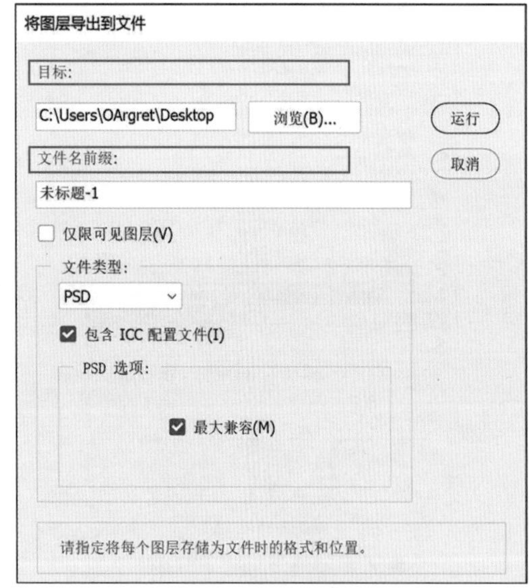


图2-16 将图层导出到文件

**△ 提示**

如果只想导出在“图层”面板中启用了可见性的那些图层，请选择“仅限可见图层”选项，为不想导出的图层禁用可见性。

### 2.2.4.3 导出路径到 Illustrator

**导出路径到Illustrator：**可以将 Photoshop 路径导出为Illustrator 文件。例如，使用钢笔工具绘制好路径后，想将其置于Illustrator 中对其描边，可以使用该功能，实现两个软件的联动。

**▼ 操作方法**

**步骤01** 绘制并存储路径或将现有选区转换为路径。

**步骤02** 执行“文件>导出>路径到Illustrator”菜单指令，在弹出的窗口中，为导出的路径选取一个位置，并输入文件名，如图2-17所示。

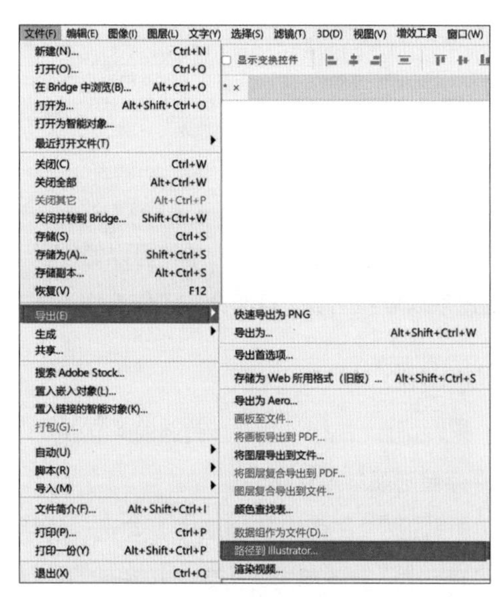


图2-17 导出路径到Illustrator

## 2.2.5 置入嵌入对象

**置入嵌入对象：**将素材文件置入文档。

**▼ 操作方法**

**步骤01** 执行“文件>置入嵌入对象”菜单指令（图2-18），或者将素材文件直接拖入Photoshop工作区中。

**步骤02** 置入后的素材会有带锚点的边框，可以对素材进行旋转、调整大小及位置的操作，调整完毕按下“回车”键即可，如图2-19所示。

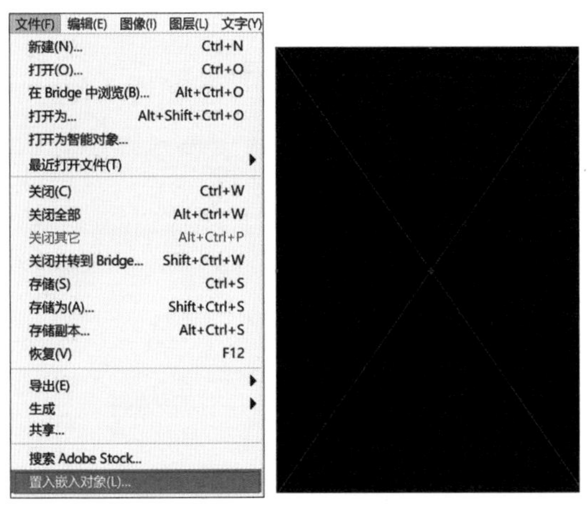


图2-18　置入嵌入对象　　图2-19　置入后素材自带锚点

## 2.2.6　恢复

**恢复：**撤销所有操作，恢复至文件上一次保存时的状态。

▼ **操作方法**

**方法 01** 执行“文件>恢复”菜单指令，如图2-20所示。

**方法 02** 执行“恢复”的快捷键“F12”（自定义）。

**△ 提示**

只有先保存了文件，再进行操作，“恢复”按钮才可使用。

图2-20　菜单栏-文件-恢复

## 2.2.7　最近打开文件

**最近打开文件：**显示用户最近几次打开过的Photoshop文件，可快速打开前几次使用过的文件，方便用户在之前文件的基础上继续工作。

▼ **操作方法**

**步骤01** 执行“文件”菜单指令，列表下方即可显示用户最近几次打开过的Photoshop文件。

**步骤02** 单击需要打开的Photoshop文件即可，如图2-21所示。

图2-21　最近打开文件

## 2.2.8　关闭 / 关闭全部

### 2.2.8.1　关闭

**关闭：**关闭当前文档，但不退出PS。

▼ **操作方法**

**方法 01** 执行“文件>关闭”菜单指令，如图2-22所示。

**方法 02** 执行“关闭”的快捷键“Ctrl+W”。

### 2.2.8.2　关闭全部

**关闭全部：**关闭全部文档，但不退出PS。

▼ **操作方法**

**方法 01** 执行“文件>关闭全部”菜单指令，如图2-22所示。

**方法 02** 执行“关闭全部”的快捷键“Ctrl+Alt+W”。

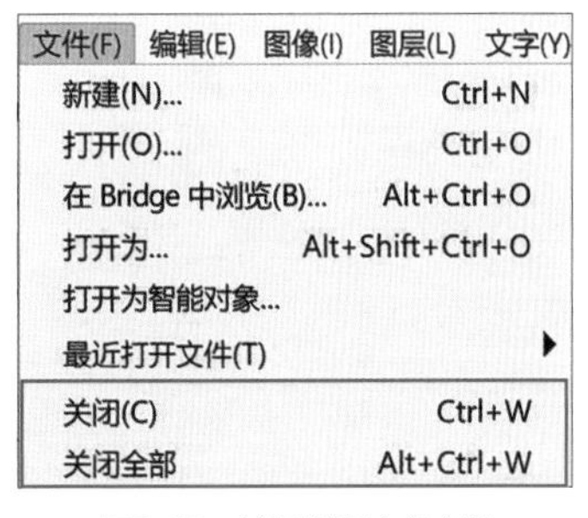


图2-22　关闭/关闭全部文档

## 2.2.9 Photomerge 制作全景图

**Photomerge：**该命令将多幅照片组合成一个连续的图像。例如，外出调研可拍摄五张部分重叠的照片，然后将它们合并到一张全景图中。

**▼ 操作方法**

**步骤01** 执行“文件>自动>Photomerge”菜单指令。

**步骤02** 在弹出对话框的“源文件”下，从“使用”菜单中选取下列选项之一。

① **文件：**使用个别文件生成 Photomerge 合成图像。

② **文件夹：**使用存储在一个文件夹中的所有图像来创建 Photomerge 合成图像。

**步骤03** 单击“浏览”选项，加载相应的文件。

**步骤04** 选择一个“版面”选项，包括自动、透视、圆柱、球面及拼贴几个选项，一般默认“自动”，Photoshop 会自动分析源图像并选择一个能够生成更好的全景图的版面。

**步骤05** 单击“确定”即可，如图2-23所示。

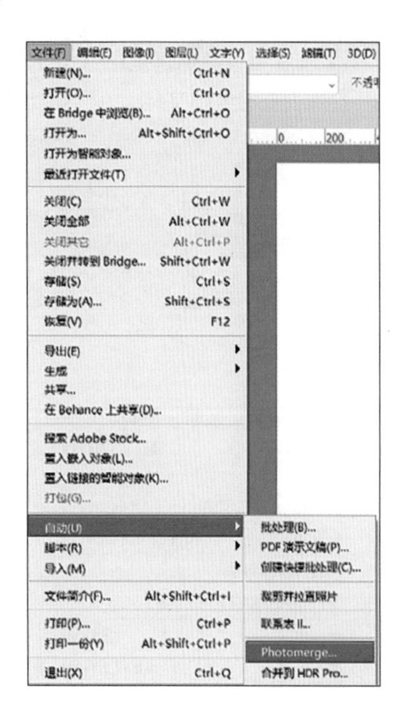


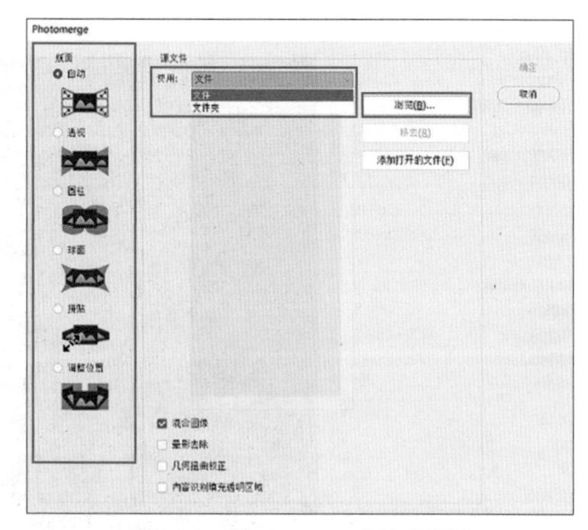


图2-23 Photomerge 制作全景图

**△ 提示**

源照片在全景图合成图像中起着重要的作用。为了避免出现问题，拍摄时需注意：

① 拍摄时照片需有重叠部分；

② 保证照片的焦距、曝光度以及人所在位置的相同；

③ 拍摄时保持水平，站在原地转动相机即可。

## 2.2.10 图像处理器

**图像处理器：**可以转换和处理多个文件，将一组文件转换为 JPEG、PSD 或 TIFF 格式之一，或者将文件同时转换为所有三种格式。

**▼ 操作方法**

**步骤01** 执行“文件 > 脚本 > 图像处理器”菜单指令，如图2-24所示。

**步骤02** 在弹出的窗口中，可以选择处理任何打开的文件，也可以选择处理一个文件夹中的文件。

**步骤03** 选择处理后的文件的存储位置。如果多次处理相同文件并将其存储到同一目标，每个文件都将以其自己的文件名存储，而不进行覆盖。

**步骤04** 选择要存储的文件类型及图像品质（0～12）。

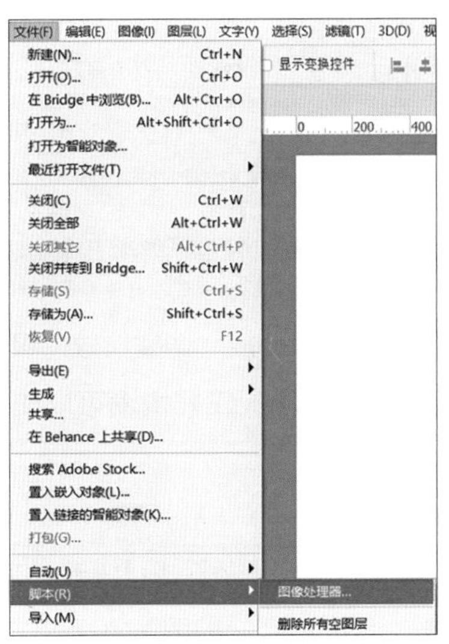


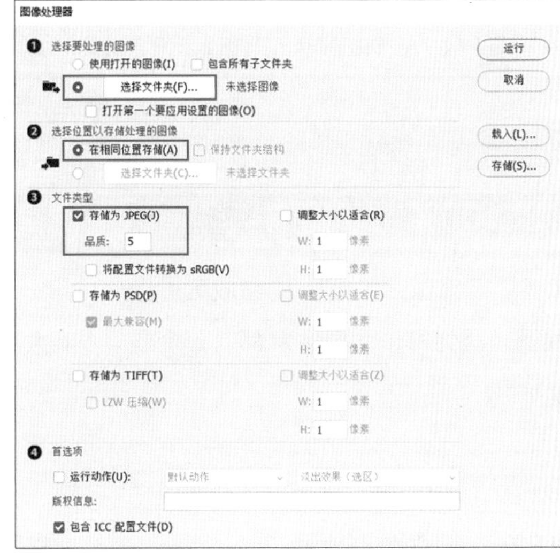


图2-24　图像处理器

# 2.3　视图操作

本节主要介绍Photoshop视图操作的基本方法，如缩放视图、平移视图等。

## 2.3.1　缩放视图

**缩放视图：**调整文档的显示范围及大小。

▼ **操作方法**

**方法 01** 执行“视图 > 放大”/“视图 > 缩小”指令，如图2-25所示。

**方法 02** 执行“缩放”的快捷键“Alt + 滚轮”；或“Ctrl/-”（自定义）。

**方法 03** 勾选“首选项（快捷键“Ctrl + K”）>工具 >使用滚轮缩放”，可直接滚动鼠标滚轮进行缩放。

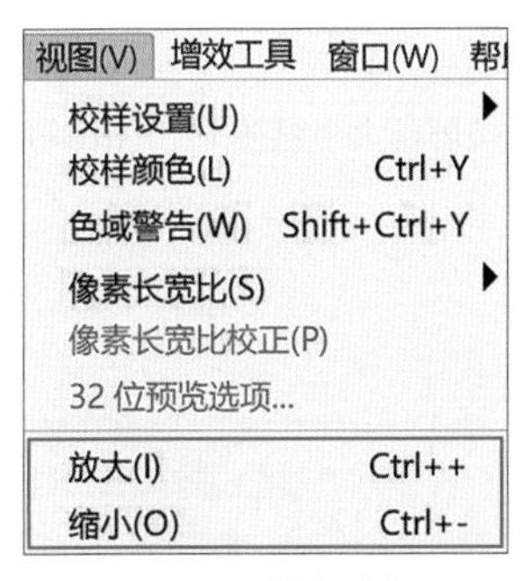


图2-25　放大/缩小

> △ 提示
>
> ① 若勾选“首选项>工具 >使用滚轮缩放”，则不可使用“Alt + 滚轮”进行缩放。
>
> ② 执行“视图”指令时，若达到最大的图像放大级别或最小的图像缩小级别，“放大”或“缩小”命令将不再可用。

## 2.3.2　平滑缩放

**平滑缩放：**带有动画效果的连续缩放。

▼ **操作方法**

**方法 01** 在“缩放”工具下，按住鼠标左键拖动，往左滑缩小，往右滑放大。

**方法 02** 在任意情况下，执行“平滑缩放”的快捷键“空格 + Ctrl/Alt ”，并按住鼠标左键拖动，往左滑缩小，往右滑放大。

> △ 提示
>
> 需勾选选项栏的“细微缩放”，如图2-26所示。

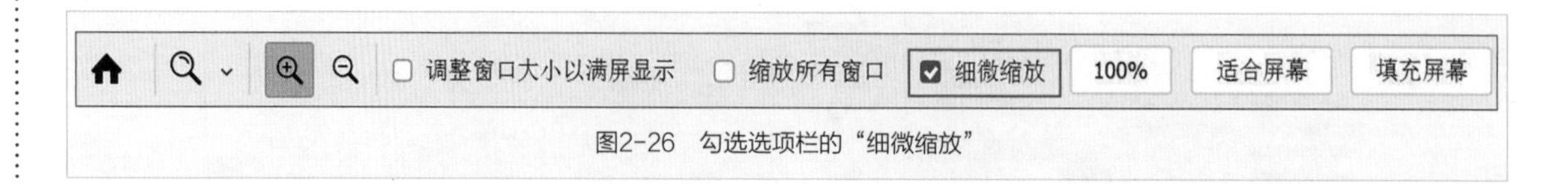

图2-26　勾选选项栏的“细微缩放”

## 2.3.3　以 100% 显示图像

**以100%显示图像：**100% 的缩放可提供最准确的视图，因为每个图像像素都以一个显示器像素来显示。

**▼ 操作方法**

**方法 01** 在“缩放”或“抓手”工具选项栏中单击“100%”，如图2-27所示。

**方法 02** 执行“以100%显示图像”工具的快捷键“Ctrl＋1”。

**方法 03** 双击工具箱中的缩放工具。

**方法 04** 执行“视图 > 100%”指令，如图2-28所示。

## 2.3.4　按屏幕大小缩放

**按屏幕大小缩放：**调整缩放的级别和窗口大小，使图像/画板正好填满可以使用的屏幕空间。

**▼ 操作方法**

**方法 01** 在“缩放”或“抓手”工具选项栏中单击“适合屏幕”，如图2-29所示。

**方法 02** 执行“按屏幕大小缩放”工具的快捷键“Ctrl＋0”。

**方法 03** 双击工具箱中的抓手工具。

**方法 04** 执行“视图 > 按屏幕大小缩放”指令，如图2-30所示。

图2-27　单击“100%”

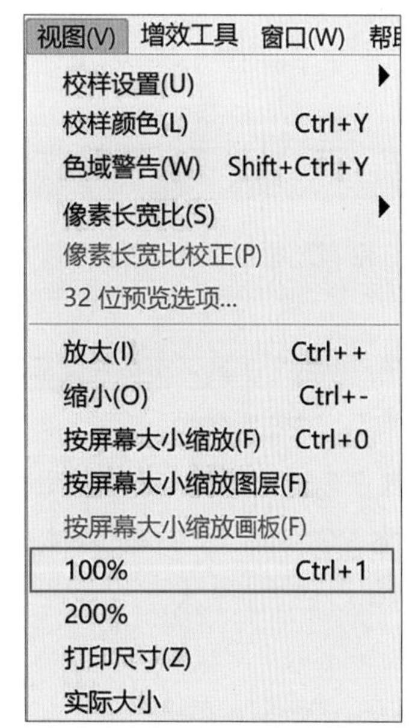

图2-28　菜单栏-视图-100%

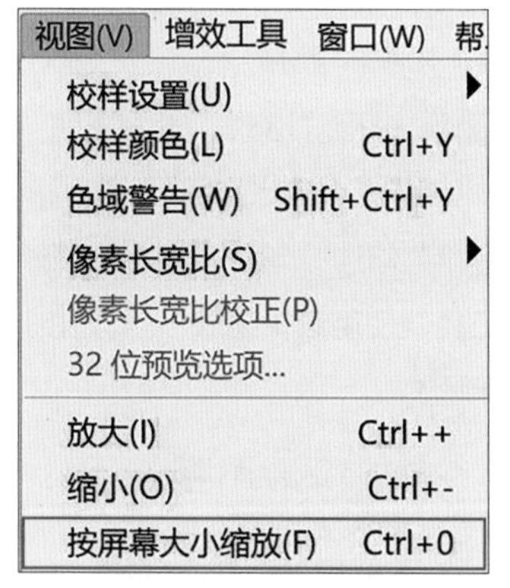

图2-30　视图处单击

图2-29　单击“适合屏幕”

### 2.3.5　按屏幕大小缩放画板

**按屏幕大小缩放画板：**将所选画板正好填满可以使用的屏幕空间。

**▼ 操作方法**

步骤01　选择要选择的画板图层。

步骤02　执行“按屏幕大小缩放画板”的快捷键“Ctrl+.”（需自定义）。

△ 提示

该指令需在文档内有画板的情况下使用。

### 2.3.6　平移视图

**平移视图：**查看图像的其他区域。

**▼ 操作方法**

方法 01 使用窗口滚动条，上下或左右滚动平移视图。

方法 02 切换到抓手工具“ ”，使用鼠标左键并拖动以平移视图。

方法 03 在其他工具下，按住空格键不松手+鼠标左键拖动平移视图。

## 2.4　课后练习

现场拍摄照片制作全景图，并另存为PSD格式。

# 第3章　Photoshop工具列

3.1 移动工具组

3.2 选择工具组

3.3 裁剪工具组

3.4 修饰工具组

3.5 绘画工具组

3.6 绘图工具组

3.7 文字工具组

3.8 辅助类工具组

3.9 课后练习

# 3.1 移动工具组

移动工具，可用来移动和对齐对象，本节将介绍与移动和对齐相关的工具、指令等内容。

## 3.1.1 移动工具

移动工具不仅可在文档中移动选区、图层和参考线，而且可将其他文档中的对象拖拽至当前文档内，还有对齐多个对象等功能。如图3-1所示为移动工具选项栏。

自动选择： 图层 显示变换控件 ••• 3D 模式：

图3-1 移动工具选项栏

### 3.1.1.1 移动对象

**移动对象：**在自定义作品时，使用移动工具可将选定的对象放置在相应的位置。

**▼ 操作方法**

执行移动工具的快捷键“V”或者单击移动工具选项栏上的图标（ ），光标自动变化为（ ），按住鼠标左键拖动对象至相应的位置即可，如图3-2和图3-3所示。

图3-2 移动对象（选择对象）

图3-3 移动对象（执行后）

△ 提示

① 按住“Shift”键并拖动对象，可锁定该对象的移动方向（沿着45°的倍数方向移动）。

② 按住“Alt”键并拖动对象，光标自动变化为（ ），即可移动复制该对象，还可以跨文档复制，如图3-4和图3-5所示。

图3-4 移动复制对象（选择对象）

图3-5 移动复制对象（执行后）

**自动选择：**勾选“自动选择”，可选择切换图层或图层组，单击要移动的某个元素，可自动选中光标单击处元素所在的图层或图层组，如图3-6所示。

△ 提示

按住“Ctrl”键可切换“自动选择”的开关，在使用该工具时，为了方便进行操作，建议勾选“自动选择”。如不需要使用该功能，可按住“Ctrl”键临时关闭。

**显示变换控件：**勾选“显示变换控件”，可显示选中对象的变换控件，即对象四周会出现控制点，拖动控制点可调整对象的缩放大小和旋转角度，如图3-7和图3-8所示。

图3-6　自动选择

图3-7　显示变换控件

图3-8　显示变换控件（选中对象）

### 3.1.1.2　对齐和分布

**对齐对象：**如需要对齐两个或两个以上对象，可以使用移动工具选项栏上的对齐功能（包括顶、底、左、右、居中等多种对齐方式），如图3-9所示。

图3-9　对齐对象

**▼ 操作方法**

如需将多个对象进行顶对齐，选中所有需要对齐的对象，单击移动工具选项栏上的对齐图标（ ）即可实现，如图3-10和图3-11所示。

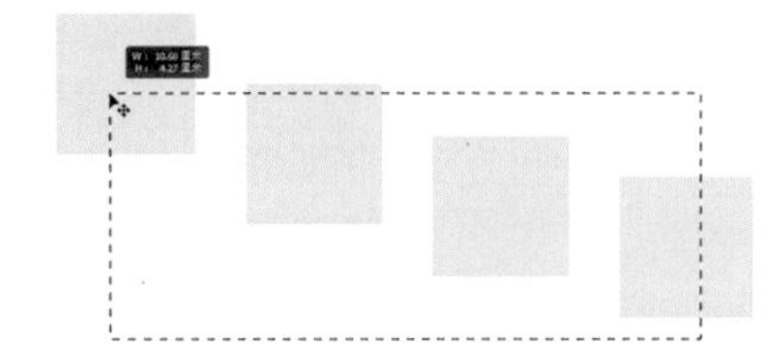

图3-10　顶对齐（选择对象）

图3-11　顶对齐（执行后）

**分布对象：**可将三个或三个以上对象沿指定的轴进行等距排列，包括按顶分布、居中分布、按底分布等多种分布方式，如图3-12所示。

**▼ 操作方法**

步骤01　如需将多个对象进行水平居中分布，选中所有需要对齐的对象，单击“移动”工具选项栏上的图标（ ）即可弹出对齐与分布面板，如图3-13所示。

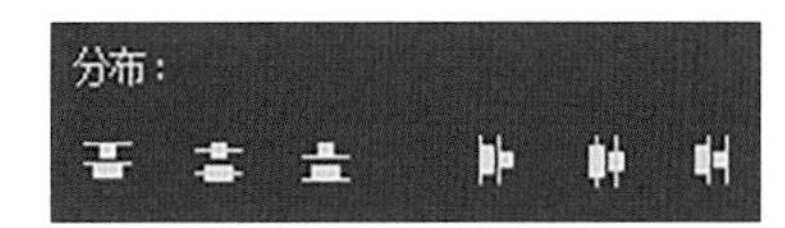


图3-12　分布对象

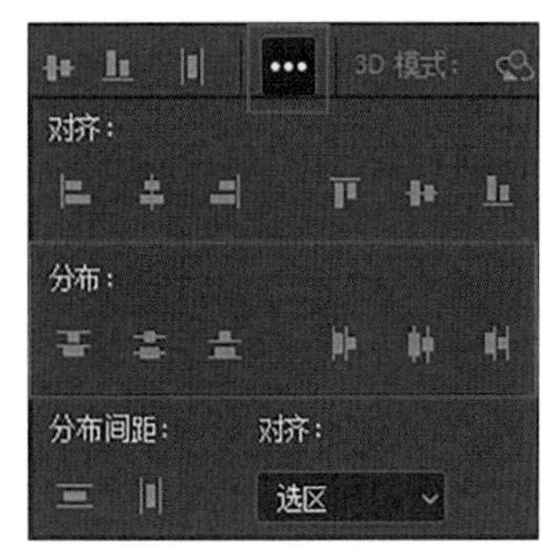


图3-13　对齐与分布面板

步骤02　单击“水平居中分布”图标（ ）即可实现水平居中分布，如图3-14和图3-15所示。

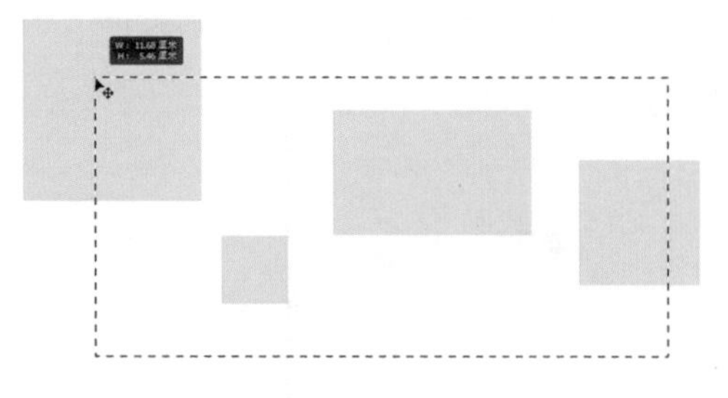

图3-14　水平居中分布（选择对象）

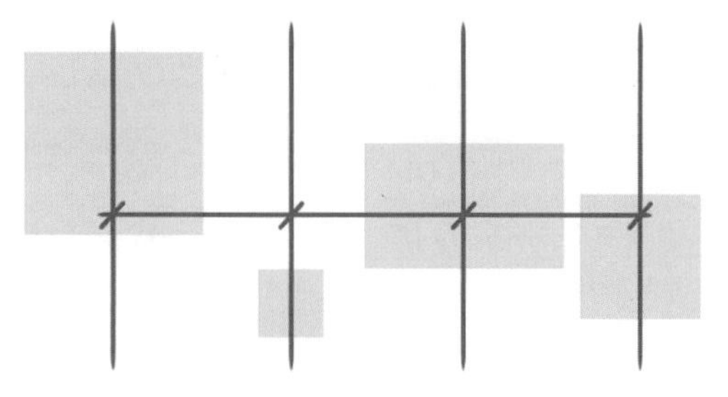

图3-15　水平居中分布（执行后）

**分布间距：**可使三个或三个以上对象的间距相等，分布方式包括垂直分布和水平分布，可选择将对象与选区或者画布对齐，如图3-16所示。

图3-16　分布间距

### ▼ 操作方法

与分布对象的操作方法一致，如图3-17和图3-18所示。

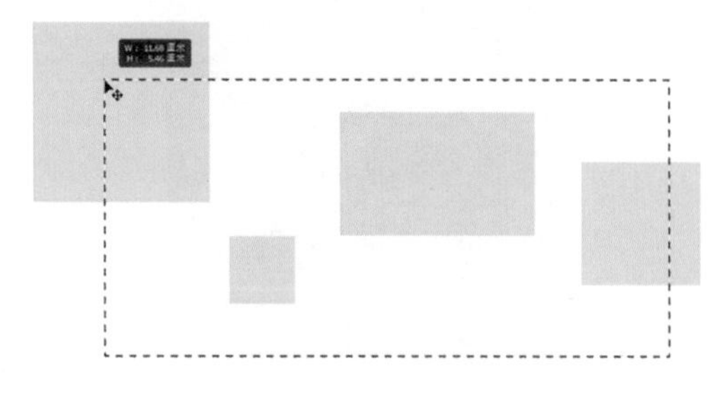

图3-17　水平分布（选择对象）

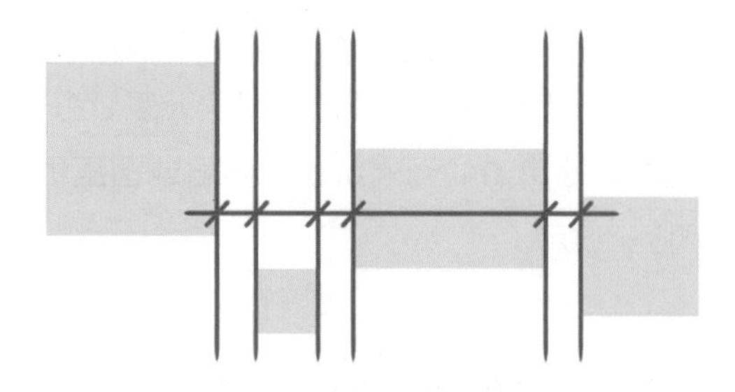

图3-18　水平分布（执行后）

## 3.1.2　画板工具

**画板：**可以将画板视为一种特殊类型的图层组，画板中元素的层次结构显示在“图层”面板中，其中包括图层和图层组。每个画板都可以单独操作，图层内的对象也可以在多个画板之间移动或复制。画板适用于创作多页面的作品，如PPT演示图片、宣传册等类型的作品。

**画板工具：**可以创建、移动多个画板或调整其大小。如图3-19所示为画板工具选项栏。

### ▼ 操作方法

执行“画板”工具的快捷键“ V ”或者单击“画板”工具的图标（），光标自动变化为“”，按住鼠标左键拖动光标绘制出画板的矩形边界即可创建画板。此时画板四周会出现添加新画板的图标（），点击即可添加一个相同大小的新画板，按住“Alt”键点击还可以同时复制内容。创建的多个画板会在“图层”面板中显示，如图3-20～图3-22所示。

图3-20　创建画板

图3-19　画板工具选项栏

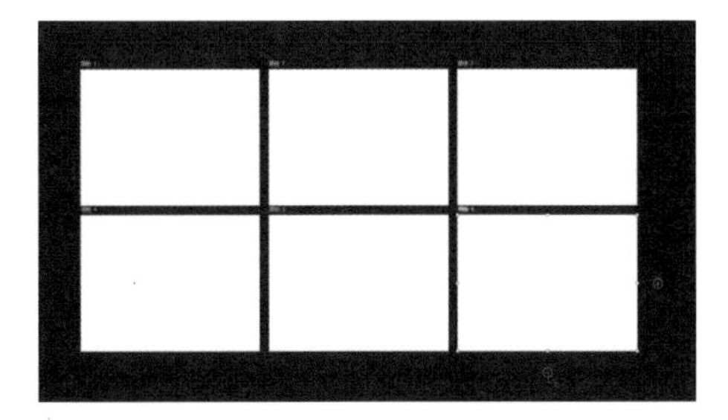
图3-21　创建多个画板

△ 提示

默认情况下，同时按住“Shift”键和对应工具的快捷键，可以在这个工具列的不同子工具间进行循环切换。如在选择“移动”工具的状态下，按住“Shift＋V”键可切换为“画板”工具，再次按下“Shift＋V”键则可切换为“移动”工具，如此进行循环。

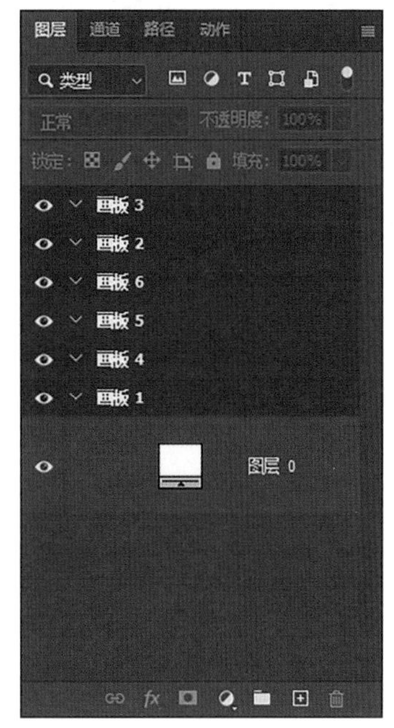

图3-22　“图层”面板

## 3.2　选择工具组

Photoshop中有许多选择工具，可用来选择需要进行操作的区域，基础选择工具包括“选框工具”“套索工具”“魔棒工具”“对象选择工具”“快速选择工具”等，本节将介绍各个选择工具的用法等内容。

### 3.2.1　选框工具

选框工具包括“矩形选框工具”“椭圆选框工具”“单行/单列选框工具”，可用来建立不同形状的选区。如图3-23所示为选框工具选项栏。

图3-23　选框工具选项栏

△ 提示

选区即选择的区域，仅选区内部的区域可进行编辑。外观上表现为一圈不断浮动的虚线，像一队蚂蚁沿着指定路线在运动，所以俗称蚂蚁线，如图3-24和图3-25所示。

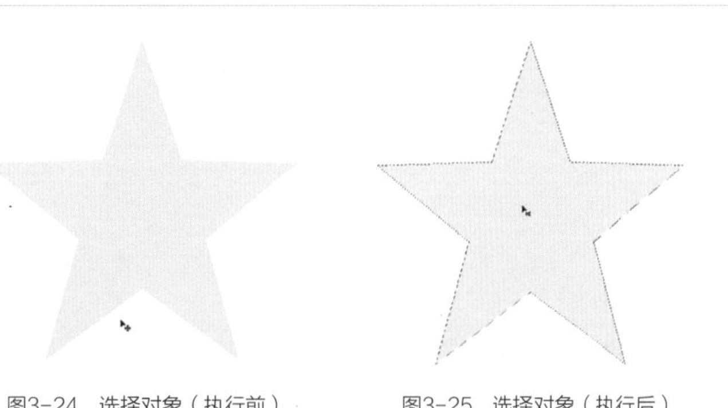
图3-24　选择对象（执行前）　　图3-25　选择对象（执行后）

### 3.2.1.1 矩形选框工具

**矩形选框工具：**可绘制矩形或正方形的选区。

**▼ 操作方法**

执行“矩形选框工具”的快捷键“M”或者单击“矩形选框工具”的图标（ ），光标自动变化为“ ”，按住鼠标左键朝任意方向沿对角线拖动光标绘制出要选择的区域即可，如图3-26所示。

图3-26 绘制矩形选框

> △ 提示
>
> ① 按住“Shift”键并拖动光标可绘制正方形选区。
>
> ② 按住“Alt”键并拖动光标可从中心向外绘制矩形选区。
>
> ③ 按住“Shift＋Alt”键并拖动光标可从中心向外绘制正方形选区。

### 3.2.1.2 椭圆选框工具

**椭圆选框工具：**可绘制椭圆或圆形的选区。

**▼ 操作方法**

执行“椭圆选框工具”的快捷键“M”或者单击“矩形选框工具”的图标（ ），光标自动变化为“ ”，按住鼠标左键朝任意方向拖动光标绘制出要选择的区域即可，如图3-27所示。

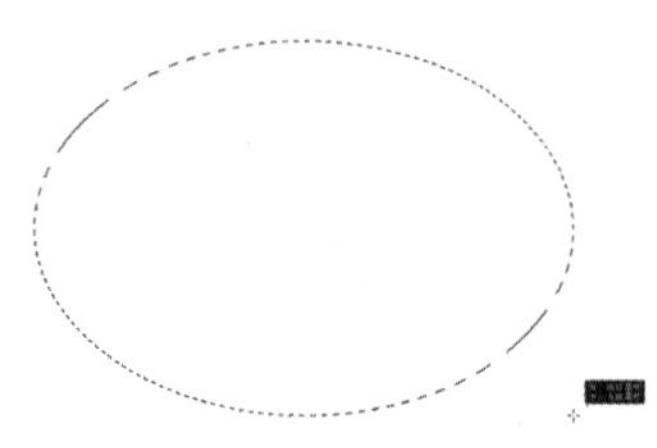

图3-27 绘制椭圆选框

> △ 提示
>
> ① 按住“Shift”键并拖动光标可绘制圆形选区。
>
> ② 按住“Alt”键并拖动光标可从中心向外绘制椭圆选区。
>
> ③ 按住“Shift＋Alt”键并拖动光标可从中心向外绘制圆形选区。

### 3.2.1.3 单行／单列选框工具

**单行选框工具：**可绘制边框宽度为 1 个像素的水平选区。

**单列选框工具：**可绘制边框宽度为 1 个像素的垂直选区。

**▼ 操作方法**

单击“单行选框工具”的图标（ ）或“单列选框工具”的图标（ ），光标自动变化为“ ”，在要选择的区域旁边单击，然后将选框拖动到确切的位置。如果看不见选框，则增加图像视图的放大倍数，如图3-28所示。

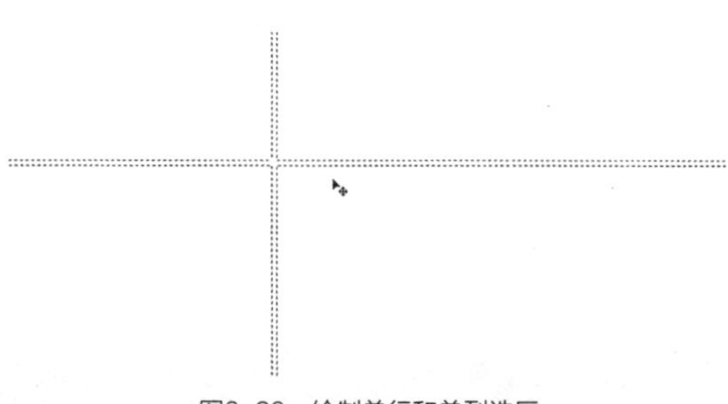

图3-28 绘制单行和单列选区

### 3.2.1.4 选区布尔运算

选框工具的选项栏中有四种选区组合绘制模式：“新选区”“添加到选区”“从选区减去”“与选区交叉”，能帮助我们更灵活、准确地选中想选的区域，如图3-29所示。

图3-29 选区布尔运算

① **新选区：**可以绘制一个新选区，绘制出的新选区会代替之前的选区。

② **添加到选区：**可以在已有选区的状态下绘制一个新选区，新选区会和原选区合并或同时存在。在其他模式下，按住“Shift”键可切换为该模式。

③ **从选区减去：**可以在已有选区的状态下绘制一个新选区，新选区和原选区重叠的部分会被去除；在其他模式下，按住“Alt”键可切换为该模式。

④ **与选区交叉：**可以在已有选区的状态下绘制一个新选区，会保留新选区和原选区重叠的部分，其余部分会被去除；在其他模式下，按住“Shift＋Alt”键可切换为该模式。

### 3.2.1.5　羽化

**羽化：**通过建立选区和选区周围像素之间的转换边界来模糊边缘，达到使选区边缘虚化的效果，该模糊边缘将丢失选区边缘的一些细节，如图3-30和图3-31所示。

图3-30　羽化值为0的选区

图3-31　羽化值为50的选区

**▼ 操作方法**

**方法 01** 在使用选择工具时定义羽化。

在选择工具选项栏的“羽化”控制面板中输入“羽化”值（此值定义羽化边缘的宽度，范围可以是 0～250 像素），按“回车”键确认，然后绘制选区即可。如图3-32所示为“羽化”控制面板。

图3-32　“羽化”控制面板

**方法 02** 向现有的选区中添加羽化。

使用选择工具绘制选区，执行“羽化”的快捷键“Shift＋F6”后弹出“羽化选区”对话框，输入“羽化半径”的值，然后单击“确定”按钮即可。如图3-33所示为“羽化选区”对话框。

图3-33　“羽化选区”对话框

△ **提示**

若输入的羽化值过大，导致任何像素都不大于50%选择，Photoshop将会弹出警告对话框，提醒用户羽化选区后选区边缘将不可见（选区仍然存在），如图3-34所示。

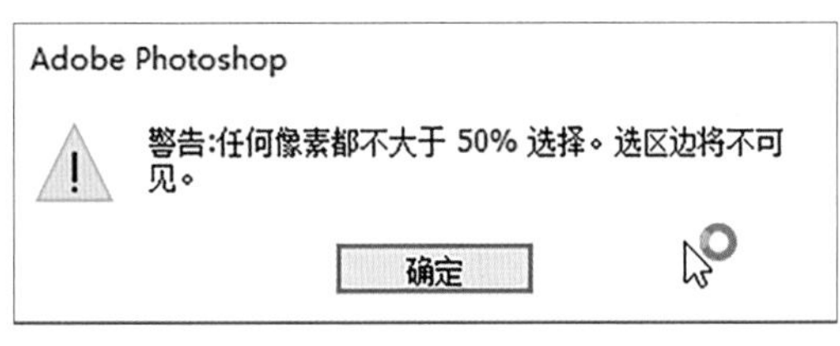


图3-34　警告对话框

### 3.2.1.6 消除锯齿

**消除锯齿：**通过软化选区边缘的像素，使选区的锯齿状边缘变得平滑。由于只有边缘像素发生变化，因此不会丢失细节。“消除锯齿”在执行“剪切”“拷贝”和“粘贴选区”等操作时非常有用，如图3-35和图3-36所示。

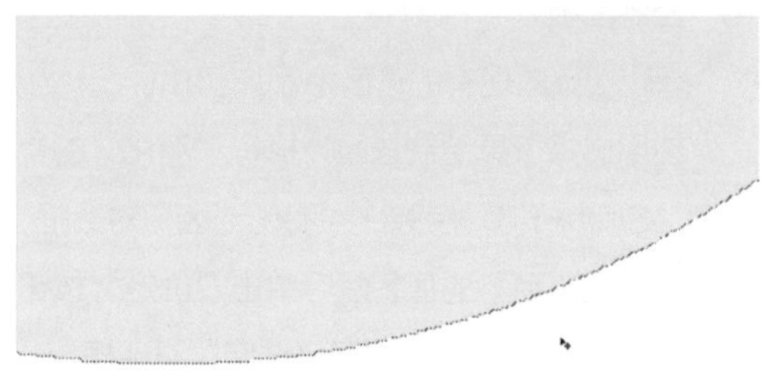

图3-35 未消除锯齿的选区边缘

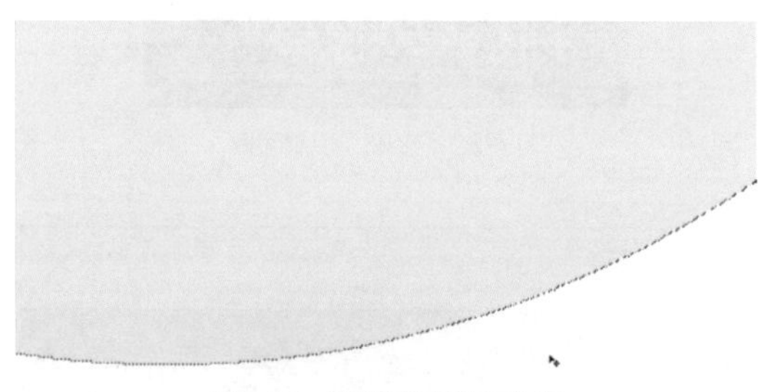

图3-36 消除锯齿的选区边缘

△ 提示

① 消除锯齿适用于“椭圆选框工具”“套索工具”“多边形套索工具”“磁性套索工具”和“魔棒工具”，选择工具可显示该工具的选项栏，如图3-37所示。

② 使用这些工具之前必须勾选该选项。建立了选区后，将无法添加消除锯齿功能。

图3-37 消除锯齿

### 3.2.1.7 样式

**样式：**用来创建选区的绘制方式，有“正常”“固定比例”“固定大小”三种样式，如图3-38所示。

图3-38 样式面板

① **正常：**通过拖动光标确定选框比例，可绘制任意大小的选区。

② **固定比例：**可设置选框的高宽比，通过输入长宽比的值（十进制值有效），以创建固定比例的选区。例如，若要绘制一个宽度是高度2倍的选框，可以在“样式”选项栏中输入“宽度”为2 和“高度”为1即可。

③ **固定大小：**为选框的高度和宽度指定固定的值，在“样式”选项栏中输入整数像素值即可。

△ 提示

若想创建“固定比例”为“宽度”1 和“高度”1的选区，只要在“正常”样式下，按住“Shift”键并拖动光标绘制即可。

## 3.2.2 套索工具

套索工具包括“套索工具”“多边形套索工具”“磁性套索工具”，可用来建立边缘形状不规则的复杂选区。如图3-39所示为套索工具选项栏。该选项栏中的“选区布尔运算”“羽化”和“消除锯齿”选项与选框工具下的对应选项操作方法一致，此处不再赘述，详见3.2.1小节的相关内容。

羽化: 0 像素 消除锯齿 选择并遮住...

图3-39 “套索工具”选项栏

### 3.2.2.1 套索工具

**套索工具：**通过手动绘制，自由创建不规则选区边缘。

▼ **操作方法**

执行“套索工具”的快捷键“L”或者单击“套索工具”的图标（![]），光标自动变化为“ ”，按住鼠标左键平移拖动光标以手动绘制选区边界，释放鼠标将自动闭合选区边界，如图3-40和图3-41所示。

图3-40 “套索工具”绘制选区

图3-41 “套索工具”绘制选区（执行后）

△ 提示

使用“套索工具”绘制选区时，可切换手绘线段与直边线段。

① 按住“Alt”键，然后单击线段的起始位置和结束位置，即可切换手绘线段与直边线段。

② 若要抹除最近绘制的直线段，在按住“Alt”键的同时按下“Delete”键即可。

③ 在未按住“Alt”键时释放鼠标，可闭合选区边界。

### 3.2.2.2 多边形套索工具

**多边形套索工具：**通过连接直线绘制直边选区。

▼ **操作方法**

执行“多边形套索工具”的快捷键“L”或者单击“多边形套索工具”的图标（![]），光标自动变化为“ ”，在图像中单击以设置选区的起点，移动光标至下一位置，再次单击以设置选区第一条线段的终点，继续单击以绘制后续线段，直至完全选中对象，然后在起点处单击可闭合选区，如图3-42和图3-43所示。

图3-42 “多边形套索工具”绘制选区

图3-43 “多边形套索工具”绘制选区（执行后）

△ 提示

① 在移动光标单击下一点时，按住“Shift”键，可锁定选区的绘制方向（沿着45°的倍数方向）。

② 按住“Alt”键，然后拖动光标。完成后，松开“Alt”键以及鼠标按钮，即可切换手绘线段与直边线段。

③ 若要抹除最近绘制的直线段，按“Delete”键即可。

④ 将“多边形套索工具”的光标放在起点处（光标旁边会出现一个闭合的圆）并单击，可闭合选区边界。如果光标不在起点处，双击“多边形套索工具”光标，或者按住“Ctrl”键并单击，亦可闭合选区边界。

### 3.2.2.3 磁性套索工具

**磁性套索工具：**通过移动光标，自动检测图像边缘，并建立与图像边缘对齐的选区，适用于快速选择与背景对比强烈且边缘复杂的对象。在“磁性套索工具”的选项栏中可设置边缘检测的“宽度”“对比度”和“频率”，以更准确地建立选区。如图3-44所示为“磁性套索工具”选项栏。

图3-44 “磁性套索工具”选项栏

**▼ 操作方法**

执行“磁性套索工具”的快捷键“L”或者单击“磁性套索工具”的图标（），光标自动变化为“”，在图像中单击以设置选区的起点，释放鼠标按钮，或按住它不动，然后沿着对象边缘移动光标。直至完全选中对象，在起点处单击可闭合选区。在移动过程中选区边框上会出现许多锚点，以固定前面的选区路径，如图3-45和图3-46所示。

图3-45 “磁性套索工具”绘制选区

图3-46 “磁性套索工具”绘制选区（执行后）

**宽度：**指定边缘检测的范围，“磁性套索工具”只检测从光标开始指定距离以内的边缘。

**对比度：**指定检测边缘的灵敏度，如果对象边缘较为模糊，可适当降低该数值。

**频率：**设置锚点添加到路径上的密度，数值越大，生成的锚点就越多，检测的边缘越精确。

△ 提示

① 在移动光标时，如果路径没有与所需的边缘对齐，则可单击一次以手动添加一个锚点。然后继续移动光标跟踪边缘，并根据需要手动添加锚点。

② 按住“Alt”键并拖动光标，可切换为“套索工具”。

③ 按住“Alt”键并单击，可切换为“多边形套索工具”。

④ 若要抹除最近绘制的直线段，按“Delete”键即可。

⑤ 将“磁性套索工具”的光标放在起点处（光标旁边会出现一个闭合的圆）并单击，可闭合选区边界；双击光标或按“回车”键，可用磁性线段闭合边框；按住“Alt”键并双击光标，可用直线段闭合边框。

## 3.2.3 快速选择工具

快速选择工具可以通过自动识别图像中的颜色，快速建立选区，包括“快速选择工具”“魔棒工具”和“对象选择工具”。本小结将分别介绍与快速建立选区相关的工具及其用法。

### 3.2.3.1　快速选择工具

**快速选择工具：**通过查找和追踪图像的边缘来建立选区，利用可调整的圆形画笔笔尖快速“绘制”选区。拖动时，选区会向外扩展并自动查找和跟随图像边缘以建立选区。如图3-47所示为“快速选择工具”选项栏。

图3-47　“快速选择工具”选项栏

**▼ 操作方法**

执行“快速选择工具”的快捷键“W”或者单击“快速选择工具”的图标（），光标自动变化为“ ”，在要选择的图像上按住鼠标左键并拖动光标，拖动时，选区将随之扩大。直至选中全部对象，释放鼠标即可，如图3-48和图3-49所示。

图3-48　“快速选择工具”绘制选区

图3-49　“快速选择工具”绘制选区（执行后）

**选区布尔运算：**“快速选择工具”选项栏中有三种选区组合绘制模式，即“新选区”“添加到选区”“从选区减去”，能帮助我们更灵活、准确地选中想选的区域。如图3-50所示，该选项与选框工具中的对应选项操作方法一致，此处不再赘述，详见3.2.1.4小节的相关内容。

图3-50　选区布尔运算

**画笔选项：**单击选项栏中的“画笔”弹出式菜单并输入数值或拖动滑块，可更改画笔笔尖大小、硬度、间距、角度和圆度，如图3-51所示为“画笔选项”面板。

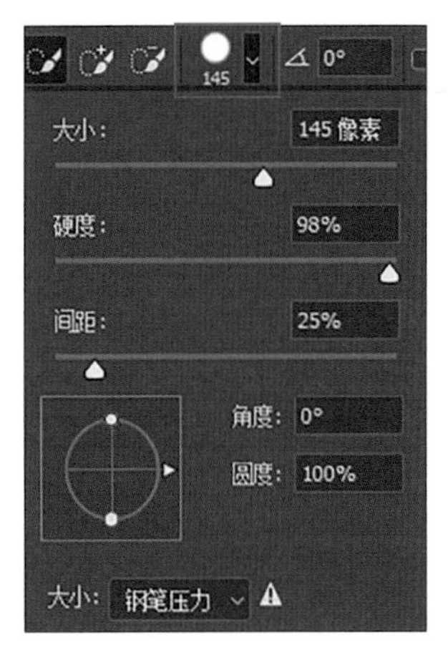


图3-51　“画笔选项”面板

> △ 提示
>
> 在绘制选区时，按住“Alt”键并按下鼠标右键拖动光标，可以调整画笔笔尖大小及硬度。左右拖动调整大小，上下拖动调整硬度。

**增强边缘：**减少选区边界的粗糙度和块效应，自动优化选区边缘。

### 3.2.3.2　魔棒工具

**魔棒工具：**根据颜色建立选区，可以选择与颜色相同或相近的区域，不必跟踪其轮廓。如图3-52所示为“魔棒工具”选项栏。该选项栏中的“选区布尔运算”和“消除锯齿”选项与选框工具中的对应选项操作方法一致，此处不再赘述，详见3.2.1小节的相关内容。

图3-52 “魔棒工具”选项栏

### ▼ 操作方法

执行“魔棒工具”的快捷键“W”或者单击“魔棒工具”的图标（ ），光标自动变化为“ ”，在图像中单击要选择的颜色区域即可，如图3-53所示。

图3-53 “魔棒工具”绘制选区（执行后）

**取样大小：** 设置工具取样的最大项目数，如选择“取样点”选项，则对光标单击处像素点进行取样；选择“3×3平均”选项，则对光标单击处三个像素范围内进行取样，其他选项以此类推。

**容差：** 容忍选择范围内的颜色差异程度，确定所选像素的色彩范围。以像素为单位输入一个值，范围为 0～255。“容差”值越低，选择的像素范围越小；“容差”值越高，选择的像素范围就越多，如图3-54～图3-56所示。

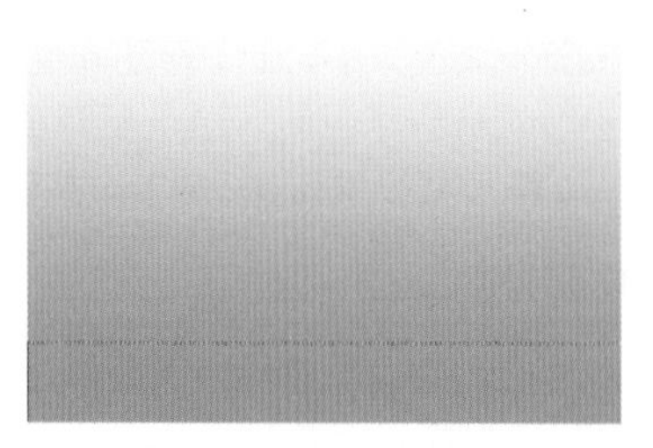

图3-54 “容差”值为10

图3-55 “容差”值为30

图3-56 “容差”值为60

**连续：** 勾选该选项，将只选择颜色相同/相近的连续像素区域，所创建的选区是连续不断的。否则，将会选择整个图像中使用相同/相近颜色的所有像素，如图3-57和图3-58所示。

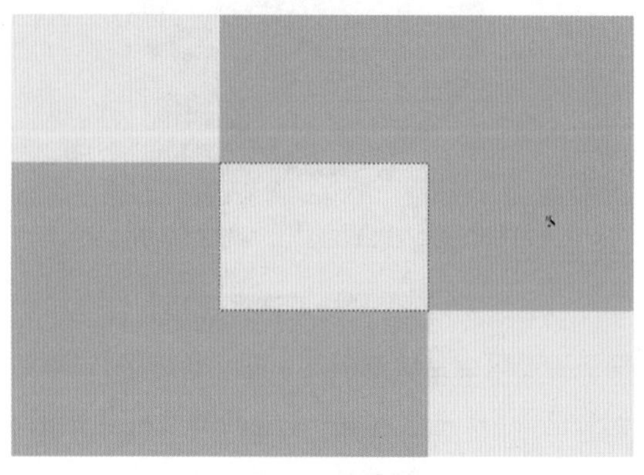

图3-57 勾选“连续”选项

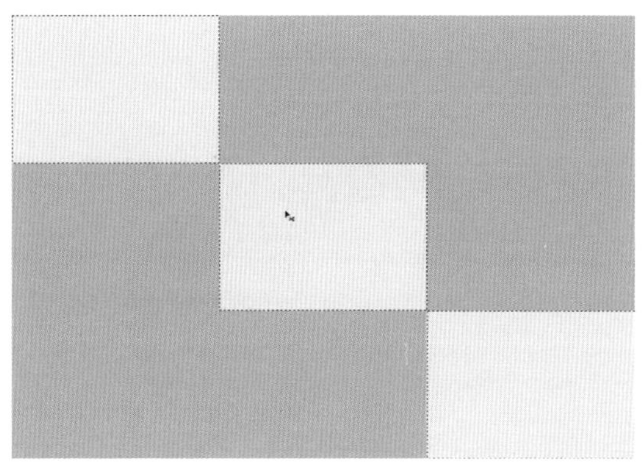

图3-58　未勾选“连续”选项

### 3.2.3.3　对象选择工具

**对象选择工具：**查找并自动选择对象，可简化在图像中选择单个对象或对象的某个部分的过程。只需将光标移动至要选择的对象上或在对象周围绘制矩形区域或套索，“对象选择工具”就会自动选择已定义区域内的对象，适合用来选取边缘明确的对象。如图3-59所示为“对象选择工具”选项栏。该选项栏中的“选区布尔运算”选项与选框工具中的对应选项操作方法一致，此处不再赘述，详见3.2.1小节的相关内容。

图3-59　“对象选择工具”选项栏

#### ▼ 操作方法

执行“对象选择工具”的快捷键“W”或者单击“对象选择工具”的图标（），光标自动变化为“”，勾选选项栏的“对象查找程序”选项，将光标移动至要选择的对象上，会出现蓝色的预览选区，单击即可建立选区，如图3-60和图3-61所示。

图3-60　“对象选择工具”选择对象

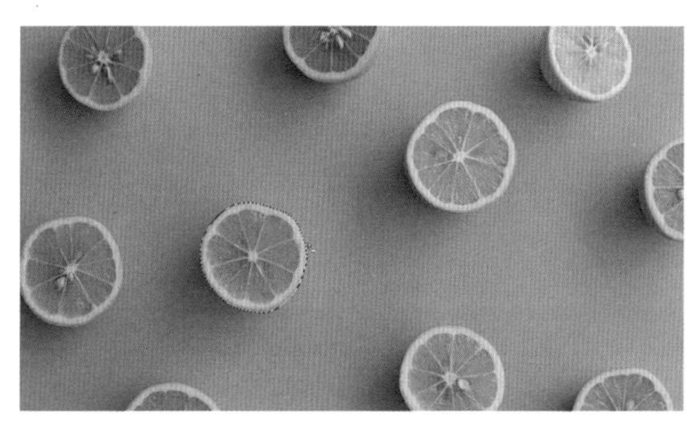

图3-61　“对象选择工具”选择对象（执行后）

**选区绘制“模式”：**长按住鼠标左键，平移鼠标框选对象范围，可自动识别并建立对象选区，有两种绘制“模式”：矩形或套索，如图3-62所示。

① **矩形：**在对象周围拖动光标可绘制矩形区域。

② **套索：**可以在对象的边界外绘制粗略的套索区域。

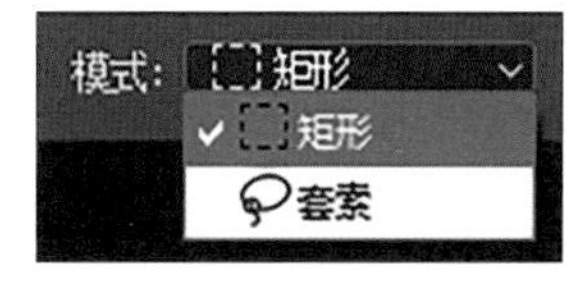


图3-62　选区绘制“模式”

**硬化边缘：**可强制硬化选区的边缘。

### 3.2.3.4　对所有图层取样

**对所有图层取样：**若文档中有多个图层，勾选该选项可从复合图像中进行取样，根据所有图层，而不仅仅是当前选定的图层来创建选区，如图3-63所示。

图3-63　对所有图层取样

▼ **操作方法**

以“魔棒工具”为例，如图3-64所示，文档内有“红色”“绿色”“蓝色”三个图层，且图层混合模式均为“滤色”（详见第4章的相关内容），三个图层重叠部分显示为白色。选中“红色”图层并勾选选项栏的“对所有图层取样”选项，使用“魔棒工具”单击图像内的白色区域即可将其选中；如果未勾选该选项，则会选中“红色”图层内的所有像素，如图3-65和图3-66所示。

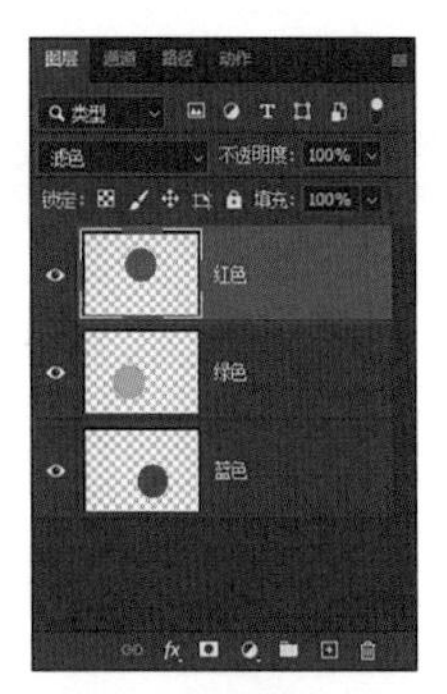

图3-64　图层面板

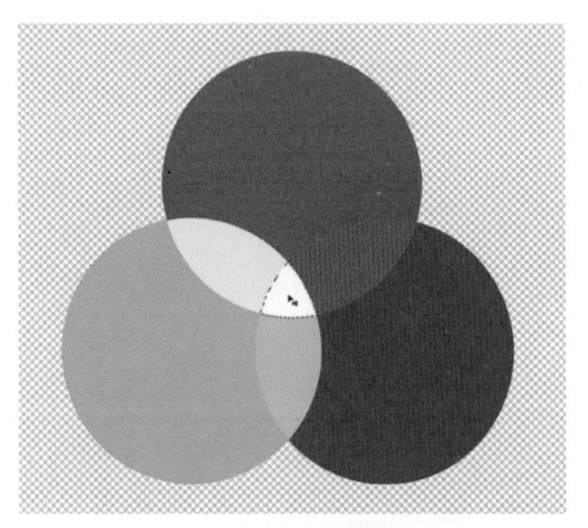
图3-65　勾选“对所有图层取样”

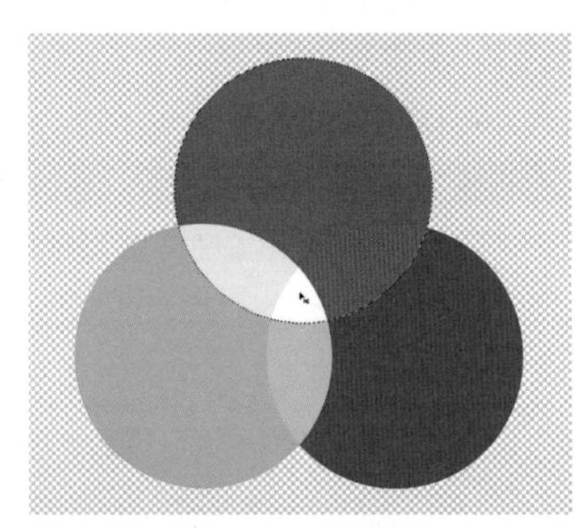
图3-66　未勾选“对所有图层取样”

## 3.3　裁剪工具组

裁剪是移除图像的某些部分，以形成焦点或加强构图效果的过程。在Photoshop中可使用“裁剪工具”裁剪并拉直图像内容。裁剪工具包括“裁剪工具”和“透视裁剪工具”，本节将介绍与裁剪和拉直相关的工具、指令等内容。

### 3.3.1　裁剪工具

**裁剪工具：**可用来裁剪或扩展图像内容，重新定义画布大小。“裁剪工具”是非破坏性的，可以选择保留裁剪的像素以便之后能重新优化裁剪边界，还可以在裁剪时拉直图像。如图3-67所示为“裁剪工具”选项栏。

▼ **操作方法**

执行“裁剪工具”的快捷键“C”或者单击“裁剪工具”的图标（），光标自动变化为“”，裁剪边界将显示在图像的边缘上。在图像中绘制新的裁剪区域，或拖动角和边缘手柄，以指定图像的裁剪边界，按“回车”键确认即可实现裁剪，如图3-68～图3-70所示。

图3-67　“裁剪工具”选项栏

图3-68 裁剪前原图大小

图3-69 “裁剪工具”裁剪图像

图3-70 裁剪后图像大小

**大小和比例：**可以在选项栏的“长宽比”菜单中选择裁剪框的比例或大小，也可以选择预设值，或手动输入数值，甚至可以定义自己的预设值以供日后使用，如图3-71所示。

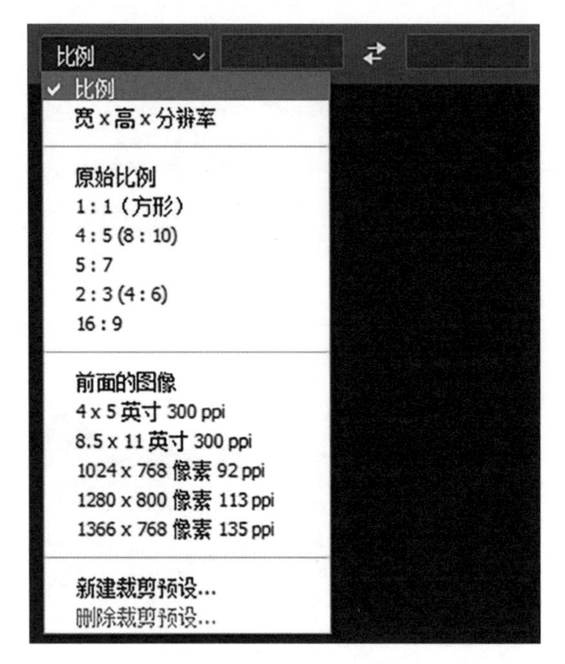


图3-71 “长宽比”菜单

**清除：**点击选项栏的“清除”按钮可清空长宽比数值。

**拉直：**可以在裁剪时通过一条直线来拉直图像，图像会进行旋转和对齐裁剪边界。画布会自动调整大小以容纳旋转的多余像素。

**▼ 操作方法**

使用“裁剪工具”，勾选选项栏的“拉直”的图标（ ），光标自动变化为“ ”，在图像上沿着倾斜的部分，按住鼠标左键拖动光标，绘制一条参考线，释放鼠标，按“回车”键确认即可实现拉直并自动裁剪多余的图像，如图3-72和图3-73所示。

图3-72 绘制“拉直”参考线

图3-73 “拉直”图像

**叠加选项：**可选择裁剪时显示叠加参考线的视图，用来辅助构图。可用的参考线包括“三等分”“网格”和“黄金比例”等，如图3-74所示。

**裁剪选项：**单击“设置”（齿轮）菜单以指定其他裁剪选项，一般默认勾选即可，如图3-75所示。

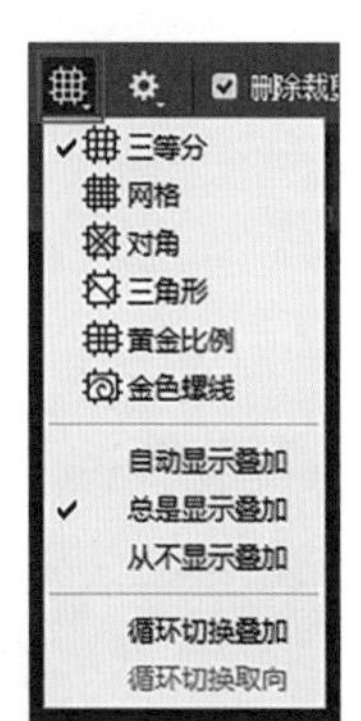


图3-74 叠加选项

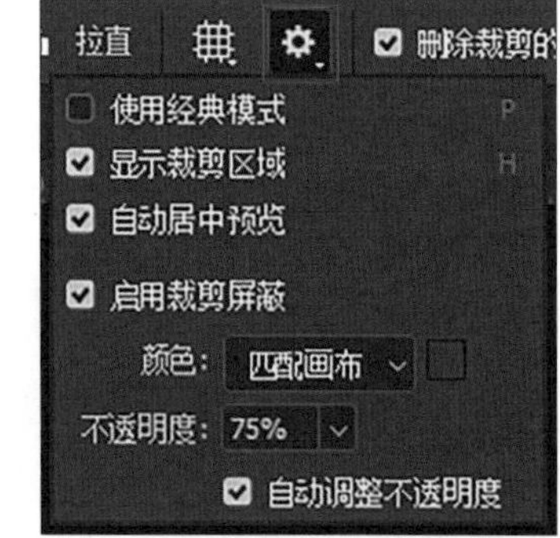


图3-75 裁剪选项

**删除裁剪的像素：**勾选该选项，可删除裁剪区域外多余的像素，原图像将会被破坏。建议在未确定最终裁剪大小时，禁用该选项，可保留多余的像素以便之后能重新调整裁剪边界。

**内容识别：**在使用“裁剪工具”拉直或旋转图像时，或将画布的范围扩展到图像原始大小之外时，勾选该选项，可以智能地识别图像边缘像素并填充空隙区域。

### 3.3.2　透视裁剪工具

**透视裁剪工具：**可在裁剪时变换图像的透视，可以用来裁剪具有透视关系的图像。如图3-76所示为“透视裁剪工具”选项栏。

W:　H:　分辨率:　像素/英寸　前面的图像　清除　显示网格

图3-76　“透视裁剪工具”选项栏

**▼ 操作方法**

执行“透视裁剪工具”的快捷键“C”或者单击“透视裁剪工具”的图标（ ），光标自动变化为“ ”，围绕扭曲的对象绘制选框，将选框的透视和对象的透视相匹配，按“回车”键确认即可实现透视裁剪，如图3-77～图3-79所示。

图3-77　原始图像

图3-78　调整裁剪框以匹配对象的透视

图3-79　最终图像

## 3.4　修饰工具组

在Photoshop中可使用各种修饰工具对图像中的污点、红眼等各种缺陷进行修复、仿制、擦除、修饰，达到美化图片的效果。本节将介绍与图像修饰相关的工具、指令等内容。

### 3.4.1　图像修复

图像修复工具可用来修复图像中的污点或缺陷，包括“污点修复画笔工具”“修复画笔工具”“修补工具”“内容感知移动工具”和“红眼工具”，本小节将介绍此类工具的指令及用法。

#### 3.4.1.1　污点修复画笔工具

**污点修复画笔工具：**使用该工具在污点处进行涂抹，将自动从涂抹区域的周围取样并填充，使样本像素的纹理、光照和阴影与所修复的像素相匹配，从而达到快速移除图像中的污点的效果。如图3-80所示为“污点修复画笔工具”选项栏。该选项栏中的“画笔选项”和“对所有图层取样”选项与“快速选择工具”中的操作方法一致，此处不再赘述，详见3.2.3小节的相关内容。

图3-80 “污点修复画笔工具”选项栏

▼ **操作方法**

执行“污点修复画笔工具”的快捷键“J”或者单击“污点修复画笔工具”的图标（ ），光标自动变化为“○”，将画笔笔尖大小调整为比修复区域稍大一点，在图像中单击要修复的区域，或单击并拖动光标以覆盖所有污点区域，然后释放鼠标按键即可，如图3-81～图3-83所示。

图3-81 原始图像

图3-82 涂抹修复区域

图3-83 最终图像

**模式：**可从选项栏的“模式”菜单中选取混合模式，如图3-84所示。此处混合模式与“图层混合模式”相同，详见第4章的相关内容。

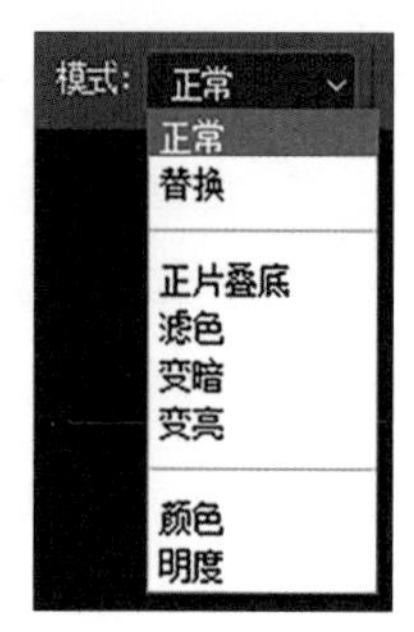


图3-84 “模式”菜单

**类型：**“类型”选项栏如图3-85所示。

① **内容识别：**比较附近的图像内容，不留痕迹地填充选区，同时保留让图像栩栩如生的关键细节，如阴影和对象边缘。

② **创建纹理：**使用选区中的像素创建纹理。如果纹理不起作用，请尝试再次拖过该区域。

③ **近似匹配：**使用选区边缘周围的像素，找到要修补的区域。

类型：内容识别 创建纹理 近似匹配

图3-85 “类型”选项栏

### 3.4.1.2 修复画笔工具

**修复画笔工具：**可用于校正图像中的瑕疵，与“仿制图章工具”中的操作方法类似。该工具需手动在图像中进行取样并在需要修复处进行涂抹，“修复画笔工具”可将样本像素的纹理、光照、透明度和阴影与所修复的像素进行匹配，从而使修复后的像素不留痕迹地融入图像的其余部分。如图3-86所示为“修复画笔工具”选项栏。该选项栏中的“画笔选项”与“快速选择工具”中的操作方法一致，此处不再赘述，详见3.2.3小节的相关内容。

图3-86　“修复画笔工具”选项栏

### ▼ 操作方法

执行“修复画笔工具”的快捷键“J”或者单击“修复画笔工具”的图标（ ），光标自动变化为“○”，移动光标至修复区域以外的地方，按住“Alt”键并单击来设置取样点，此时光标将变为“⊕”。然后调整画笔笔尖大小及硬度，在图像中单击要修复的区域，或单击并拖动光标以涂抹所有要修复的区域，然后释放鼠标按键即可，如图3-87～图3-89所示。

图3-87　原始图像

图3-88　涂抹修复区域

图3-89　最终图像

**源：**指定用于修复像素的源。选择“取样”选项可以使用当前图像的像素来修复图像，选择“图案”选项可以使用“图案”弹出面板中的某个图案来修复图像，如图3-90所示。

**对齐：**连续对取样点周围的像素进行取样，即使松开鼠标按键，也不会丢失当前取样点。若取消勾选“对齐”选项，则在每次停止并重新开始绘制时继续使用初始取样点中的样本像素进行绘制，如图3-91和图3-92所示。

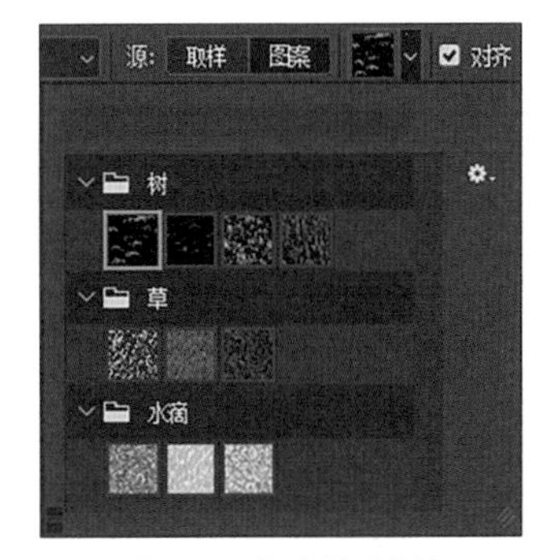


图3-90　“源”选项菜单

图3-91　勾选“对齐”选项进行修复

图3-92　未勾选“对齐”选项进行修复

**样本：**勾选“当前和下方图层”可从现用图层及其下方的可见图层中取样；勾选“当前图层”即仅从现用图层中取样；勾选“所有图层”可从所有可见图层中取样。

**扩散：**控制取样区域的像素扩散至周围图像的程度。图像中如果有颗粒或精细的细节则选择较低的值，图像如果比较平滑则选择较高的值。

#### 3.4.1.3 修补工具

**修补工具：**可以用其他区域或图案中的像素来修复选中的区域，与“修复画笔工具”一样，修补工具会将样本像素的纹理、光照和阴影与源像素进行匹配。如图3-93所示为“修补工具”选项栏。该选项栏中的“选区布尔运算”选项与选框工具中的对应选项操作方法一致，此处不再赘述，详见3.2.1小节的相关内容。

修补： 正常 源 目标 透明 使用图案 扩散： 5

图3-93 “修补工具”选项栏

**▼ 操作方法**

执行“修补工具”的快捷键“J”或者单击“修补工具”的图标（ ），光标自动变为“ ”，拖动光标在要修复的区域周围建立选区（此处亦可用“选择工具”建立选区）。将鼠标移动至选区内部，光标将变为“ ”，单击并拖动光标将选区移至其他区域，然后释放鼠标按键即可，如图3-94～图3-96所示。

图3-94 “修补工具”绘制选区

图3-95 “修补工具”移动选区

图3-96 最终图像

**源：**将样本像素替换源像素，将选区边框拖动到想要从中进行取样的区域，释放鼠标按键时，将使用样本像素替换原来选中区域的像素，如图3-97所示。

**目标：**将选中的像素复制到目标区域，将选区边界拖动到要修补的区域，释放鼠标按键时，选中的像素将被复制到目标区域，如图3-98所示。

图3-97 选择“源”选项并移动选区

图3-98　选择“目标”选项并移动选区

**透明：**勾选该选项，将从取样区域中抽出具有透明背景的纹理，如果要将目标区域全部替换为取样区域，则取消勾选此选项。

#### 3.4.1.4　内容感知移动工具

**内容感知移动工具：**可以移动或复制图像的部分像素到图像的其他位置，图像将重新组合，移动之后的空白区域将自动使用周围的像素进行填充。如图3-99所示为“内容感知移动工具”选项栏。

模式：移动　结构：4　颜色：0　对所有图层取样　投影时变换

图3-99　“内容感知移动工具”选项栏

**▼ 操作方法**

执行“内容感知移动工具”的快捷键“ J ”或者单击“内容感知移动工具”的图标（ ），光标自动变为“ ”，点击鼠标左键拖动光标，在要移动的对象周围建立选区（此处亦可用“选择工具”建立选区）。将鼠标移至选区内部，单击并拖动光标将选区移至其他区域（可使用选区周围的变换控件调整对象大小或旋转角度），按“回车”键确认即可，如图3-100～图3-102所示。该选项栏中的“选区布尔运算”和“对所有图层取样”选项与“选框工具”和“快速选择工具”中的操作方法一致，此处不再赘述，详见3.2.1小节和3.2.3.4小节的相关内容。

图3-100　绘制选区

图3-101　移动或变换选区

图3-102　最终图像

**模式：**可选择图像重新混合的模式，包括“移动”和“扩展”两种模式。

① **移动：**可以将选中的对象移动至图像的其他位置，并自动使用周围的像素填充空白处，如图3-103所示。

② **扩展：**可以将选中的对象移动并复制至图像的其他位置，选区边缘的像素将自动与新位置处的像素相融合，如图3-104所示。

图3-103　使用“移动”模式移动选区

图3-104　使用“扩展”模式移动选区

**结构：**输入一个1～7的值，以指定修饰图像的精度。

**颜色：**输入一个1～10的值，以指定颜色混合的程度。

**投影时变换：**勾选该选项后，可以对刚刚已经移动到新位置的那部分图像进行旋转或缩放。

#### 3.4.1.5　红眼工具

**红眼工具：**使用该工具，可以移除闪光拍摄照片中产生人物或动物红眼。如图3-105所示为“红眼工具”选项栏。

瞳孔大小：50%　变暗量：50%

图3-105　“红眼工具”选项栏

**▼ 操作方法**

执行“红眼工具”的快捷键“J”或者单击“红眼工具”的图标（），光标自动变为“+◉”，点击照片中人物或动物的红眼处即可去除红眼，如图3-106和图3-107所示。

**瞳孔大小：**可增大或减小受红眼工具影响的区域。

**变暗量：**设置瞳孔颜色校正暗度。

图3-106　原始图像

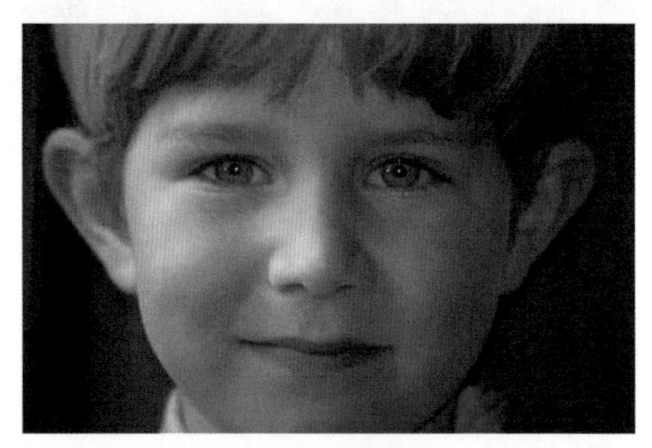

图3-107　最终图像

### 3.4.2　图像仿制

图像仿制工具可用于移动并复制图像中的某些像素至其他区域，包括“仿制图章工具”和“图案图章工具”，本小节将介绍此类工具的指令及用法。

#### 3.4.2.1　仿制图章工具

**仿制图章工具：**可以将图像的一部分复制到同一图像的另一部分，用法与“修复画笔工具”中的操作方法类似，区别在于“仿制图章工具”无法将样本像素的纹理、光照、透明度和阴影与所修复的像素进行匹配，常用来复制对象或移除图像中的缺陷。如图3-108所示为“仿制图章工具”选项栏。该选项栏中的“对齐”和“样本”选项与“修复画笔工具”中的操作方法一致，此处不再赘述，详见3.4.1.2小节的相关内容。

图3-108　“仿制图章工具”选项栏

▼ **操作方法**

执行“仿制图章工具”的快捷键“S”或者单击“仿制图章工具”的图标（![icon]），光标自动变为“○”，移动光标至修复区域以外的地方，按住“Alt”键并单击鼠标左键来设置取样点，此时光标将变为“⊕”。然后调整画笔笔尖大小及硬度，在图像中单击要修复的区域，或单击并拖动光标以涂抹所有要修复的区域，然后释放鼠标按键即可，如图3-109～图3-111所示。

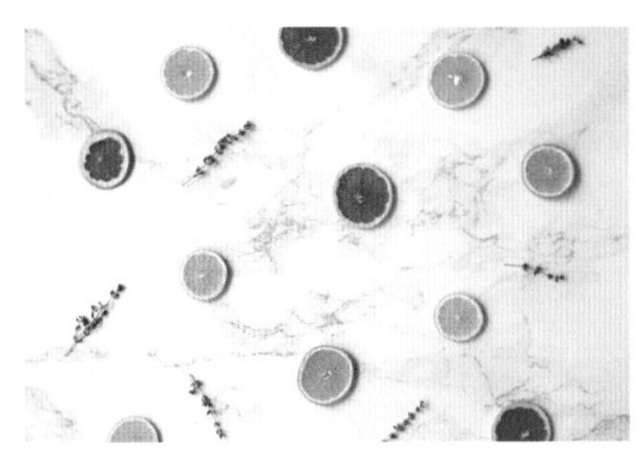

图3-109　原始图像

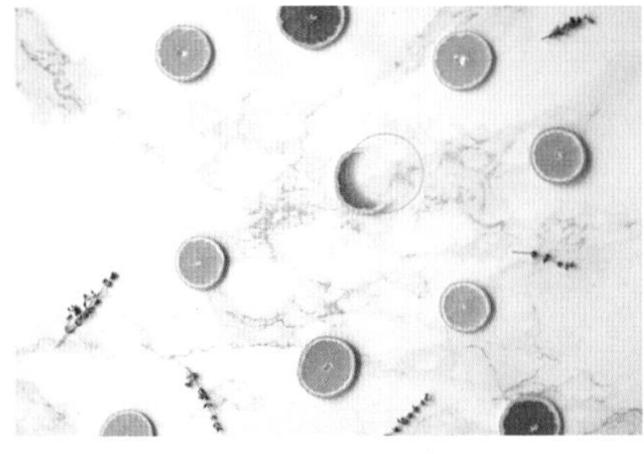

图3-110　涂抹修复区域

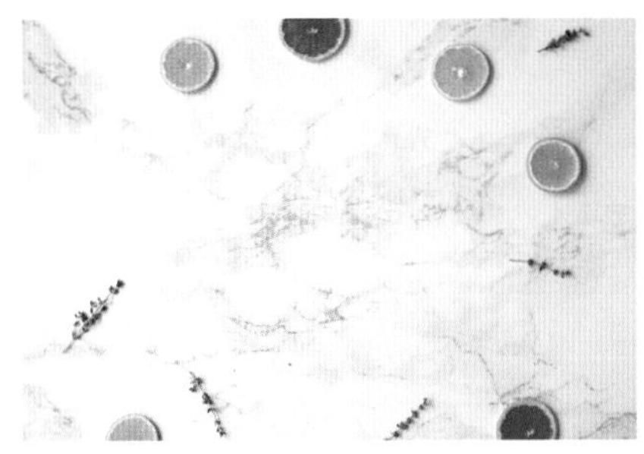

图3-111　最终图像

**模式：**设置样本像素与修饰区域像素的颜色混合方式，效果与“图层混合模式”中的操作方法一致，详见5.5节的相关内容。

**不透明度：**设置绘制时样本像素的不透明度。

**流量：**设置画笔绘制样本像素时的流动速率。

### 3.4.2.2　图案图章工具

**图案图章工具：**可使用选定的图案进行绘画。如图3-112所示为“图案图章工具”选项栏。该选项栏中的“模式”“不透明度”“流量”和“对齐”选项与“仿制图章工具”中的操作方法一致，此处不再赘述，详见3.4.2.1小节的相关内容。

▼ **操作方法**

执行“图案图章工具”的快捷键“S”或者单击“图案图章工具”的图标（![icon]），光标自动变为“○”，在选项栏的“图案”菜单中选择一个图案（可点击“图案”菜单右上角的“设置”按钮载入新图案），如图3-113所示。调整画笔笔尖大小及硬度，在图像中单击要修复的区域，或拖动光标以涂抹所有要修复的区域，然后释放鼠标按键即可，如图3-114和图3-115所示。

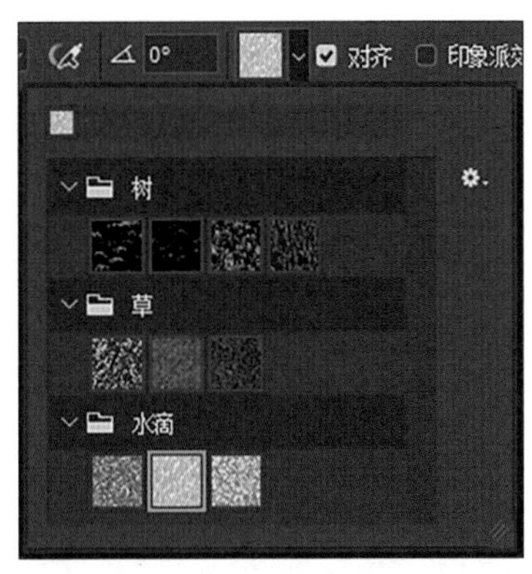


图3-113　“图案”菜单

图3-112　“图案图章工具”选项栏

图3-114　原始图像

图3-115　使用自带图案“水滴”绘制最终图像

**印象派效果：** 勾选该选项，可将图案渲染为绘画轻涂以获得印象派效果，但效果不佳，一般不勾选该项。

## 3.4.3　图像擦除

图像擦除工具主要用于擦除图像中的像素，包括“橡皮擦工具”“背景橡皮擦工具”和“魔术橡皮擦工具”，本小节将介绍此类工具的指令及用法。

### 3.4.3.1　橡皮擦工具

**橡皮擦工具：** 可用于擦除图像中的部分像素，使其更改为背景色或透明。如果在已锁定的图层上擦除，像素将更改为背景色；否则，像素将被抹成透明。若文档中存在多个图层，则仅擦除选定图层上的像素，而不影响其他的图层。如图3-116所示为“橡皮擦工具”选项栏。

141　模式：画笔　不透明度：100%　流量：100%　平滑：0%　0°　抹到历史记录

图3-116　“橡皮擦工具”选项栏

**▼ 操作方法**

执行“橡皮擦工具”的快捷键“E”或者单击“橡皮擦工具”的图标（ ），光标自动变为“○”，先在“图层”面板中选中要擦除的对象所在的图层，在图像中单击要擦除的区域，或拖动光标以涂抹所有要擦除的区域，然后释放鼠标按键即可（如果要在已锁定的图层中进行擦除，需先设置要应用的背景色），如图3-117和图3-118所示。

图3-117　原始图像

图3-118　使用“橡皮擦工具”擦除未锁定图层上的像素

**“画笔预设”选取器：** 可在擦除前设置画笔笔尖大小、硬度、角度和圆度，还可选择用某种特殊形状的笔刷样式进行擦除，擦除区域的形状与选中的笔刷形状相同。此处与“画笔工具”中的操作方法类似，详见3.5.1.1小节的相关内容。

**模式：** 设置涂抹模式，“画笔”和“铅笔”模式可将橡皮擦设置为像画笔和铅笔工具一样工作。“块”是指具有硬边缘和固定大小的方形，并且不提供用于更改不透明度或流量的选项。

**不透明度：**设置“橡皮擦工具”擦除像素的强度，100% 的不透明度将完全擦除像素，较低的不透明度将擦除部分像素。

**流量：**设置“橡皮擦工具”擦除像素时的流动速率。

**平滑：**设置画笔描边的平滑度，应用的值越高，描边的智能平滑量就越大。单击“设置”按钮可选择多种平滑模式，包括“拉绳模式”“描边补齐”“补齐描边末端”和“缩放调整”四种模式。

**抹除历史记录：**勾选该选项，可抹除指定历史记录状态中的区域，与“历史记录画笔工具”中的操作方法类似。

### 3.4.3.2　背景橡皮擦工具

**背景橡皮擦工具：**可以采集画笔中心（也称为热点）的色样，并删除在画笔内的任何位置出现的该颜色。常用于擦除图像的背景区域，同时保留前景中对象的边缘。通过指定不同的取样和容差选项，可以控制透明度的范围和边界的锐化程度。该工具适用于背景单一、主体轮廓清晰的图像。如图3-119所示为“背景橡皮擦工具”选项栏。该选项栏中的“画笔选项”与“快速选择工具”中的操作方法一致，此处不再赘述，详见3.2.3小节的相关内容。

图3-119　“背景橡皮擦工具”选项栏

**▼ 操作方法**

执行“背景橡皮擦工具”的快捷键“E”或者单击“背景橡皮擦工具”的图标（　），光标自动变为“　”。先在“图层”面板中选中要擦除的对象所在的图层，然后调整画笔笔尖大小及硬度，在图像中单击要擦除的区域或拖动光标以涂抹所有要擦除的区域，再释放鼠标按键即可，如图3-120和图3-121所示。

图3-120　原始图像

图3-121　使用“背景橡皮擦工具”擦除背景

**“取样”选项：**可选择“背景橡皮擦工具”热点的取样方式。

① **连续：**随着光标的拖动连续采取色样。

② **一次：**只擦除包含第一次单击的颜色的区域。

③ **背景色板：**只擦除包含当前背景色的区域。

**限制：**可选择抹除的限制模式。

① **不连续：**抹除出现在画笔下面任何位置的样本颜色。

② **邻近：**擦除包含样本颜色并且相互连接

的区域。

③ **查找边缘：** 擦除包含样本颜色的连接区域，同时更好地保留形状边缘的锐化程度。

**容差：** 可设置颜色取样的范围。容差值越低，擦除的颜色范围越小；容差值越高，擦除的颜色范围越大。

#### 3.4.3.3 魔术橡皮擦工具

**魔术橡皮擦工具：** 使用该工具在图层中单击时，会一次性擦除所有颜色相同或相近的像素。如果在已锁定的图层中单击，这些像素将更改为背景色。该工具同样适用于背景单一、主体轮廓清晰的图像。如图3-122所示为“魔术橡皮擦工具”选项栏。该选项栏中的“容差”“消除锯齿”“连续”“对所有图层取样”与“魔棒工具”中的操作方法类似，此处不再赘述，详见3.2.3.2小节的相关内容。

图3-122 “魔术橡皮擦工具”选项栏

▼ **操作方法**

执行“魔术橡皮擦工具”的快捷键“E”或者单击“魔术橡皮擦工具”的图标（ ），光标自动变为“ ”。先在“图层”面板中选中要擦除的对象所在的图层，然后在图像中单击要擦除的区域即可（如果要在已锁定的图层中进行擦除，需先设置要应用的背景色），如图3-123和图3-124所示。

图3-123 原始图像

图3-124 使用“魔术橡皮擦工具”擦除背景

**不透明度：** 设置擦除强度。不透明度100%，将完全擦除像素；不透明度越低，擦除像素越少。

### 3.4.4 图像修饰

图像修饰工具包括“模糊工具”“锐化工具”“涂抹工具”“减淡工具”“加深工具”“海绵工具”，本小节将介绍此类工具的指令及用法。

#### 3.4.4.1 模糊工具

**模糊工具：** 可柔化硬边缘或减少图像中的细节。使用此工具在某个区域上方绘制的次数越多，该区域就越模糊。如图3-125所示为“模糊工具”选项栏。该选项栏中的“画笔预设”和“模式”与“画笔工具”中的操作方法一致；“对所有图层取样”与“魔棒工具”中的操作方法类似，此处不再赘述，详见3.5.1.1小节和3.2.3.2小节的相关内容。

▼ **操作方法**

单击“模糊工具”的图标（ ），光标自动变为“○”。在图像中涂抹要进行模糊处理的图像部分即可，如图3-126和图3-127所示。

**强度：** 设置“模糊工具”的模糊程度。

模式： 正常 强度： 100% 0° 对所有图层取样

图3-125 “模糊工具”选项栏

图3-126　原始图像

图3-127　最终图像（模糊后）

选项栏中的“画笔预设”和“模式”与“画笔工具”中的操作方法一致；“对所有图层取样”与“魔棒工具”中的操作方法类似，此处不再赘述，详见3.5.1.1小节和3.2.3.2小节的相关内容。

### 3.4.4.2　锐化工具

**锐化工具：**可用于增加边缘的对比度以增强外观上的锐化程度。用此工具在某个区域上方绘制的次数越多，增强的锐化效果就越明显。如图3-128所示为“锐化工具”选项栏。该选项栏中的“画笔预设”和“模式”与“画笔工具”中的操作方法一致；“对所有图层取样”与“魔棒工具”中的操作方法类似，此处不再赘述，详见3.5.1.1小节和3.2.3.2小节的相关内容。

图3-128　“锐化工具”选项栏

#### ▼ 操作方法

单击“锐化工具”的图标（▲），光标自动变为“○”。在图像中涂抹要进行锐化处理的图像部分即可。若锐化程度不够，可尝试进行多次涂抹，如图3-129和图3-130所示。

图3-129　原始图像

图3-130　最终图像(锐化后)

**强度：**设置“锐化工具”的锐化程度。

**保护细节：**勾选该选项，可以保护图像细节并使因像素化而产生的不自然感最小化。

### 3.4.4.3　涂抹工具

**涂抹工具：**模拟将手指拖过湿油漆时所看到的效果。该工具可拾取描边开始位置的颜色，并沿拖动的方向展开这种颜色。如图3-131所示为“涂抹工具”选项栏。该选项栏中的“画笔预设”和“模式”与“画笔工具”中的操作方法一致；“对所有图层取样”与“魔棒工具”中的操作方法类似，此处不再赘述，详见3.5.1.1小节和3.2.3.2小节的相关内容。

图3-131　“涂抹工具”选项栏

▼ **操作方法**

单击“涂抹工具”的图标（），光标自动变为“○”。在图像中拖动光标进行涂抹即可，如图3-132和图3-133所示。

**强度：** 设置“涂抹工具”的涂抹程度。

**手指绘画：** 勾选该选项，可叠加拾色器里的前景色进行涂抹。

### 3.4.4.4　减淡工具

**减淡工具：** 可以在不影响色相或饱和度的情况下使图像的特定区域变亮，用“减淡工具”在某个区域上绘制的次数越多，该区域就会变得越亮。如图3-134所示为“减淡工具”选项栏。该选项栏中的“画笔预设”与“画笔工具”中的操作方法一致，此处不再赘述，详见3.5.1.1小节的相关内容。

图3-132　原始图像

图3-133　最终图像（涂抹后）

398　范围：中间调　曝光度：50%　0°　保护色调

图3-134　“减淡工具”选项栏

▼ **操作方法**

执行“减淡工具”的快捷键“O”或单击“减淡工具”的图标（），光标自动变为“○”。拖动光标在要变亮的区域上涂抹即可，若变亮程度不够，可尝试进行多次涂抹，如图3-135和图3-136所示。

**范围：** 可选择要更改的色调区域。

① **阴影：** 更改暗部区域。

② **中间调：** 更改灰色的中间范围。

③ **高光：** 更改亮部区域。

图3-135　原始图像

图3-136　最终图像(使用“减淡工具”后)

**曝光度：** 可设置“减淡工具”的曝光度，数值越大，效果越明显。

**保护色调：** 勾选该选项，可以保护图像的色调不受影响，防止颜色发生色相偏移。

### 3.4.4.5　加深工具

**加深工具：** 与“减淡工具”原理相同，但效果相反，该工具可以在不影响色相或饱和度的情况下使图像的特定区域变暗，用“加深工具”在某个区域上绘制的次数越多，该区域就会变得越暗。如图3-137所示为“加深工具”

选项栏。该选项栏中的“画笔预设”选项与“画笔工具”中的操作方法一致；“范围”“曝光度”和“保护色调”选项与“减淡工具”中的操作方法一致，此处不再赘述，详见3.5.1.1小节和3.4.4.4小节的相关内容。

图3-137 “加深工具”选项栏

**▼ 操作方法**

执行“加深工具”的快捷键“O”或单击“加深工具”的图标( )，光标自动变为“○”。拖动光标在要变暗的区域上涂抹即可，若变暗程度不够，可尝试进行多次涂抹，如图3-138和图3-139所示。

图3-138　原始图像

图3-139　最终图像(使用“加深工具”后)

### 3.4.4.6　海绵工具

**海绵工具：**可更改图像中某个区域的颜色饱和度，当图像处于灰度模式时，该工具通过使灰阶远离或靠近中间灰色来增加或降低对比度。如图3-140所示为“海绵工具”选项栏。该选项栏中的“画笔预设”与“画笔工具”中的操作方法一致，此处不再赘述，详见3.5.1.1小节的相关内容。

图3-140 “海绵工具”选项栏

**▼ 操作方法**

执行“海绵工具”的快捷键“O”或单击“海绵工具”的图标( )，光标自动变为“○”。在选项栏的“模式”菜单中选取“去色”或“加色”的颜色更改方式，拖动光标在要降低或增加饱和度的区域上涂抹即可，如图3-141～图3-143所示。

**流量：**指定流量以设置饱和度变化速率，数值越高，效果越明显。

**自然饱和度：**勾选该选项，可在增加饱和度时，使颜色的变化更自然。

图3-141　原始图像

图3-142　最终图像(“去色”模式)

图3-143　最终图像(“加色”模式)

# 3.5 绘画工具组

Photoshop 提供多个用于绘制和编辑图像颜色的工具，包括画笔类工具和颜色填充类工具，本节将介绍与绘制和编辑图像颜色相关的工具、指令等内容。

## 3.5.1 画笔类工具

Photoshop中的画笔类工具包括“画笔工具”“铅笔工具”“颜色替换工具”和“历史记录画笔工具”。在这些绘画工具的选项栏中，可以设置对图像应用颜色的方式，并可从预设画笔笔尖中选取笔尖，绘制出各种纹理和形状的图像。本小节将介绍此类工具的指令及用法。

### 3.5.1.1 画笔工具

**画笔工具：**可以使用当前的前景色绘制带有画笔特性的线条或图案，也可以用于更改图像的蒙版和通道（蒙版和通道的用法详见5.2节和5.3节的相关内容），在作图过程中使用率非常高。如图3-144所示为“画笔工具”选项栏。

图3-144 “画笔工具”选项栏

**▼ 操作方法**

执行“画笔工具”的快捷键“ B ”或单击“画笔工具”的图标（ ），光标自动变为“○”。在工具栏的“拾色器”中选取一种前景色（“拾色器”用法详见3.5.2.1小节的相关内容），然后在选项栏的“画笔预设”选取器中选择笔刷样式，设置画笔“大小”和“硬度”，在图像中单击并拖动光标即可进行绘制，如图3-145所示。

**“画笔预设”选取器：**可选择画笔笔刷样式，设置画笔“大小”“硬度”“角度”和“圆度”，点击选项栏的图标（ ）或在画布中点击鼠标右键，即可打开“画笔预设”选取器，如图3-146所示。

① **大小：**输入数值或拖动滑块，可设置画笔笔触的大小，点击图标（ ）可恢复到原始大小。如图3-147所示为使用不同大小的画笔绘制的直线。

② **硬度：**输入数值或拖动滑块，可设置画笔笔触的硬度（样本画笔的硬度无法更改），画笔硬度决定笔触边缘的模糊程度，硬度越大，笔触边缘越锐利。如图3-148所示为使用不同硬度的画笔绘制的直线。

③ **角度：**输入度数，或在预览框中拖动水平轴进行旋转，可指定画笔从水平方向旋转的角度。

④ **圆度：**输入数值（%），或在预览框中拖动白点，可指定画笔短轴和长轴之间的比率。100% 圆度值表示圆形画笔，0%表示线性画笔，介于两者之间的值表示椭圆画笔。

⑤ **笔刷样式：**笔刷样式决定画笔笔触的形状，可在笔刷样式列表选择任意样式进行绘图。如图3-149所示为使用不同样式的画笔绘制的图像。

⑥ **导入画笔：**点开右上角的“小齿轮”图标（ ），点击“导入画笔”可以加载画笔笔刷文件。

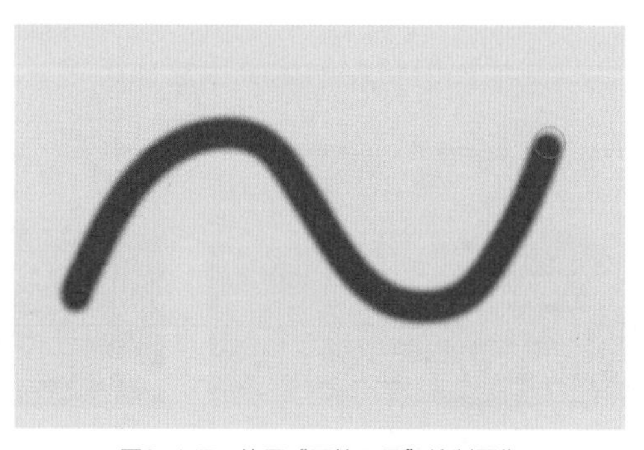

图3-145 使用“画笔工具”绘制图像

图3-146 “画笔预设”选取器

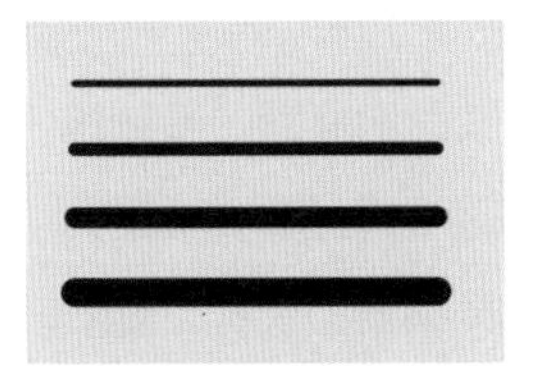

图3-147　使用不同大小的画笔绘制的直线

图3-148　使用不同硬度的画笔绘制的直线

图3-149　使用不同样式的画笔绘制的图像

△ 提示

点开右上角的“设置”按钮，勾选“画笔笔尖”并取消勾选“画笔名称”和“画笔描边”，可以预览笔刷样式的大图，便于观察和挑选笔刷的形状。

**模式：** 设置绘制的像素颜色与下面现有像素颜色混合的方式，效果与“图层混合模式”类似，详见5.5节的相关内容。

**不透明度：** 设置绘制的颜色的透明程度，不透明度为0%表示完全透明；不透明度为100%表示不透明。

**流量：** 设置当将光标移动到某个区域上方时绘制颜色的速率，也可理解为画笔绘制颜色时的浓度。

**平滑：** 设置描边平滑度，平滑值越大，描边抖动越小。

**对称选项：** 可以使用“画笔工具”进行对称式绘图，绘制完全对称的图案。可选择多种对称类型，包括“垂直”“水平”“双轴”“对角”“波纹”“圆形”“螺旋线”“平行线”“径向”“曼陀罗”，如图3-150所示。

### ▼ 操作方法

选择“画笔工具”，在选项栏中单击蝴蝶图标（🦋），然后从菜单中选择“径向”或“曼陀罗”选项。在“径向”对称或“曼陀罗”对称对话框中，指定所需的段计数，然后单击“确定”按钮。画布上会显示对称路径，围绕对称路径进行绘制即可，如图3-151和图3-152所示。

图3-150 “对称选项”

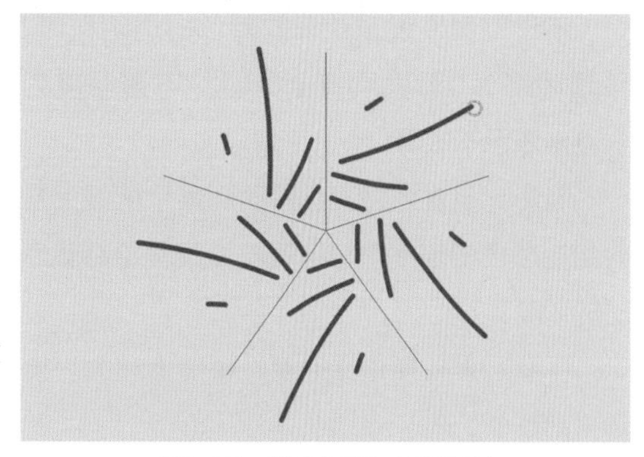

图3-151 “径向”对称（5段计数）

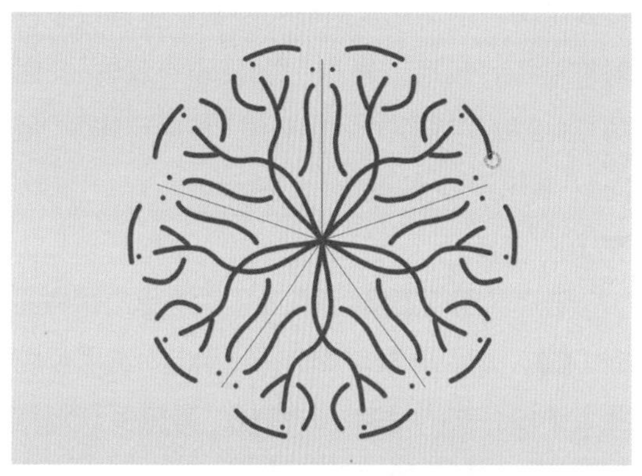

图3-152 “曼陀罗”对称（5段计数）

△ 提示

① 在绘制选区时，按住“Alt”键并按鼠标右键拖动光标，可以调整画笔笔尖大小及硬度。左右拖动调整大小，上下拖动调整硬度。

② 在英文输入法状态下，按“[”键或“]”键可减小或增大画笔笔尖的大小。

③ 按“Shift+[”键或“Shift+]”键可减小或增大画笔笔尖的硬度。

④ 按数字键1～9可快速调整画笔的“不透明度”。

⑤ 按“Shift”键+数字键“1～9”可快速调整画笔的“流量”。

⑥ 在图像中单击起点，然后按住“Shift”键并单击终点可绘制直线。

⑦ 按住“Alt”键可临时切换为“吸管工具”，可以在图像中吸取颜色并替换为前景色。

⑧ 在选项栏的“工具预设”图标（）上右击，可重置画笔预设为初始状态。

### 3.5.1.2 铅笔工具

**铅笔工具：** 用法与“画笔工具”中的操作方法类似，区别在于“画笔工具”可绘制柔边缘，而“铅笔工具”用于绘制硬边缘（“硬度”选项失效），使用率较低。如图3-153所示为“铅笔工具”选项栏。

图3-153 “铅笔工具”选项栏

**▼ 操作方法**

执行“铅笔工具”的快捷键“ B ”或单击“铅笔工具”的图标（），光标自动变为“ ”。在工具栏的“拾色器”中选取一种前景色（“拾色器”用法详见3.5.2.1小节的相关内容），然后在选项栏的“画笔预设”选取器中选择笔刷样式，设置画笔“大小”和“硬度”，在图像中单击并拖动光标即可进行绘制，如图3-154所示。

### 3.5.1.3 颜色替换工具

**颜色替换工具：** 可将选定的颜色替换为另一种颜色。如图3-155所示为“颜色替换工具”选项栏。

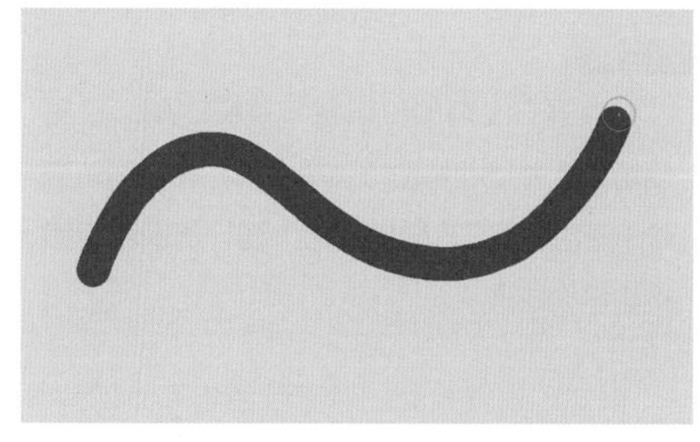

图3-154 使用“铅笔工具”绘制图像

图3-155 “颜色替换工具”选项栏

### ▼ 操作方法

执行“颜色替换工具”的快捷键“ B ”或单击“颜色替换工具”的图标（ ），光标自动变为“ ”。在工具栏的“拾色器”中选取一种前景色（“拾色器”用法详见3.5.2.1小节的相关内容），然后在选项栏的“画笔预设”选取器中设置画笔“大小”和“硬度”，在图像中要替换颜色的区域拖动光标涂抹即可，如图3-156和图3-157所示。

图3-156　原始图像

图3-157　使用“颜色替换工具”替换颜色

**“画笔预设”选取器：**可在替换颜色前设置画笔笔尖大小、硬度、角度和圆度，此处与“画笔工具”中的操作方法类似，详见3.5.1.1小节的相关内容。

**模式：**可选择颜色替换的模式，包括“色相”“饱和度”“颜色”“明度”四种模式，选择“颜色”模式可以同时替换色相、饱和度和明度。

**“取样”选项：**可选择“颜色替换工具”的取样方式。

① **连续：**随着光标的拖动连续采取色样进行替换。

② **一次：**只替换包含第一次单击的颜色的区域。

③ **背景色板：**只替换包含当前背景色的区域。

**限制：**可选择替换的限制模式。

① **不连续：**替换出现在画笔下面任何位置的样本颜色。

② **邻近：**替换包含样本颜色并且相互连接的区域。

③ **查找边缘：**替换包含样本颜色的连接区域，同时更好地保留形状边缘的锐化程度。

**容差：**可设置颜色取样的范围。容差值越低，替换的颜色范围越小；容差值越高，替换的颜色范围越多。

**消除锯齿：**勾选该选项，可使颜色替换区域的锯齿状边缘变得平滑。由于只有边缘像素发生变化，因此不会丢失细节。

#### 3.5.1.4　历史记录画笔工具

**历史记录画笔工具：**可将之前的某一步操作定义为源数据，通过使用该工具进行涂抹，将图像的某些部分恢复到源数据的状态。如图3-158所示为“历史记录画笔工具”选项栏。该选项栏中的“画笔预设”“模式”“不透明度”和“流量”与“画笔工具”中的操作方法类似，详见3.5.1.1小节的相关内容。

图3-158 “历史记录画笔工具”选项栏

### ▼ 操作方法

**步骤01** 定义历史记录的源。

在“历史记录”面板中选择某一步操作，点击其前面的正方形图标，将其定义为历史记录的源，如图3-159所示。

**步骤02** 使用“历史记录画笔工具”涂抹要恢复的区域。

执行“历史记录画笔工具”的快捷键“Y”或单击“历史记录画笔工具”的图标（ ），光标自动变为“○”，拖动光标在要还原的区域上涂抹即可，如图3-160和图3-161所示。

图3-159 定义历史记录的源

图3-160 “历史记录画笔工具”执行前

图3-161 “历史记录画笔工具”执行后

**“历史记录”面板：**用于记录进行的每一步历史操作状态，每次对图像应用更改时，图像的新状态都会添加到该面板中。可以使用“历史记录”面板在当前的操作状态下跳转到之前的任一步操作状态，然后从该状态开始继续操作。也可以使用“历史记录”面板来删除图像状态，或依据某个状态或快照创建文档。

△ 提示

在“首选项”面板（快捷键“Ctrl+K”）的“性能”选项中可以调节“历史记录状态”的步数，决定“历史记录”面板中最多能记录下来的步数，一般设置50～100为宜，如图3-162所示。

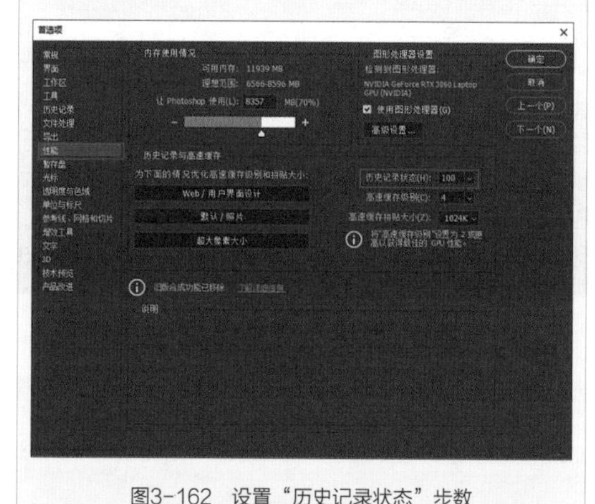

图3-162 设置“历史记录状态”步数

## 3.5.1.5 画笔设置面板

**画笔设置面板：**是Photoshop中最重要的面板之一，它可以用于修改现有画笔的属性并设计新的自定义画笔，此面板底部的画笔描边预览可以显示当前使用画笔选项时画笔笔触的外观，如图3-163所示。

### ▼ 操作方法

**方法 01** 选择“画笔工具”，点击选项栏中的“切换画笔设置面板”图标（ ）。

**方法 02** 点击菜单栏的“窗口>画笔设置”选项。

**方法 03** 执行“切换画笔设置面板”的快捷键“ F5 ”。

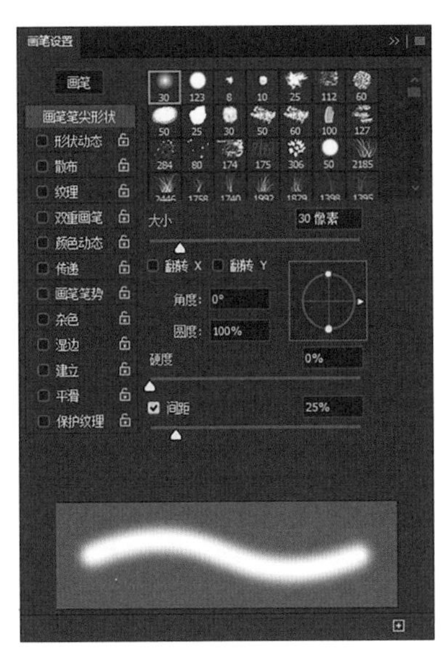

图3-163 “画笔设置”面板

**切换“画笔”面板：**点击图标“画笔”，可切换为“画笔”面板（“画笔”面板与“画笔预设”选取器中的操作方法类似，详见3.5.1.1小节的相关内容）。

**启用/关闭选项：**点击选项前方的方形按钮，显示图标“”代表该选项为启用状态，显示图标“”代表该选项为关闭状态。

**锁定/解锁选项：**点击选项后方的锁形按钮，显示图标“”代表该选项为解锁状态，显示图标“”代表该选项为锁定状态。

**画笔笔尖形状：**可选择画笔笔尖形状，设置画笔“大小”“翻转方向”“角度”“圆度”“硬度”和“间距”。

① **大小：**输入数值或拖动滑块，可设置画笔笔触的大小，点击图标“”可恢复到原始大小。

② **翻转方向：**改变画笔笔尖在其 *X*/*Y* 轴上的方向。

③ **角度：**输入度数，或在预览框中拖动水平轴进行旋转，可指定画笔从水平方向旋转的角度。

④ **圆度：**输入比例（%），或在预览框中拖动白点，可指定画笔短轴和长轴之间的比率。100%圆度值表示圆形画笔，0%表示线性画笔，介于两者之间的值表示椭圆画笔。

⑤ **硬度：**输入数值或拖动滑块，可设置画笔笔触的硬度（样本画笔的硬度无法更改），画笔硬度决定笔触边缘的模糊程度，硬度越大，笔触边缘越锐利。

⑥ **间距：**输入比例（%），或拖动滑块，可控制两个画笔笔触之间的距离。当取消勾选此选项时，光标的移动速度将决定间距。

**形状动态：**控制画笔大小、角度、圆度方面的随机变化状态。

**散布：**控制描边中笔迹的数目和分布方式。当勾选“两轴”时，画笔笔迹按径向分布。当取消勾选“两轴”时，画笔笔迹垂直于描边路径分布。

**纹理：**可以画笔笔尖叠加图案纹理。

**双重画笔：**可以设置将两种画笔结合为一种画笔。

**颜色动态：**可以设置画笔颜色的动态变化。

**传递：**可以设置不透明度和流量的动态变化。

**画笔笔势：**可以调整画笔的笔势角度。

**杂色：**可以为个别画笔笔尖增加额外的随机性。当应用于柔画笔笔尖（包含灰度值的画笔笔尖）时，此选项效果最明显。

**湿边：**沿画笔描边的边缘增大油彩量，从而创建水彩效果。

**建立：**启用喷枪样式的建立效果。

**平滑：**在画笔描边中生成更平滑的曲线。

**保护纹理：**将相同图案和缩放比例应用于具有纹理的所有画笔预设。勾选此选项后，在切换其他画笔预设时，将继续使用之前的图案。

## 3.5.2　颜色填充类工具

在Photoshop中编辑图像时，常常需要应用相应的颜色。Photoshop提供多种颜色选取及填充应用的工具，包括“填充前景色/背景色”“渐变工具”“油漆桶工具”，本小节将介绍此类工具的指令及用法。

### 3.5.2.1　填充前景色 / 背景色

**填充前景色/背景色：**在Photoshop 中可以使用前景色来绘画、填充和描边选区，使用背景色来生成渐变填充和在图像已抹除的区域中填充。一些特殊效果滤镜也使用前景色和背景色。默认前景色是黑色，默认背景色是白色（在 Alpha 通道中，默认前景色是白色，默认背景色是黑色）。

▼ **操作方法**

**方法 01** 使用工具栏中的“拾色器”面板指定前景色或背景色。当前的前景色显示在上面的颜色选择框中，背景色显示在下面的框中，如图3-164所示。

① **设置前景色：**单击工具箱中靠上的颜色选择框，然后在“拾色器”中选取一种颜色。

② **设置背景色：**单击工具箱中靠下的颜色选择框，然后在“拾色器”中选取一种颜色。

③ **切换前景色和背景色：**单击工具栏中的“切换颜色”图标（　），或执行快捷键“D”。

④ **恢复默认前景色和背景色：**单击工具栏中的“默认颜色”图标（　），或执行快捷键“X”。

**方法 02** 使用吸管工具、“颜色”面板或“色板”面板指定新的前景色或背景色，详见3.8.2.1小节的相关内容。

**“拾色器”面板：**可以设置“前景色/背景色”和文本颜色。也可以为不同的工具、命令和选项设置目标颜色，如图3-165所示。

① 在“拾色器”面板中，可以使用四种颜色模型来选取颜色：HSB、RGB、Lab 和 CMYK，不同的颜色模型对应的“颜色滑块”和“色域”也有所不同。

② 在使用“颜色滑块”和“色域”调整颜色时，对应的数值会相应地调整。

③“颜色滑块”右侧的矩形区域中的上半部分将显示新的颜色，下半部分将显示原始颜色。

④在以下两种情况下将会出现警告：选取的颜色不是 Web 安全颜色，将出现警告图标（　），点击该图标下方的方形颜色按钮即可矫正；选取的颜色是可打印色域之外的颜色（不可打印的颜色），将出现警告图标（　），点击该图标下方的方形颜色按钮即可矫正。

**使用“拾色器”选取颜色：**可以通过在 HSB、RGB 和 Lab 文本框中输入颜色分量值或使用“颜色滑块”和“色域”来选取颜色。

① **使用 HSB 模型选取颜色：**通过指定色相、饱和度、亮度来选取颜色，是最符合人眼视觉认知习惯、最为常用的颜色模型。

② **使用 RGB 模型选取颜色：**通过指定红

图3-164　颜色选择框

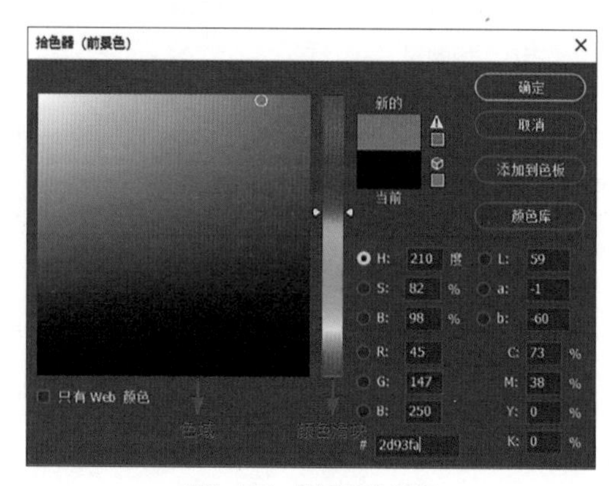


图3-165　“拾色器”面板

色、绿色和蓝色分量来选取颜色。

③ **使用Lab 模型选取颜色：**通过指定颜色的明亮度、红绿程度、蓝黄程度来选取颜色。

④ **使用CMYK模型选取颜色：**可以通过将每个分量值指定为青色、洋红色、黄色和黑色的比例（%）来选取颜色。

**填充前景色/背景色：**

**方法 01** 选择要填充的区域或图层，执行填充前景色的快捷键“Alt+Delete”或者“Alt+BackSpace”，或执行填充背景色的快捷键“Ctrl+Delete”或者“Ctrl+BackSpace”；

**方法 02** 点击菜单栏的“编辑>填充”，或执行“填充”的快捷键“Shift+F5”，调出“填充”面板。在该面板中可以选择填充内容，填充内容可以是前景色、背景色和纯色等，如图3-166所示。

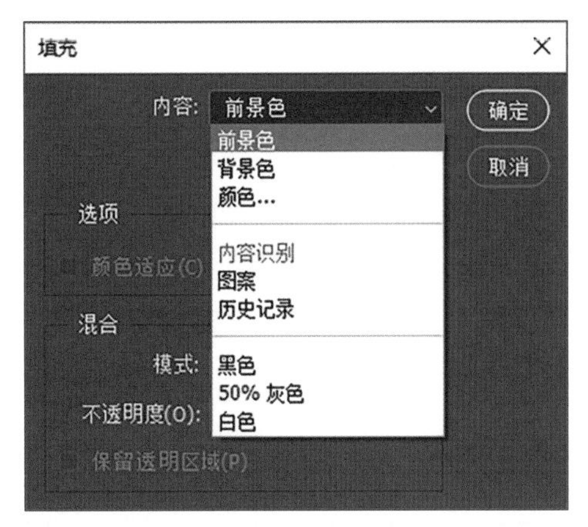


图3-166 “填充”面板

## 3.5.2.2 渐变工具

**渐变工具：**可以在选区或图层上创建并填充多种颜色间逐渐混合的效果，也可以从预设渐变填充中选取或创建自己的渐变。如图3-167所示为渐变工具选项栏。

图3-167 “渐变工具”选项栏

### ▼ 操作方法

**步骤01** 执行“渐变工具”的快捷键“G”或单击“渐变工具”的图标（ ），光标自动变为“-:-”。

**步骤02** 选择要填充的区域或图层。

**步骤03** 在选项栏中点击宽渐变样本旁边的三角形，打开“渐变拾色器”，从中选取预设渐变；或点击宽渐变样本打开“渐变编辑器”，从中创建新的渐变。

**步骤04** 在选项栏中选择一种渐变类型（此处以“线性渐变”线性渐变为例）。

**步骤05** 将光标定位在图像中要设置为渐变起点的位置，然后拖动以定义终点，如图3-168和图3-169所示。

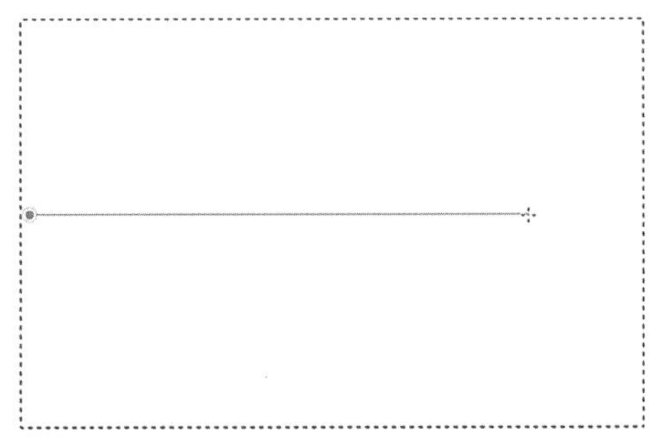

图3-168 填充渐变（执行中）

图3-169 填充渐变（执行后）

**渐变拾色器：**可以从中选取Photoshop自带的各类预设渐变，其中“基础”预设渐变颜色由前景色和背景色决定，如图3-170所示。

**渐变编辑器：**点击选项栏的宽渐变样本（ ），打开“渐变编辑器”对话框，可以用于创建并编辑渐变颜色，或保存渐变等，如图3-171所示。

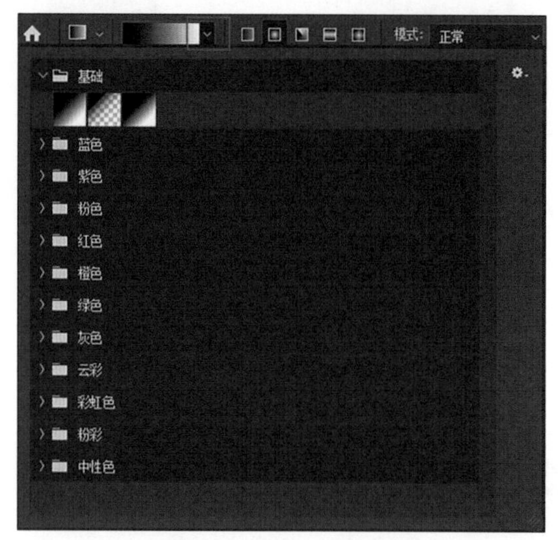


图3-170 “渐变拾色器”面板

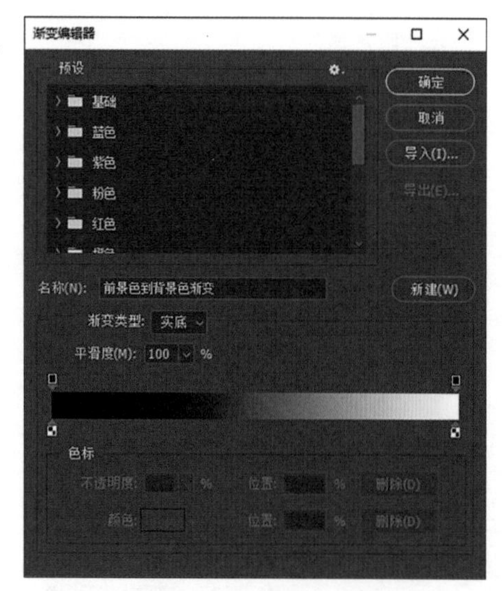


图3-171 “渐变编辑器”对话框

在“渐变编辑器”中创建渐变的操作步骤如下。

**步骤01** 若要使新渐变基于现有渐变，请在对话框的“预设”部分选择一种渐变。

**步骤02** 从“渐变类型”弹出式菜单中选取“实底”。

**步骤03** 单击渐变条下方左侧的色标（ ）以定义渐变的起始颜色 。该色标上方的三角形将变黑，这表明正在编辑起始颜色。

**步骤04** 要选取颜色，请执行下列操作之一。

① 双击色标，或者在对话框的“色标”部分单击“颜色”色板，可调出“拾色器”面板。从中选取一种颜色，然后单击“确定”（从“拾色器”面板中选取颜色详见3.5.2.1小节的相关内容）。

② 在对话框的“色标”部分中，从“颜色”弹出式菜单中选取一个选项。

③ 将光标定位在渐变条上（光标变成吸管状），单击以采集色样，或单击图像中的任意位置从图像中采集色样。

**步骤05** 单击渐变条下方右侧的色标以定义终点颜色。

**步骤06** 要调整起点或终点的位置，请执行下列操作之一。

① 单击并拖动相应的色标到所需位置即可。

② 单击相应的色标，并在对话框“色标”部分的“位置”中输入值。如果值是 0%，色标会在渐变条的最左端；如果值是 100%，色标会在渐变条的最右端。

**步骤07** 向左或向右拖动渐变条下面的菱形（ ），或单击菱形并输入“位置”值可调整中点的位置（渐变将在此处显示起点颜色和终点颜色的均匀混合）。

**步骤08** 在渐变条下方单击，可向渐变中添加颜色并增加相应的色标。

**步骤09** 要删除正在编辑的色标，请单击“删除”，或向下拖动此色标直到它消失。

**步骤10** 单击渐变条上方的色标，在对话框“色标”部分的“不透明度”中输入值，以设置渐变颜色的透明度值。

**步骤11** 输入新渐变的名称。

**步骤12** 在完成渐变的创建后单击“新建”，可将该渐变存储为预设，以供下次使用。

**渐变类型：**在选项栏中可以选择渐变填充的类型，从左往右依次为“线性渐变”“径向渐变”“角度渐变”“对称渐变”和“菱形渐变”，如图3-172所示。

图3-172 五种渐变类型

① **线性渐变：**以直线的方式从起点渐变到终点，如图3-173所示。

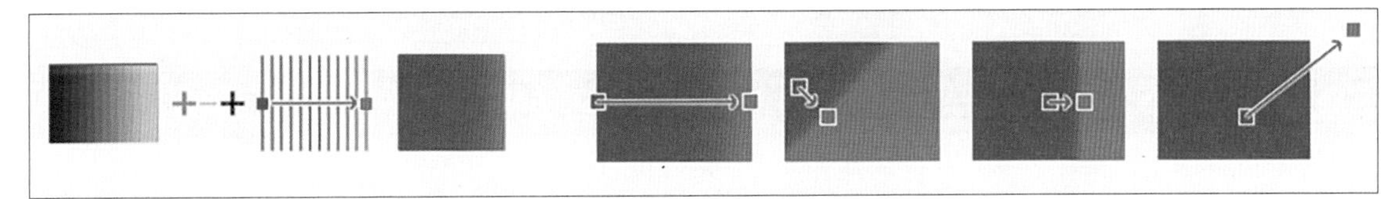

图3-173 “线性渐变”

② **径向渐变：**以圆形图案的方式从起点渐变到终点，如图3-174所示。

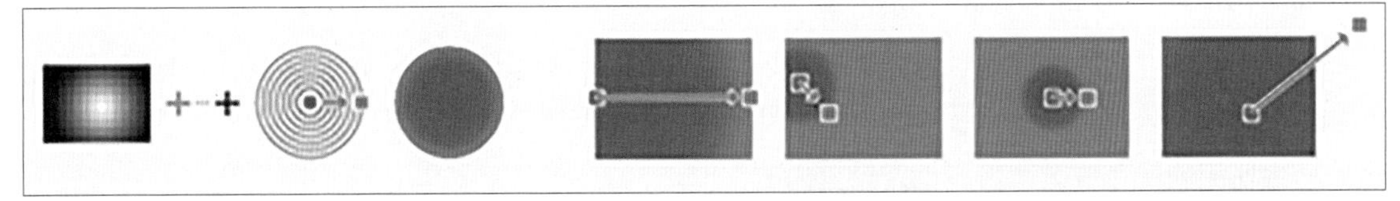

图3-174 “径向渐变”

③ **角度渐变：**围绕起点以逆时针扫过的方式渐变，如图3-175所示。

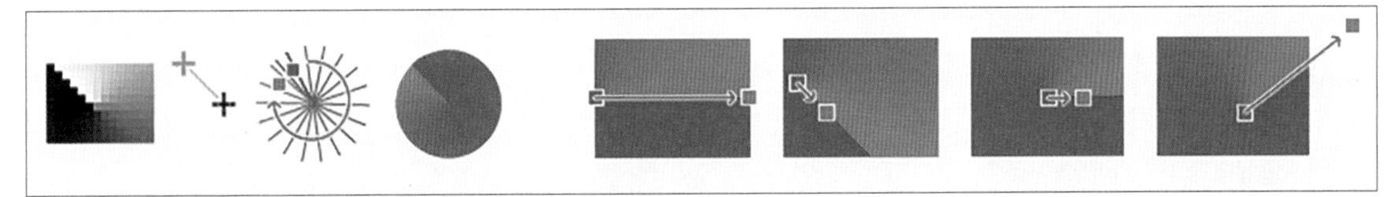

图3-175 “角度渐变”

④ **对称渐变：**在起点的两侧进行对称的线性渐变，如图3-176所示。

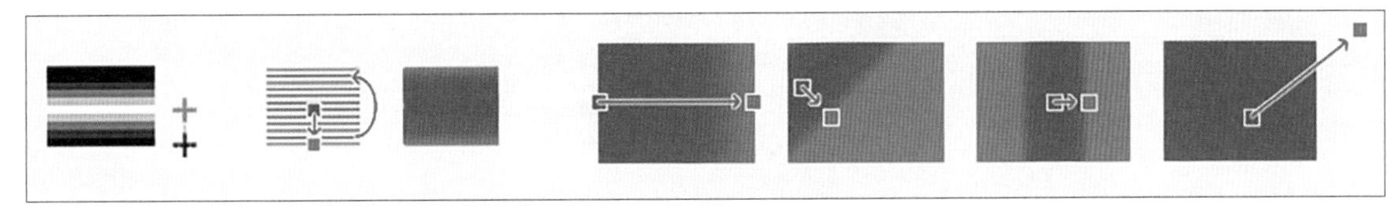

图3-176 “对称渐变”

⑤ **菱形渐变：**以菱形图案从中心向外侧渐变到角，如图3-177所示。

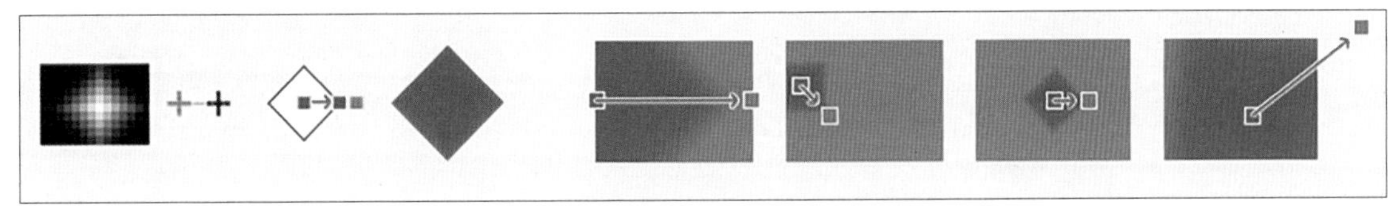

图3-177 “菱形渐变”

**模式：**设置填充渐变时像素颜色与下面现有像素颜色混合的方式，效果与“图层混合模式”类似，详见5.5节的相关内容。

**不透明度：**设置渐变颜色的透明程度，不透明度为 0% 表示完全透明；不透明度为100% 表示不透明。

**反向：**反转渐变填充中的颜色顺序。

**仿色：**以较小的带宽创建较平滑的混合。

**透明区域：**对渐变填充使用透明蒙版，切换渐变透明度。

**渐变方法：**可以选择渐变填充的方法，增强创建更平滑渐变的创意过程，包括“可感知”“线性”或“古典”，默认选择“可感知”方法。

### 3.5.2.3 油漆桶工具

**油漆桶工具：**可以用前景色或图案填充颜色相同或相近的区域。如图3-178所示为“油漆桶工具”选项栏。

图3-178 “油漆桶工具”选项栏

**▼ 操作方法**

执行“油漆桶工具”的快捷键“G”或单击“油漆桶工具”的图标（），光标自动变为“”。选取一种前景色（设置前景色详见3.5.2.1小节的相关内容），单击要填充的图像部分，即会使用前景色或图案填充指定容差内的所有指定像素，如图3-179和图3-180所示。

**设置填充区域的源：**选择填充的模式，指定是用前景色还是用图案填充选区。

**模式：**设置填充时像素颜色与下面现有像素颜色混合的方式，效果与“图层混合模式”类似，详见5.5节的相关内容。

**不透明度：**设置填充颜色的透明程度，不透明度为0%表示完全透明；不透明度为100%表示不透明。

**容差：**用于定义填充颜色的相似度（相对于光标单击处的像素），一个像素必须达到此颜色相似度才会被填充。

**消除锯齿：**勾选该选项，可使填充区域的锯齿状边缘变得平滑。

**连续：**勾选该选项，仅填充与所单击像素邻近的像素；不勾选则填充图像中的所有相似像素。

**所有图层：**勾选该选项，将基于所有可见图层中的合并颜色数据填充像素。

图3-179 原始图像

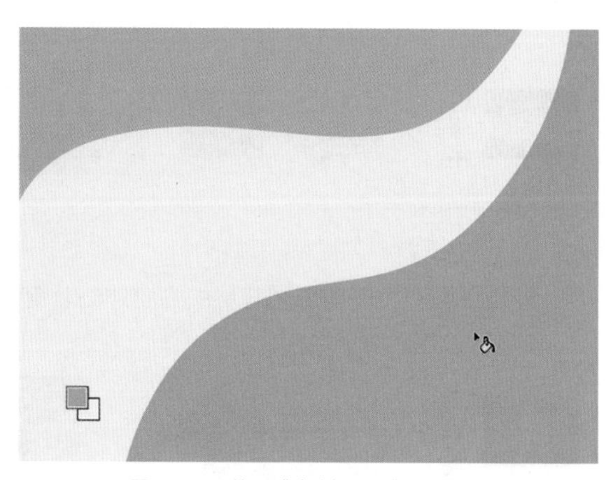

图3-180 使用“油漆桶工具”填充颜色

# 3.6　绘图工具组

Photoshop 中的绘图包括创建矢量形状、路径和文字轮廓。Photoshop 除了有强大的位图处理功能外，还有许多用来处理矢量图的工具，如“钢笔工具”和“形状工具”可以绘制矢量图形；“路径选择工具”用于编辑调整矢量图的形状。本节将介绍与绘制和编辑矢量图形相关的工具、指令等内容。

## 3.6.1　绘图基本知识

使用Photoshop 中的绘图工具前，要先了解一些基本的绘图知识，如“路径”“锚点”和“绘图模式”等，这样才能更好地使用此类工具进行绘制。本小节将介绍与绘图相关的一些基本知识。

### 3.6.1.1　认识路径与锚点

**路径与锚点：**路径是可以转换为选区或者使用颜色填充和描边的轮廓。路径与锚点同时存在，通过编辑路径的锚点，可以很方便地改变路径的形状。工作路径是出现在“路径”面板中的临时路径，用于定义形状的轮廓。

① 路径由一个或多个直线段或曲线段组成，锚点标记路径段的端点。在曲线段上，每个选中的锚点显示一条或两条方向线，方向线以方向点结束。方向线和方向点的位置决定曲线段的大小和形状，移动这些元素将改变路径中曲线的形状，如图3-181所示。

② 路径可以是闭合的，没有起点或终点（例如圆圈）；也可以是开放的，有明显的端点（例如波浪线）。

③ 平滑曲线由称为平滑点的锚点连接，锐化曲线路径由角点连接，如图3-182和图3-183所示。

④ 当在平滑点上移动方向线时，将同时调整平滑点两侧的曲线段；当在角点上移动方向线时，只调整与方向线同侧的曲线段，如图3-184 和图3-185所示。

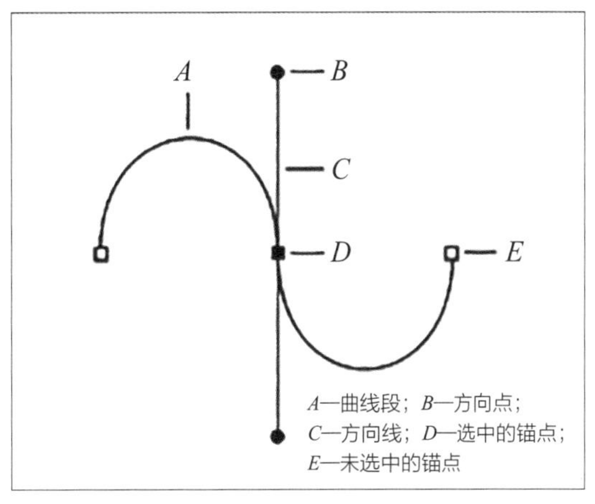


图3-181　路径

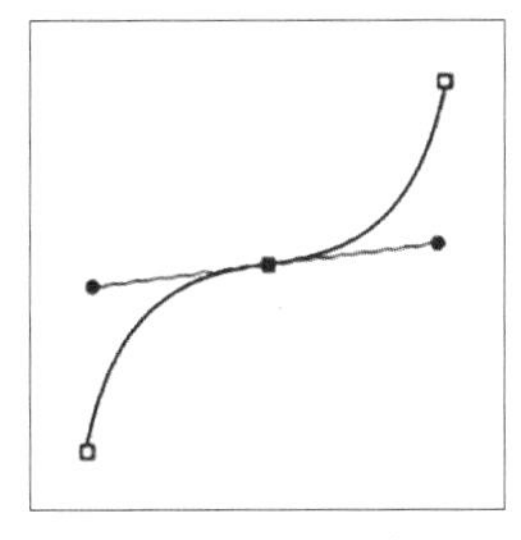

图3-182　平滑点

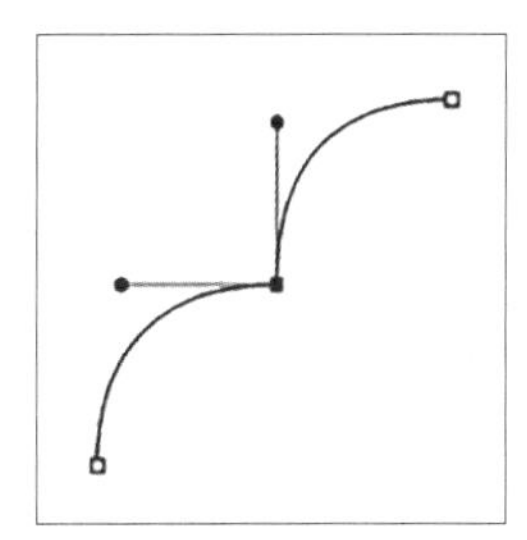

图3-183　角点

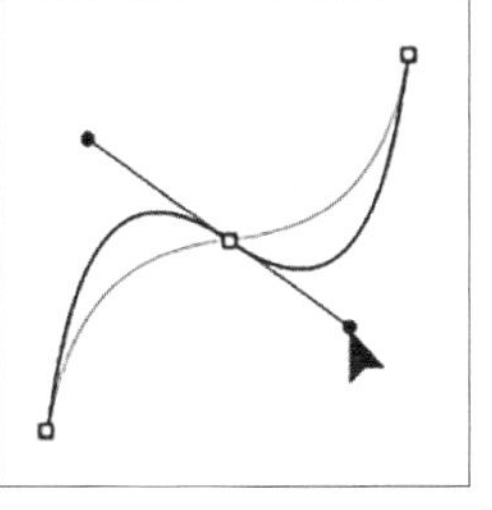

图3-184　调整平滑点

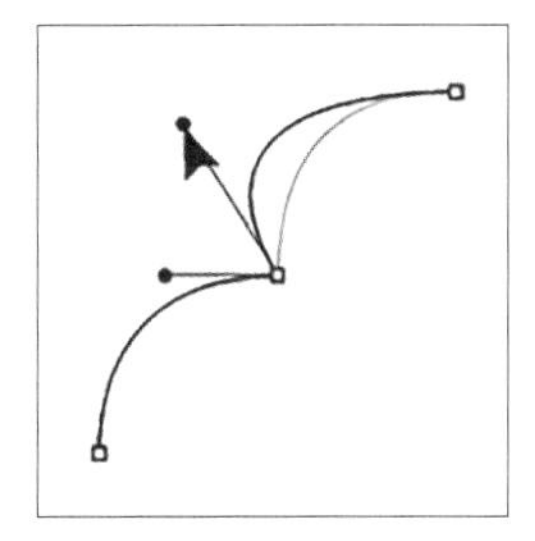

图3-185　调整角点

**路径的用途：**

① 可以使用路径作为矢量蒙版来隐藏图层区域；

② 将路径转换为选区；

③ 使用颜色填充或描边路径；

④ 将图像导出到页面排版或矢量编辑程序时，将已存储的路径指定为剪贴路径，以使图像的一部分变得透明。

### 3.6.1.2 了解绘图模式

使用形状或钢笔工具时，可以使用三种不同的模式进行绘制，包括“形状”“路径”“像素”，在选定形状或使用钢笔工具时，可通过选择选项栏中的图标来选取一种模式，如图3-186所示（此处以“钢笔工具”为例）。每种模式对应的选项各不相同，在绘图前，需注意绘图模式的选择。

图3-186 “绘图模式”选项

**形状：**可在单独的形状图层中创建形状，随后可对其进行“填充”和“描边”等操作。形状轮廓是路径，它出现在“路径”面板中，如图3-187和图3-188所示。

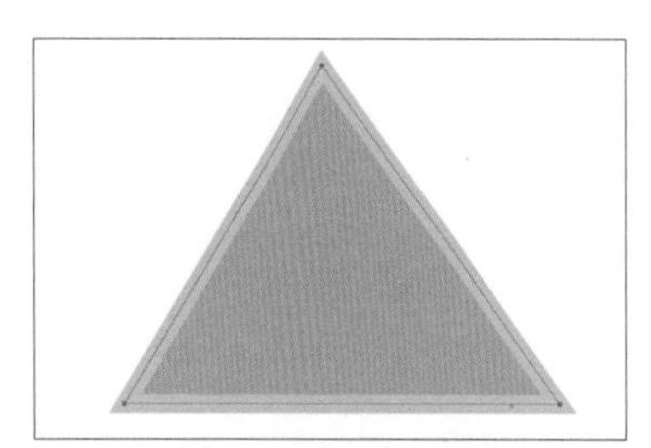

图3-187 “形状”模式

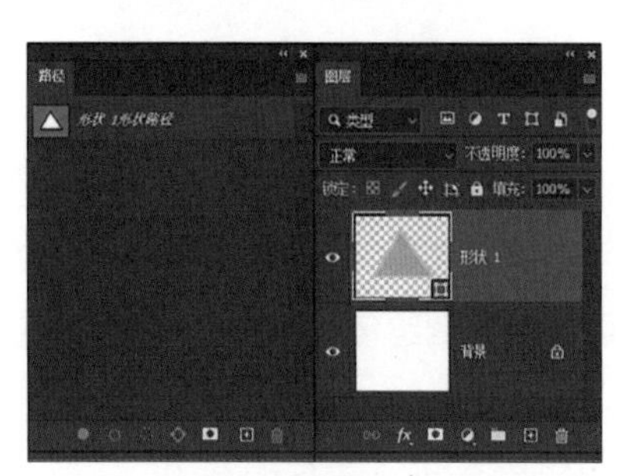

图3-188 路径和图层面板（“形状”模式）

**路径：**在当前图层中绘制一个工作路径，可随后使用它来创建选区、创建矢量蒙版或创建形状。工作路径都是临时路径，需及时存储以避免丢失其内容。路径出现在“路径”面板中，在“图层”面板中不可见，如图3-189和图3-190所示。

**像素：**直接在图层上绘制栅格图像，与绘画工具的功能非常类似。此模式创建的不是矢量图形，所以不会出现路径，只有形状工具能使用此模式，如图3-191和图3-192所示。

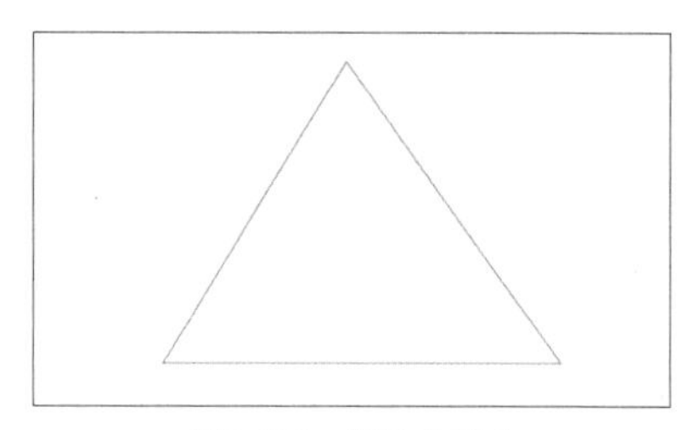

图3-189 “路径”模式

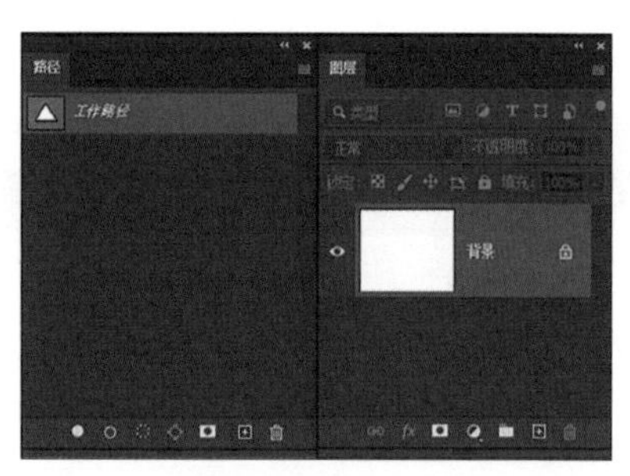

图3-190 路径和图层面板（“路径”模式）

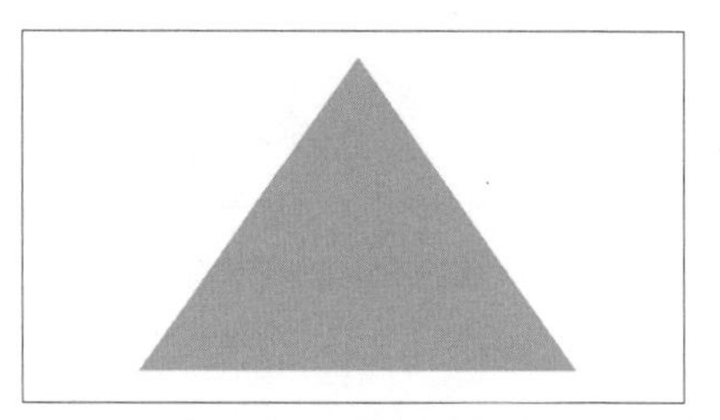

图3-191 “像素”模式

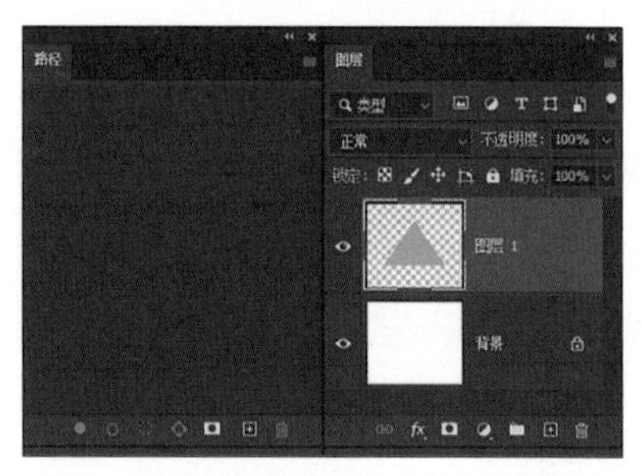

图3-192 路径和图层面板（“像素”模式）

## 3.6.2 钢笔工具

钢笔工具常用于绘制任意形状的直线或曲线路径，Photoshop 提供多种钢笔工具以满足用户的绘制需求，包括“钢笔工具”“弯度钢笔工具”“自由钢笔工具”等，本小节将介绍此类工具的指令及用法。

### 3.6.2.1 钢笔工具

**钢笔工具：**可用于精确绘制直线和曲线路径，或直接绘制形状。如图3-193所示为“钢笔工具”选项栏。

图3-193 “钢笔工具”选项栏

**（1）“钢笔工具”绘制直线路径**

使用“钢笔工具”可以绘制的最简单的路径是直线，方法是通过单击光标创建两个锚点，继续单击可创建由角点连接的直线段组成的路径，如图3-194和图3-195所示。

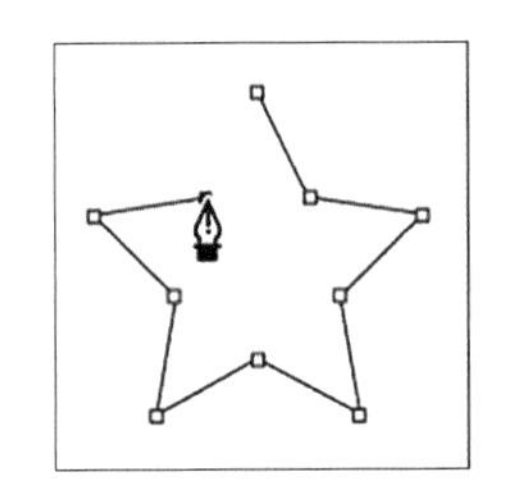

图3-194 “钢笔工具”绘制直线段

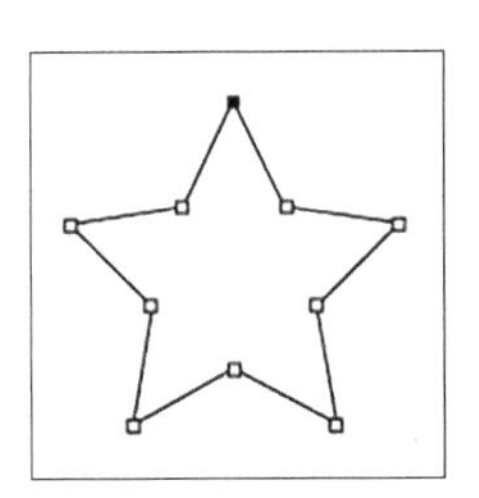

图3-195 “钢笔工具”绘制直线段（执行后）

**▼ 操作方法**

**步骤01** 执行“钢笔工具”的快捷键“P”或单击“钢笔工具”的图标（ ），光标自动变为“ ”。

**步骤02** 将钢笔工具定位到所需的直线段起点并单击，以定义第一个锚点（不要拖动）。

**步骤03** 再次单击直线段的终点位置（按“Shift”键并单击以将段的角度限制为45° 的倍数）。

**步骤04** 继续单击以便为其他直线段设置锚点（最后添加的锚点总是显示为实心方形，表示已选中状态。当添加更多的锚点时，以前定义的锚点会变成空心并被取消选择）。

**步骤05** 通过执行下列操作之一完成路径的绘制。

① 将光标定位在第一个（空心）锚点上，光标自动变为“ ”，单击或拖动可闭合路径。

② 按住“Ctrl”键并单击所有对象以外的任意位置或选择其他工具，可在不闭合路径的状态下结束绘制。

**（2）“钢笔工具”绘制曲线路径**

使用“钢笔工具”可以绘制相对复杂的曲线路径，方法是在曲线改变方向的位置添加一个锚点，然后拖动构成曲线形状的方向线，方向线的长度和斜度决定了曲线的形状，如图3-196和图3-197所示。

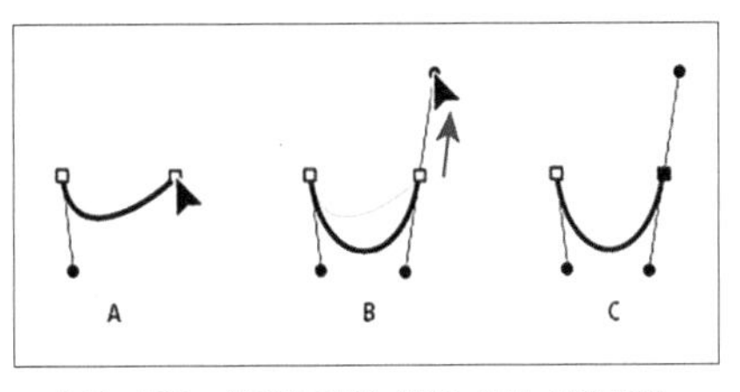


图3-196 “钢笔工具”绘制“U”形曲线段

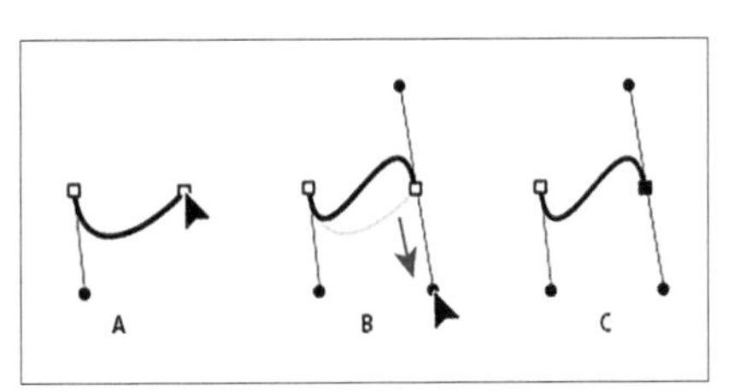


图3-197 “钢笔工具”绘制“S”形曲线段

▼ 操作方法

步骤01 执行“钢笔工具”的快捷键“P”或单击“钢笔工具”的图标（），光标自动变为“”。

步骤02 将光标定位到所需的曲线起点单击并沿着要创建的曲线段的斜度方向拖动光标，以定义第一个锚点，然后释放鼠标按键，如图3-198所示。

步骤03 将光标定位到希望曲线段结束的位置，继续沿着与前一条方向线相同或相反方向拖动，然后释放鼠标按键（按 Shift键并单击以将段的角度限制为 45° 的倍数）。

步骤04 继续从不同的位置拖动光标以创建一系列平滑曲线。

步骤05 通过执行下列操作之一完成路径的绘制。

① 将光标定位在第一个（空心）锚点上，光标自动变为“”，单击或拖动可闭合路径。

② 按住“Ctrl”键并单击所有对象以外的任意位置或选择其他工具，可在不闭合路径的状态下结束绘制。

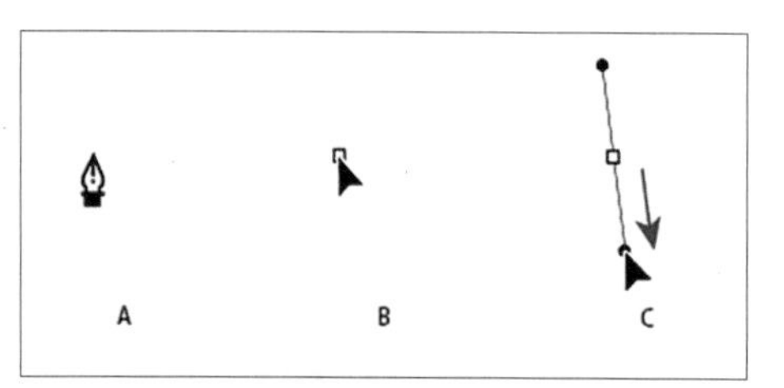

图3-198 绘制曲线中的第一个锚点
A—定位光标；B—开始拖动（按下鼠标按钮）；
C—拖动以延长方向线

**建立：**在“路径”绘图模式下可将绘制的路径转换为“选区”“蒙版”或“形状”，绘制完路径后点击选项栏中相应的按钮即可，如图3-199所示。

图3-199 “建立”选项

> △ 提示
>
> 将路径转换为“形状”后，需要将绘图模式切换为“形状”，才可对其进行“填充”和“描边”等操作。

**（3）“钢笔工具”绘制形状**

选择“形状”绘图模式，可创建形状，随后可对其进行“填充”和“描边”等操作，如图3-200所示。

**填充：**选择用于填充形状的4种类型：“无颜色”“纯色”“渐变”“图案”，如图3-201所示。

① **无颜色：**选择该项则不进行填充，但会保留形状路径。

② **纯色：**使用颜色进行填充，可使用“拾色器”或颜色预设选择一种颜色，如图3-202所示。

③ **渐变：**使用渐变颜色进行填充，单击该项，可从弹出式渐变菜单中选择一种渐变颜色，如图3-203所示。

④ **图案：**使用图案进行填充，单击该项，可从弹出式菜单中选取一种图案，如图3-204所示。

图3-200 “形状绘图模式”选项栏

图3-201 “填充”选项

图3-202 “纯色”弹出式菜单

图3-203 “渐变”弹出式菜单

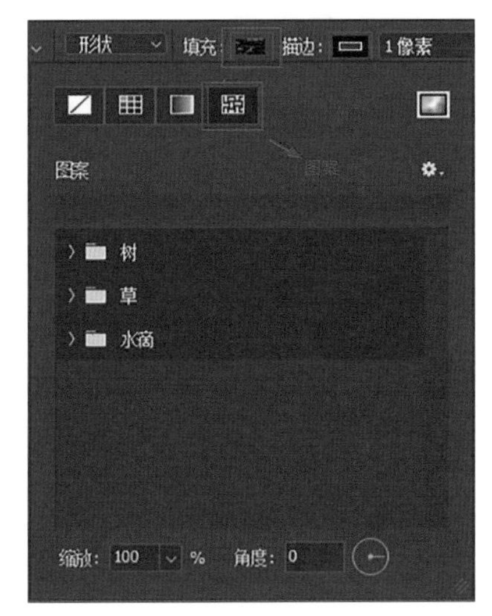


图3-204 “图案”弹出式菜单

**描边：** 选择用于形状描边的4种类型（同上）；设置描边宽度和描边类型（线型），如图3-205所示。

图3-205 “描边”选项

**描边宽度：** 手动设置形状描边的宽度，可输入数值，或点击右边的三角形按钮拖动滑块。

**描边类型：** 选择用于形状描边的类型（线型），设置描边选项。点击“更多选项”可在“描边”弹出式菜单中设置“虚线”参数，如图3-206所示。

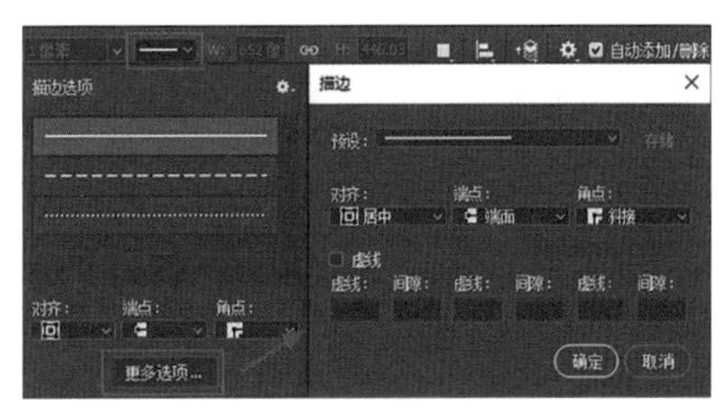


图3-206 “描边选项”和“描边”弹出式菜单

① **预设样式：** 选择描边的线型样式，有实线、虚线、点线3种样式。

② **对齐：** 选择描边与路径的对齐方式，有内部、居中、外部3种方式。

③ **端点：** 选取端点样式以指定路径两个端点的外观，有平头端点、圆头端点、投射末端3种样式。

④ **角点：** 选取角点样式以指定路径转折处描边的外观，有斜接连接、斜接连接、斜面连接3种样式。

⑤ **虚线：** 设置虚线各线段的间距。

△ 提示

① 除非路径是开放的，否则端点将不可见，端点样式在描边较粗的情况下更易于查看。

② 角点与端点类似，在描边较粗的情况下更易于查看。

**W/H：** 通过输入数值或在“W” / “H”处左右滑动鼠标，设置形状的宽度和高度。点击中间的链接图标（ ），可锁定形状的宽高比。

**（4）“钢笔工具”其他选项设置**

**路径操作：** 可设置绘制的形状之间彼此交互的方式，如图3-207所示。

① **添加到路径区域：** 将新区域添加到重叠路径区域。

② **从路径区域减去：** 将新区域从重叠路径区域移去。

③ **交叉路径区域：** 将路径限制为新区域和现有区域的交叉区域。

④ **排除重叠路径区域：** 从合并路径中排除重叠区域。

**路径对齐方式：** 可设置形状的“对齐与分布”方式，与“移动工具”中的操作方法类似，详见3.1.1小节的相关内容。

**路径排列方式：** 可设置所创建的矩形的堆叠顺序，如图3-208所示。

**路径选项：** 可以定义路径线的颜色和粗细，使其更符合自己的审美且更加清晰可见。勾选“橡皮带”选项，可在使用“钢笔工具”移动光标时预览两次单击之间的路径段，如图3-209所示。

**自动添加/删除：** 勾选此选项可在单击线段时添加锚点，或在单击锚点时删除锚点。

**对齐边缘：** 勾选此选项可将矢量形状边缘与像素网格对齐。

图3-207 “路径操作”选项

图3-208 “路径排列方式”选项

图3-209 “路径选项”弹出式菜单

△ 提示

① 将光标移动至路径上，光标自动变为“ ”，单击可添加锚点。

② 将光标移动至锚点上，光标自动变为“ ”，单击可删除锚点。

③ 按住“Alt”键，将光标移动至平滑锚点或转角锚点上，可临时切换为“转换点工具”，光标自动变为“ ”。在平滑锚点上单击并拖动可将平滑锚点转换为角点；在转角锚点上单击并拖动可将角点转换为平滑锚点。

④ 按住“Ctrl”键，可临时切换为“直接选择工具”，详见3.6.4.2小节的相关内容。

### 3.6.2.2 自由钢笔工具

**自由钢笔工具：** 可用于随意绘图，就像用铅笔在纸上绘图一样。在绘图时，无需确定锚点的位置，自动添加锚点，完成路径后可进一步对其进行调整。如图3-210所示为“自由钢笔工具”选项栏。该选项栏的诸多选项与“钢笔工具”中的操作方法类似，详见3.6.2.1小节的相关内容。

图3-210　“自由钢笔工具”选项栏

### ▼ 操作方法

执行“自由钢笔工具”的快捷键“ P ”或单击“自由钢笔工具”的图标( )，光标自动变为“ ”，在图像中拖动光标手动绘制，然后释放鼠标按键，工作路径即创建完毕；要创建闭合路径，请将直线拖动到路径的初始点，光标自动变为“ ”，单击即可；要继续创建现有手绘路径，请将钢笔指针定位在路径的一个端点，然后拖动即可，如图3-211和图3-212所示。

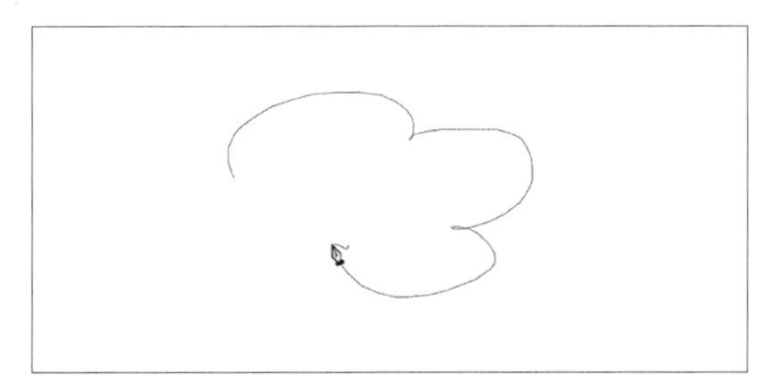

图3-211　“自由钢笔工具”绘制路径

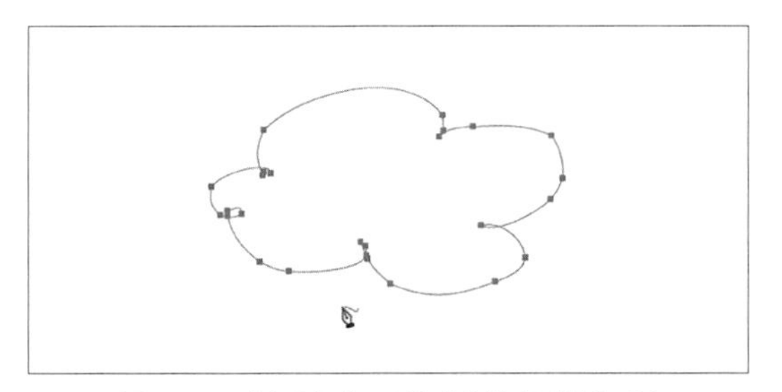

图3-212　“自由钢笔工具”绘制路径（执行后）

**磁性的：**勾选该项，可以绘制与图像中定义区域的边缘对齐的路径，可以在“路径选项”内定义对齐方式的范围和灵敏度等参数，用法类似“磁性套索工具”，详见3.2.2.3小节的相关内容。

## 3.6.2.3　弯度钢笔工具

**弯度钢笔工具：**可以轻松绘制平滑弯曲的曲线和直线段。如图3-213所示为“弯度钢笔工具”选项栏。该选项栏的诸多选项与“钢笔工具”中的操作方法类似，详见3.6.2.1小节的相关内容。

### ▼ 操作方法

**步骤01**　执行“弯度钢笔工具”的快捷键“P”或单击“弯度钢笔工具”的图标( )，光标自动变为“ ”。

**步骤02**　将光标定位到所需的曲线起点处单击以定义第一个锚点，然后释放鼠标按键，如图3-214所示。

**步骤03**　再次单击以定义第二个锚点并完成路径的第一段，如图3-215所示。

**步骤04**　继续单击并拖动光标，可优化下一段路径的曲线，前一段将自动进行调整以使曲线保持平滑。如果需要路径的下一段为直线段，请双击，如图3-216所示。

**步骤05**　绘制其他段并按“Esc”键完成路径，如图3-217所示。

图3-214　绘制第一个锚点

图3-215　完成路径的第一段

图3-213　“弯度钢笔工具”选项栏

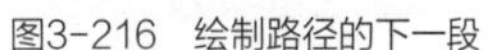
图3-216　绘制路径的下一段

图3-217　路径绘制完成

△ 提示

① 路径的第一段最初始终显示为画布上的一条直线，会依据接下来绘制的是曲线段还是直线段进行相应的调整。如果绘制的下一段是曲线段，将使第一段与下一段平滑地关联。

② 在放置锚点时，如果需要路径的下一段变弯曲，单击即可创建平滑点。如果接下来要绘制直线段，双击即可创建角点。

③ 双击绘制的锚点可将平滑锚点转换为角点，反之亦是如此。

④ 要移动锚点，只需拖动该锚点。

⑤ 要删除锚点，请单击选中该锚点，然后按“Delete”键。在删除锚点后，曲线将被保留下来并根据剩余的锚点进行适当的调整。

#### 3.6.2.4　添加 / 删除锚点工具

**添加/删除锚点工具：** 单击“添加锚点工具”的图标（）或“删除锚点工具”的图标（），将光标定位至路径线上或锚点上，光标自动变为“”或“”，单击即可在路径上添加或者删除锚点，该工具没有选项。由于在使用钢笔工具时可以直接在路径上添加或者删除锚点，故该工具使用率很低，简单了解即可。

#### 3.6.2.5　转换点工具

**转换点工具：** 单击“转换点工具”的图标（），将光标移动至平滑锚点或转角锚点上，光标自动变为“”，在平滑锚点上单击并拖动可将平滑锚点转换为角点；在转角锚点上单击并拖动可将角点转换为平滑锚点，在使用钢笔工具时可以按住“Alt”键临时切换为该工具，该工具没有选项。

### 3.6.3　形状工具

利用形状工具可以轻松绘制和编辑矢量形状，还可用于绘制路径或像素。若要绘制不会遭到损坏且可调整的形状以便日后编辑，请选择“形状”绘图模式。如果要处理栅格化的内容（例如像素作品），请选择“像素”绘图模式。Photoshop 提供多种形状工具以满足用户的绘制需求，包括“矩形工具”“椭圆工具”“三角形工具”“多边形工具”“直线工具”“自定义形状工具”等，本小节将介绍此类工具的指令及用法。

#### 3.6.3.1　矩形工具

**矩形工具：** 可以在画布上绘制矩形和圆角矩形。如图3-218所示为“矩形工具”选项栏。该选项栏的诸多选项与“钢笔工具”中的操作方法类似，详见3.6.2.1小节的相关内容。

▼ **操作方法**

步骤01　在选项栏中选择“形状”绘图模式，执行“矩形工具”的快捷键“U”或单击“矩形工具”的图标（），光标自动变为“-¦-”。

步骤02　请执行下列操作之一。

① 单击画布以显示“创建矩形”对话框。可以使用此对话框手动设置矩形的尺寸和圆角半径，并选择从中心对齐，单击“确定”即可创建相应参数的矩形形状，如图3-219所示。

② 在选项栏中输入圆角半径值或将鼠标定位至图标（）上左右滑动以设置圆角半径，

形状　填充：　描边：　1像素　W: 0像素　H: 19像素　0像素　对齐边缘

图3-218　“矩形工具”选项栏

将光标放置在画布上并朝任意方向沿对角线拖动以手动绘制矩形，如图3-220和图3-221所示。

**步骤03** 绘制完成后将会在“图层”面板中自动创建一个新的形状图层，如图3-222所示。

图3-219　“创建矩形”对话框

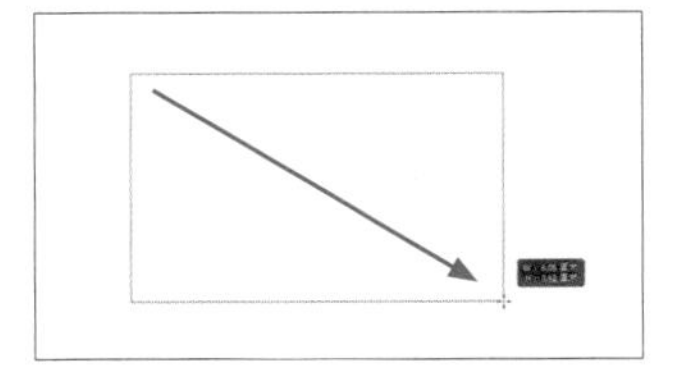

图3-220　手动绘制矩形

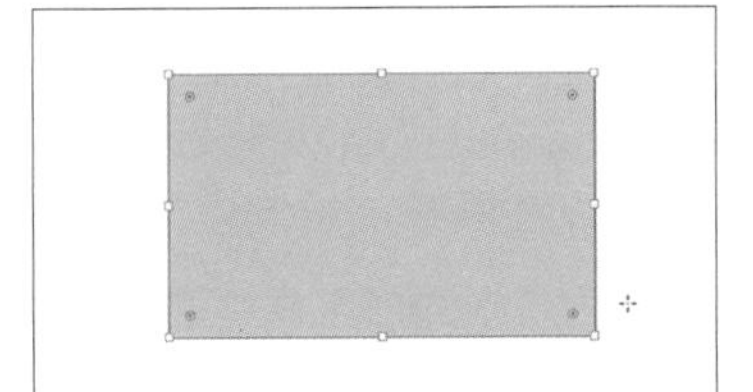

图3-221　手动绘制矩形（执行后）

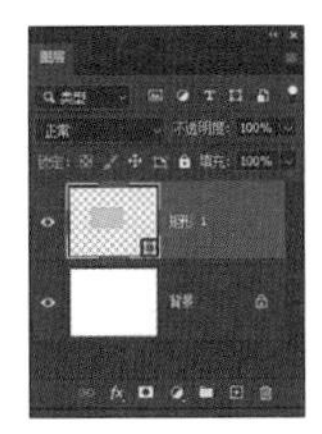

图3-222　“图层”面板

△ 提示

① 按住“Shift”键拖动光标可绘制正方形形状。

② 按住“Alt”键拖动光标可从中心向外绘制矩形形状。

③ 按住“Shift＋Alt”键拖动光标可从中心向外绘制正方形形状。

## 3.6.3.2 椭圆工具

**椭圆工具：**可以在画布上绘制椭圆和圆形形状。如图3-223所示为“椭圆工具”选项栏。该选项栏的诸多选项与“钢笔工具”中的操作方法类似，详见3.6.2.1小节的相关内容。

### ▼ 操作方法

**步骤01** 在选项栏中选择“形状”绘图模式，执行“椭圆工具”的快捷键“U”或单击“椭圆工具”的图标（），光标自动变为“-+-”。

**步骤02** 请执行下列操作之一。

① 单击画布以显示“创建椭圆”对话框。可以使用此对话框手动设置椭圆的尺寸，并选择从中心对齐，单击“确定”即可创建相应参数的椭圆形状，如图3-224所示。

② 将光标放置在画布上并朝任意方向拖动以手动绘制椭圆形状，如图3-225和图3-226所示。

**步骤03** 绘制完成后将会在“图层”面板中自动创建一个新的形状图层，如图3-227所示。

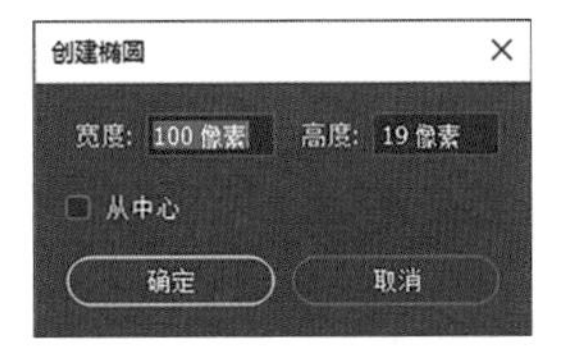


图3-224　“创建椭圆”对话框

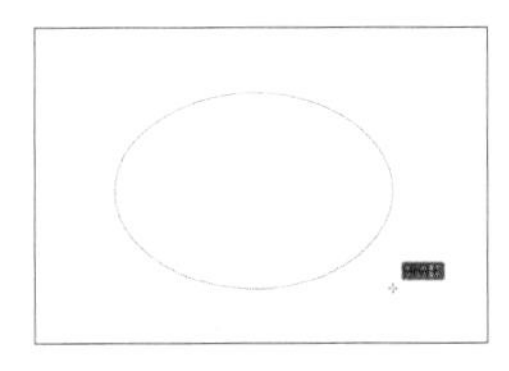

图3-225　手动绘制椭圆

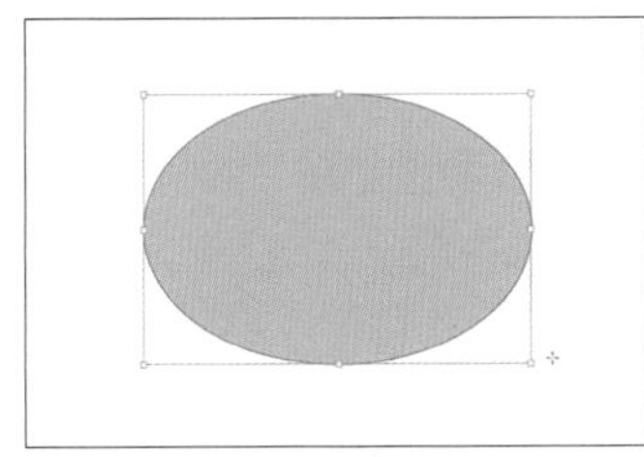

图3-226　手动绘制椭圆（执行后）

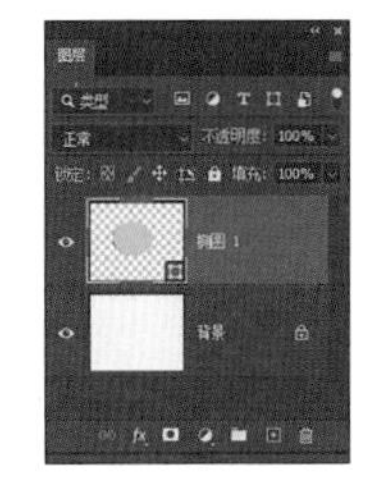

图3-227　“图层”面板

△ 提示

① 按住“Shift”键拖动光标可绘制圆形形状。

② 按住“Alt”键拖动光标可从中心向外绘制椭圆形状。

③ 按住“Shift＋Alt”键拖动光标可从中心向外绘制圆形形状。

图3-223　“椭圆工具”选项栏

### 3.6.3.3 三角形工具

**三角形工具：**可以在画布上绘制三角形形状。如图3-228所示为“三角形工具”选项栏。该选项栏的诸多选项与“钢笔工具”中的操作方法类似，详见3.6.2.1小节的相关内容。

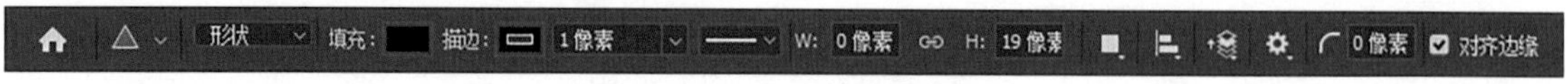

图3-228 “三角形工具”选项栏

#### ▼ 操作方法

**步骤01** 执行“三角形工具”的快捷键“U”或单击“三角形工具”的图标（ ），光标自动变为“-¦-”。

**步骤02** 请执行下列操作之一。

① 单击画布以显示“创建三角形”对话框。可以使用此对话框手动设置三角形的尺寸和圆角半径，勾选“等边”选项可绘制等边三角形，并选择从中心对齐，单击“确定”即可创建相应参数的三角形形状，如图3-229所示。

② 在选项栏中输入圆角半径值或将鼠标定位至图标（ ）上左右滑动以设置圆角半径，将光标放置在画布上并朝任意方向拖动以手动绘制三角形形状，如图3-230和图3-231所示。

**步骤03** 绘制完成后将会在“图层”面板中自动创建一个新的形状图层，如图3-232所示。

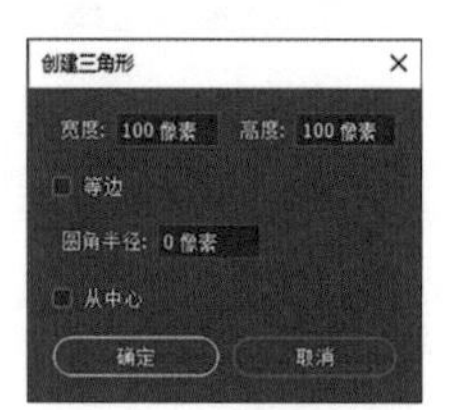

图3-229 “创建三角形”对话框

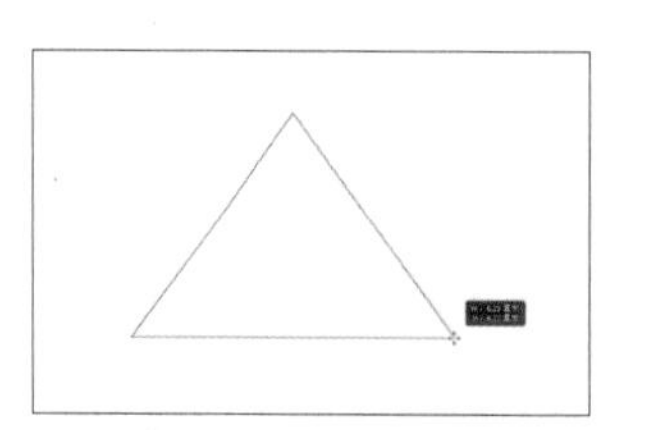
图3-230 手动绘制三角形

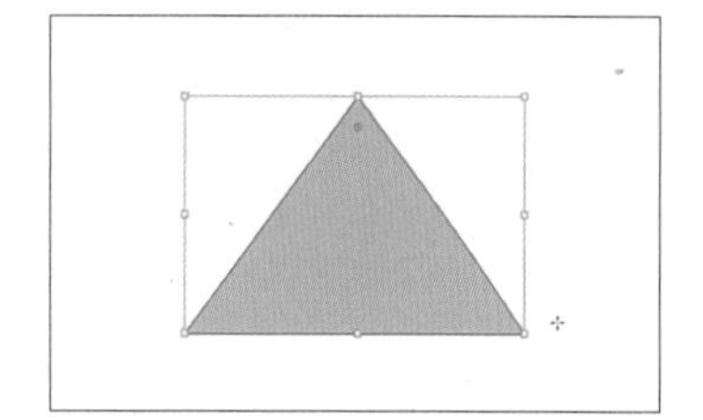
图3-231 手动绘制三角形（执行后）

图3-232 “图层”面板

> **△ 提示**
>
> ① 按住“Shift”键拖动光标可绘制等边三角形形状。
>
> ② 按住“Alt”键拖动光标可从中心向外绘制三角形形状。
>
> ③ 按住“Shift＋Alt”键拖动光标可从中心向外绘制等边三角形形状。

### 3.6.3.4 多边形工具

**多边形工具：**可以在画布上绘制多边形形状。如图3-233所示为“多边形工具”选项栏。该选项栏的诸多选项与“钢笔工具”中的操作方法类似，详见3.6.2.1小节的相关内容。

#### ▼ 操作方法

**步骤01** 在选项栏中选择“形状”绘图模式，执行“多边形工具”的快捷键“U”或单击“多边形工具”的图标（ ），光标自动变为“-¦-”。

**步骤02** 请执行下列操作之一。

① 单击画布以显示“创建多边形”对话框。可以使用此对话框手动设置多边形的尺寸、边数、圆角半径和星形比例，勾选“对称”选项可绘制等边多边形，勾选“平滑星形缩放”选项可用圆缩进代替直缩进，并选择从中心对齐，单击“确定”按钮即可创建相应参数的多边形形状，如图3-234所示。

② 在选项栏中输入圆角半径值或将鼠标定位至图标（ ）上左右滑动以设置圆角半径，将光标放置在画布上并朝任意方向拖动以手动绘制多边形形状，如图3-235和图3-236所示。

图3-233 “多边形工具”选项栏

**步骤03** 绘制完成后将会在“图层”面板中自动创建一个新的形状图层，如图3-237所示。

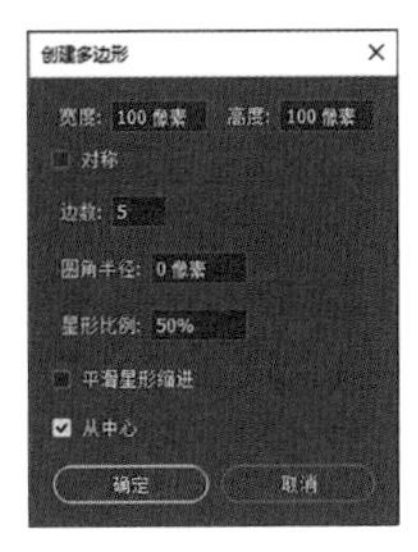


图3-234 “创建多边形”对话框

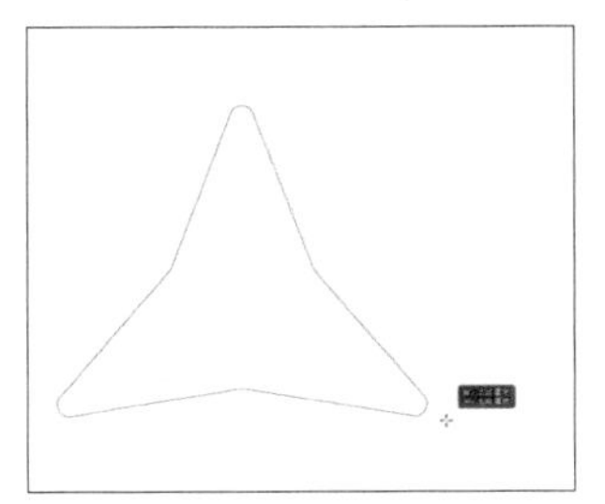

图3-235 手动绘制多边形

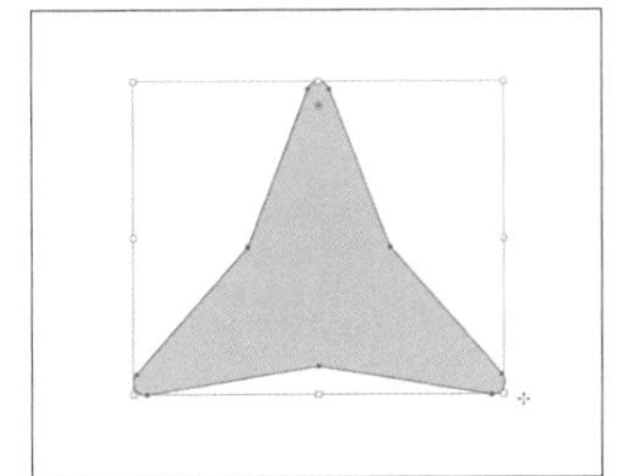

图3-236 手动绘制多边形（执行后）

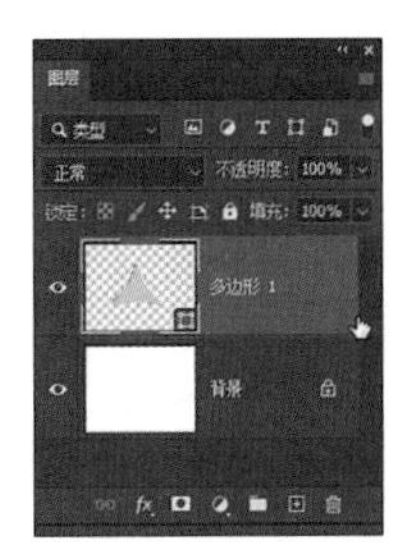


图3-237 “图层”面板

## 3.6.3.5 直线工具

**直线工具：**可以在画布上以两点为端点绘制一条直线，还可为其添加箭头。如图3-238所示为“直线工具”选项栏。该选项栏的诸多选项与“钢笔工具”中的操作方法类似，详见3.6.2.1小节的相关内容。

### ▼ 操作方法

**步骤01** 在选项栏中选择“形状”绘图模式，执行“直线工具”的快捷键“U”或单击“直线工具”的图标（![]），光标自动变为“-¦-”。

**步骤02** **设置线段宽度：**可使用“选项”栏中的“描边”和“粗细”设置，调整“形状”线段的粗细。

① 设置所需的“描边”大小，并将“粗细”设置为0，直线颜色由描边颜色决定。为了获得最佳效果，请确保将“描边”选项中的对齐设置为居中或外部。如果选择内部对齐方式，则不会显示描边粗细。

② 使用选项栏中的“粗细”来设置线段宽度，直线颜色由填充颜色决定（可以结合使用描边，也可以不使用描边）。

**步骤03** 在画布上单击并拖动，然后释放鼠标按键，即可创建直线。要将直线角度限制为45°的倍数，请在拖动时按住“Shift”键并绘制直线，如图3-239和图3-240所示。

**步骤04** 绘制完成后将会在“图层”面板中自动创建一个新的形状图层，如图3-241所示。

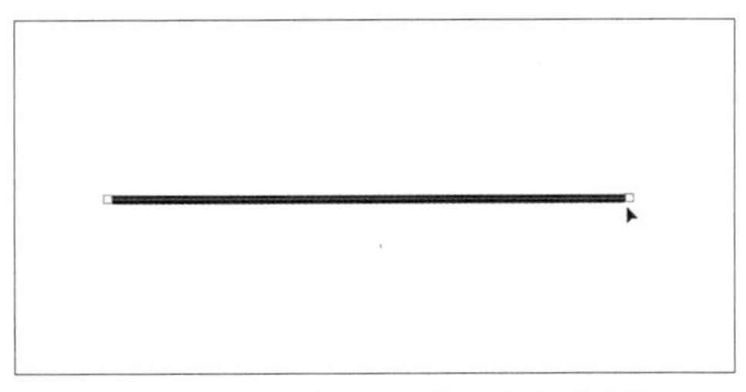

图3-239 “描边”为10、“粗细”为0的直线

图3-240 “描边”为2、“粗细”为10的直线

图3-238 “直线工具”选项栏

图3-241 “图层”面板

**绘制箭头：**单击选项栏中的齿轮图标（）。要在直线起点添加箭头，请勾选起点；要在直线终点添加箭头，请勾选终点；要同时在两端添加箭头，请同时勾选起点和终点，还可设置箭头的“宽度”“长度”“凹度”，如图3-242和图3-343所示，

图3-242 “箭头”选项

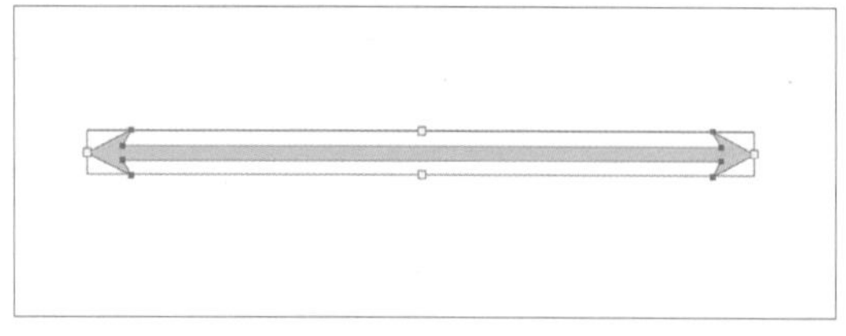
图3-243 绘制箭头（执行后）

**实时形状控件：**单击选项栏中的齿轮图标（），勾选“实时形状控件”选项，可启用画布变换控件。通过这些控件，可以在画布上旋转线段并调整其大小，这些控件还可以缩放箭头。

### 3.6.3.6 自定形状工具

**自定形状工具：**可以通过使用“自定形状”弹出式面板中的选项来绘制形状，也可以存储形状或路径以便用作自定形状。如图3-244所示为“自定形状工具”选项栏。该选项栏的诸多选项与“钢笔工具”中的操作方法类似，详见3.6.2.1小节的相关内容。

**▼ 操作方法**

**步骤01** 在选项栏中选择“形状”绘图模式，执行“直线工具”的快捷键“U”或单击“直线工具”的图标（），光标自动变为“-¦-”。

**步骤02** 单击选项栏中形状图案旁边的三角形按钮，打开“形状”弹出式面板，在其中选择一种形状，如图3-245所示。

**步骤03** 在画布中的任意位置单击并拖动光标，即可绘制自定形状，如图3-246和图3-247所示。

**步骤04** 绘制完成后将会在“图层”面板中自动创建一个新的形状图层，如图3-248所示。

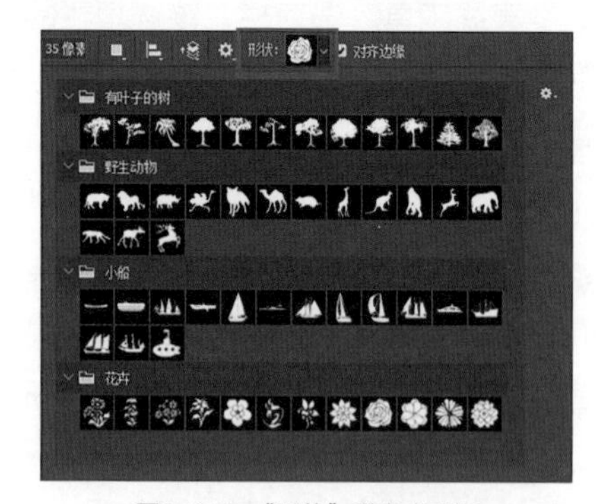

图3-245 “形状”弹出式面板

图3-244 “自定形状工具”选项栏

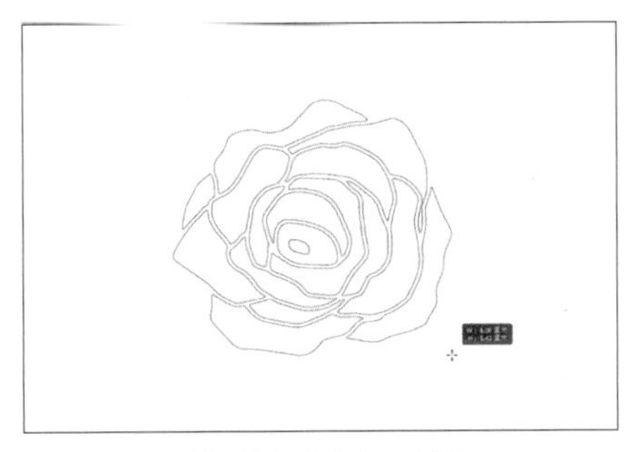

图3-246　绘制自定形状

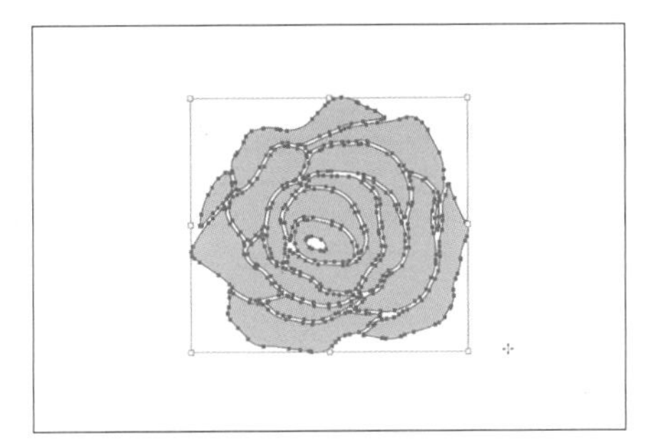

图3-247　绘制自定形状（执行后）

图3-248　“图层”面板

**存储形状或路径作为自定形状：**可以将绘制好的形状或路径储存在“形状”弹出式面板中，以便之后选用。

**▼ 操作方法**

**步骤01**　在“路径”面板中选择路径，可以是形状图层的矢量蒙版，也可以是工作路径或存储的路径。

**步骤02**　点击菜单栏的“编辑>定义自定形状”，然后在“形状名称”对话框中输入新自定形状的名称。新形状显示在选项栏的“形状”弹出式面板中。

**△ 提示**

① 按住“Shift”键拖动光标可固定自定形状的比例进行绘制。

② 按住“Alt”键拖动光标可从中心向外绘制自定形状。

③ 按住“Shift＋Alt”键拖动光标可从中心向外绘制固定比例的自定形状。

### 3.6.3.7　编辑形状属性

要轻松编辑形状属性，可以直接使用画布上的控件，或者访问“属性”面板中的“形状属性”。通过画布上的控件，能够以更加直观的方式编辑形状。

① **使用控件进行编辑：**形状绘制完成后，在其周围或其上出现变换控件和制圆控件。可使用变换控件调整形状的大小及旋转角度，使用制圆控件调整形状的圆角半径（可以一次性修改形状的所有角的半径，或者在拖动时按住“Alt”键，以此更改单个角的半径。对于三角形，即使只拖动其中一个角，所有角都会随之修改）。

② **形状属性面板：**可以在“形状属性”面板中设置形状的宽度、高度、水平位置、垂直位置、旋转角度、水平翻转和垂直翻转。还可以调整形状的外观，包括填色、描边、描边宽度、描边类型、描边对齐方式、端点样式、角点样式、圆角半径及四种路径操作，如图3-249所示。

图3-249　“形状属性”面板

## 3.6.4 路径选择工具

路径作为Photoshop 中最常见的矢量元素，经常需要对其进行编辑以调整矢量图形的形状。Photoshop 提供两种选择和编辑路径的工具："路径选择工具"和"直接选择工具"，本小节将介绍此类工具的指令及用法。

### 3.6.4.1 路径选择工具

**路径选择工具：**可以快速选择整个路径，从而对路径进行移动、复制、对齐、分布、变换等操作，选择路径将显示选中部分的所有锚点，选中的锚点显示为实心方形。如图3-150所示为"路径选择工具"选项栏。该选项栏的"填充""描边""路径操作""路径对齐方式""路径排列方式""路径选项"和"对齐边缘"选项与"钢笔工具"中的操作方法类似，详见3.6.2.1小节的相关内容。

图3-150 "路径选择工具"选项栏

▼ **操作方法**

执行"路径选择工具"的快捷键"A"或单击"路径选择工具"的图标（![]），光标自动变为"➤"。单击路径的任何位置，并拖动光标以移动所选路径，然后释放鼠标按键即可，如图3-251～图3-253所示。

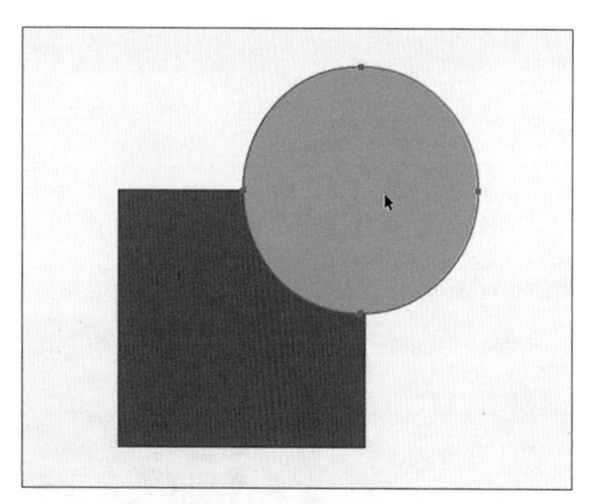

图3-251 选择路径

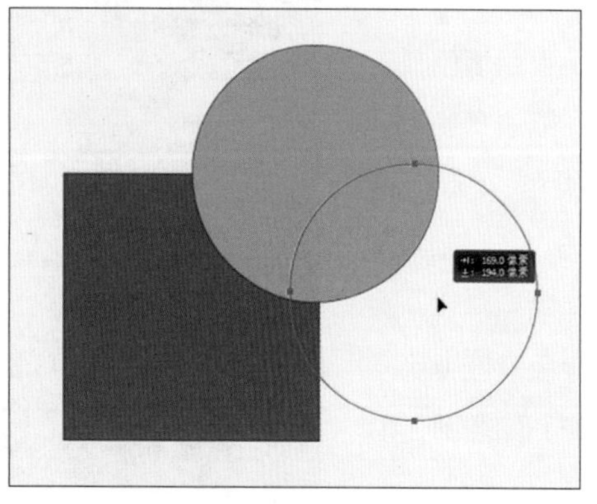

图3-252 移动路径

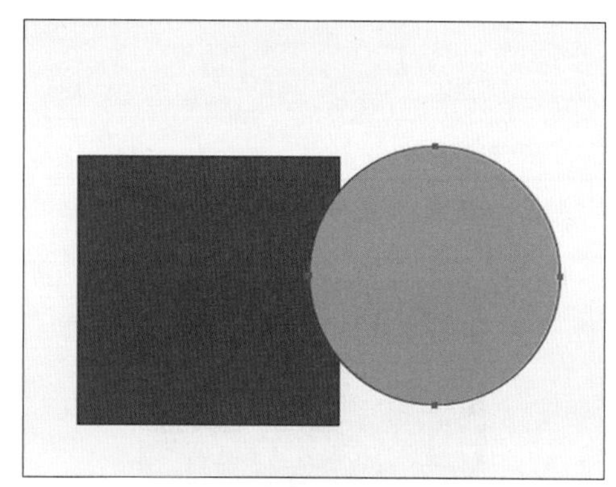

图3-253 移动路径（执行后）

**选择：**选择"现用图层"选项，则仅在当前选中的图层中进行选择；选择"所有图层"，则可在文档内所有的图层中选择。

△ 提示

① "移动工具"不能选择路径，只能选择图像，只有"路径/直接选择工具"才能选择路径。

② 按住"Shift"键并单击可加选多个路径。

③ 按住"Alt"键并拖动路径或从面板菜单中选择"复制路径"可复制路径。

### 3.6.4.2 直接选择工具

**直接选择工具：**用于选择和调整路径中的锚点、方向线、方向点，可对路径进行局部编辑调整。选择路径将显示选中部分的所有锚点，包括全部的方向线和方向点（如果选中的是曲线段）。方向手柄显示为实心圆，选中的锚点显示为实心方形，而未选中的锚点显示为空心方形。如图3-254所示为“直接选择工具”选项栏。该选项栏的“填充”“描边”“路径操作”、“路径对齐方式”“路径排列方式”“路径选项”和“对齐边缘”选项与“钢笔工具”中的操作方法类似，详见3.6.2.1小节的相关内容。

图3-254　“直接选择工具”选项栏

### ▼ 操作方法

执行“直接选择工具”的快捷键“A”或单击“直接选择工具”的图标（![]），光标自动变为“ ”。单击路径上的某一段或某个锚点或方向点，或在路径的一部分上拖动光标进行框选，拖动光标调整所选内容的位置以修改路径，如图3-255～图3-258所示。

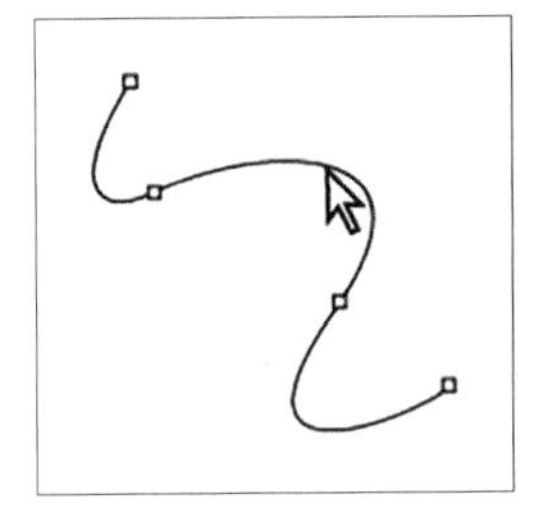

图3-255　选择路径

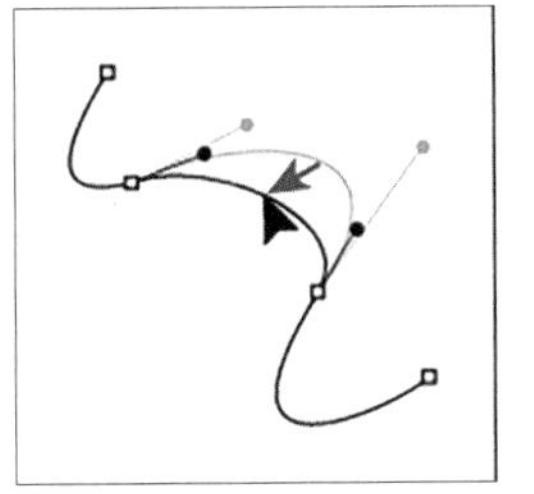

图3-256　调整路径段

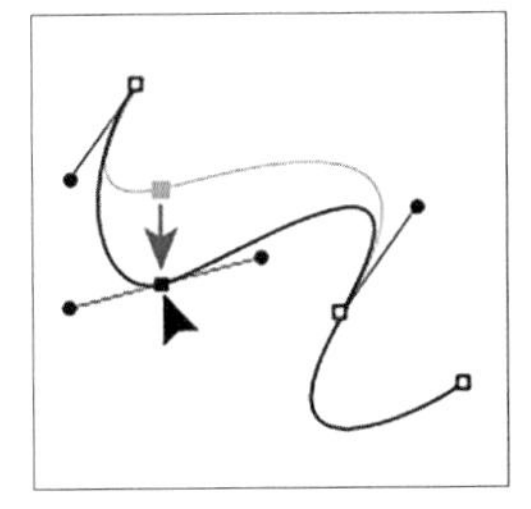

图3-257　调整锚点

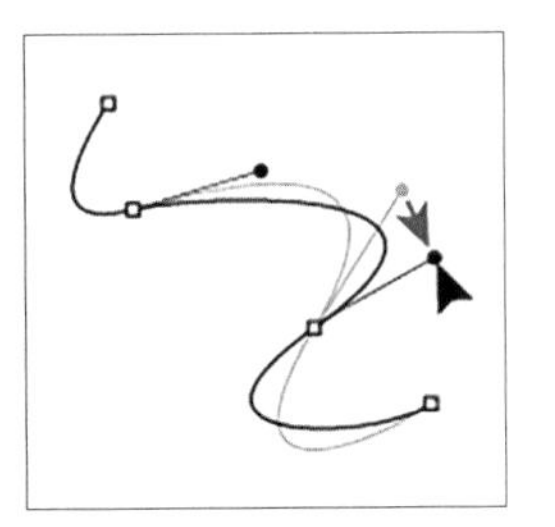

图3-258　调整方向点

**选择：** 选择“现用图层”选项，则仅在当前选中的图层中进行选择；选择“所有图层”，则可在文档内所有的图层中选择。

**约束路径拖动：** 拖动路径段时，固定原路径未选择部分不动，选中的路径段两端的方向线固定不发生转动。

△ 提示

① 按住“Shift”键并单击可加选多个锚点。

② 按“Shift”键并拖动可以沿45°角的倍数方向进行拖动。

③ 按住“Alt”键并拖动路径或从面板菜单中选择“复制路径”选项可复制路径。

④ 选择要删除的路径段，按“Backspace”键或“Delete”键可以删除所选段，再次按“Backspace”键或“Delete”键可删除路径的其余部分。

## 3.7　文字工具组

在Photoshop中创建的文字是基于矢量的文字轮廓组成，在编辑文字时，可以任意缩放文字或调整文字大小。Photoshop提供许多创建文字及编辑文字的工具，包括“横排文字工具”“直排文字工具”“横排文字蒙版工具”“直排文字蒙版工具”等，本节将介绍与创建文字及编辑文字相关的工具、指令等内容。

### 3.7.1　创建文字

在Photoshop中使用文字工具创建文字有两种常用的方法：在点上创建和在段落中创建。创建文字的工具有两种，分别是“横排文字工具”和“直排文字工具”，本小节将介绍此类工具的指令及用法。

### 3.7.1.1　点文字与段落文字

① **点文字：**是一个水平或垂直文本行，通过在画布上单击创建文本，文本从单击的位置开始。要向图像中添加少量文字，在某个点输入文本是一种有用的方式。

② **段落文字：**通过在画布上绘制文本框的形式创建文本，使用以水平或垂直方式控制字符流的边界。若想创建一个或多个段落，采用这种方式输入文本十分有用。

### 3.7.1.2　横排文字工具

**横排文字工具：**可以在图像中添加横排文本，横向输入文字。如图3-259所示为“横排文字工具”选项栏。

图3-259　“横排文字工具”选项栏

**▼ 操作方法**

执行“横排文字工具”的快捷键“T”或单击“横排文字工具”的图标（ ），光标自动变为“ ”。在图像中单击以创建点文字或沿对角线拖动光标绘制文本框以创建段落文字，出现插入光标，键入文字，按“Esc”键或“回车”键确认提交文本即可，如图3-260和图3-261所示。文字创建完成后将会在“图层”面板中自动创建一个新的文字图层，如图3-262所示。

图3-260　创建横排点文字

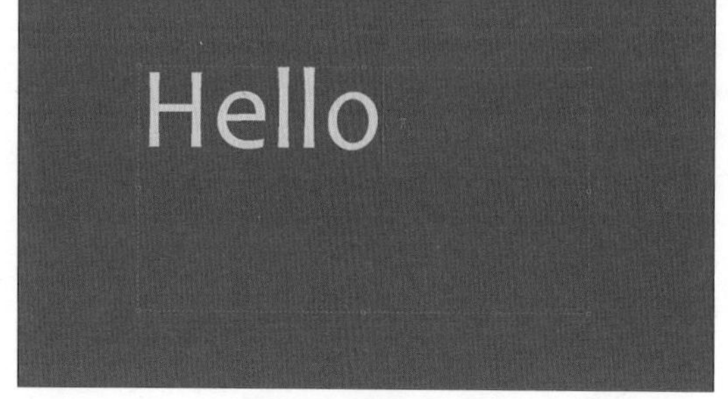


图3-261　创建横排段落文字

图3-262　“图层”面板

**切换水平文本与垂直文本：**点击选项栏的图标（ ），可以在水平文本与垂直文本之间相互转换。

**字体：**用于设置文字的字体。可以从选项栏中的“字体”菜单中搜索并选取一个字体应用在文字上，或者直接在框内输入字体名称进行应用。

**字体样式：**用于设置文字的字体形态。可以从选项栏中的“字体样式”菜单中选取一个字体样式应用在文字上，或者直接在框内输入字体样式名称进行应用。

**字体大小：**用于设置文字的大小。可以从选项栏中的“字体大小”菜单中选取一个字体大小应用在文字上，或者在框内输入数值进行应用。还可以直接将鼠标放至图标（ ）上左右拖动以快速调整字体大小值。

**消除锯齿：** 通过部分地填充边缘像素来产生边缘平滑的文字。可以从选项栏中的"消除锯齿"菜单中选取一个选项，包括"无""锐利""犀利""浑厚""平滑"如图3-263所示。

① **无：** 不应用消除锯齿。

② **锐利：** 文字以最锐利的效果显示。

③ **犀利：** 文字以稍微锐利的效果显示。

④ **浑厚：** 文字以厚重的效果显示。

⑤ **平滑：** 文字以平滑的效果显示。

图3-263 "消除锯齿"菜单

**文本对齐：** 可设置文本对齐的方式，选中需要进行对齐的文本后，单击选项栏中的一个对齐选项，包括"左对齐文本"（▤）"居中对齐文本"（▤）"右对齐文本"（▤），即可将文本按指定的方式对齐。

**文本颜色：** 可更改文字的颜色。输入的文字默认使用前景色，若要更改颜色，需先选择文字，然后单击选项栏中的颜色块，弹出"拾色器（文本颜色）"面板，在其中选择所需的颜色即可。

**文字变形：** 单击选项栏中的"文字变形"图标（▣），弹出"文字变形"面板，在其中可选择文字变形的样式，还可以调整每个样式的参数，如图3-264所示。

**切换字符和段落面板：** 单击选项栏中的"切换字符和段落面板"图标（▣），可以打开"字符"面板和"段落"面板，可以调整更多的文字格式和段落格式。

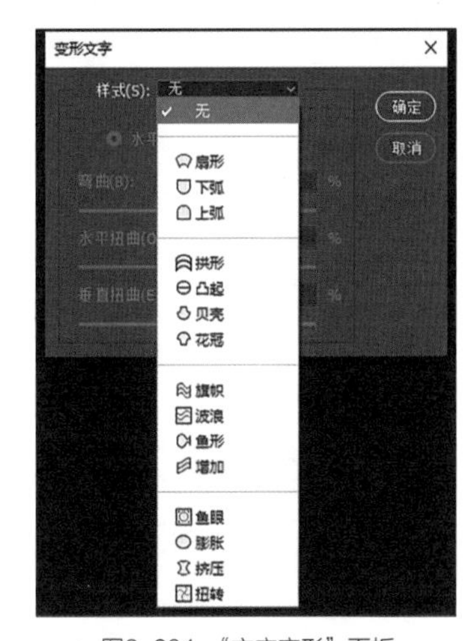

图3-264 "文字变形"面板

### 3.7.1.3　直排文字工具

**直排文字工具：** 可以在图像中添加直排文本，竖向输入文字。如图3-265所示为"直排文字工具"选项栏。该选项栏的诸多选项与"横排文字工具"中的操作方法一致，详见3.7.1.2小节的相关内容。

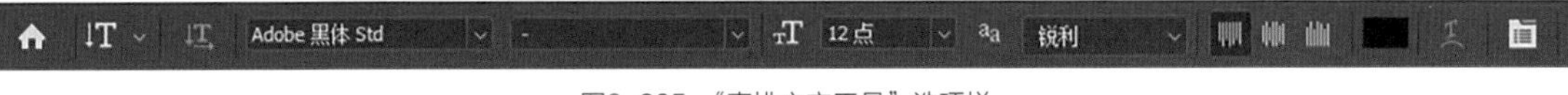

图3-265 "直排文字工具"选项栏

**▼ 操作方法**

执行"直排文字工具"的快捷键"T"或单击"直排文字工具"的图标（▣），光标自动变为"⟷"。在图像中单击以创建点文字或沿对角线拖动光标绘制文本框以创建段落文字，出现插入光标，键入文字，按"Esc"键或"回车"键确认提交文本即可，如图3-266和图3-267所示。文字创建完成后将会在"图层"面板中自动创建一个新的文字图层，如图3-268所示。

**文本对齐：** 可设置文本对齐的方式，选中需要进行对齐的文本后，单击选项栏中的一个对齐选项，包括"顶对齐文本"（▥）"居中对齐文本"（▥）"底对齐文本"（▥），即可将文本按指定的方式对齐。

图3-266　创建直排点文字

图3-267　创建直排段落文字

图3-268　“图层”面板

## 3.7.2　编辑文字——字符面板

**字符面板：**“字符”面板中提供了更多用于设置字符格式的选项，其中“字体”“字体样式”“字体大小”“字体颜色”“消除锯齿”选项与“文字工具”选项栏中的操作方法一致，如图3-269所示。

**显示字符面板：**

① 单击菜单栏的“窗口>字符”，即可调出“字符”面板；

② 选择文字工具，单击选项栏中的“切换面板”按钮（▣）。

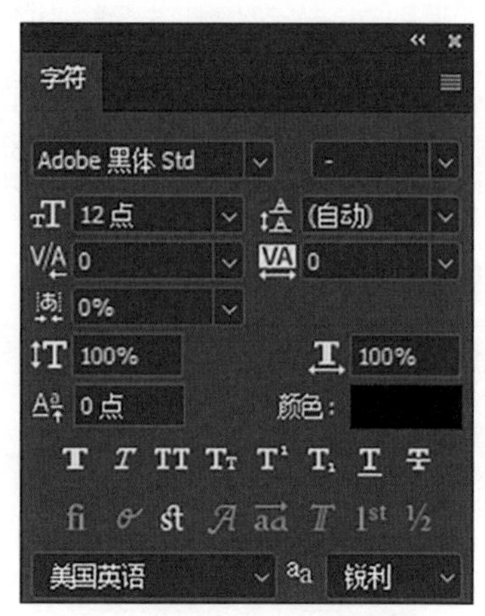


图3-269　“字符”面板

### 3.7.2.1　字体 / 字体样式

**字体：**字体就是具有同样粗细、宽度和样式的一组字符（包括字母、数字和符号）所形成的完整集合，如 10 点 Adobe Garamond 粗体。可以从“字符”面板中的“字体”菜单中搜索并选取一个字体应用在文字上，或者直接在框内输入字体名称进行应用。

**字体样式：**字体样式是字体系列中单个字体的变体。通常，字体系列的罗马体或普通（实际名称将因字体系列而异）是基本字体，其中可能包括一些文字样式，如常规、粗体、半粗体、斜体和粗体斜体。可以从“字符”面板中的“字体样式”菜单中选取一个字体样式应用在文字上，或者直接在框内输入字体样式名称进行应用。

### 3.7.2.2　字体大小 / 行距 / 字间距

**字体大小：**字体大小确定文字在图像中显示的大小。可以在“字符”面板中的“字体大小”选项内为字体输入或选择一个新值，或直接将鼠标放至图标（▣）上左右拖动以快速调整字体大小值。

**行距：**各个文字行之间的垂直间距称为行距，是从上一行文字的基线到下一行文字的基线的距离。选择要更改的字符（如果不选择任何文本，则行距将应用于您创建的新文本），然后在“字符”面板中的“行距”选项内为字体输入或选择一个新值，或直接将鼠标放至图标（ ）上左右拖动以快速调整行距数值，如图3-270和图3-271所示。

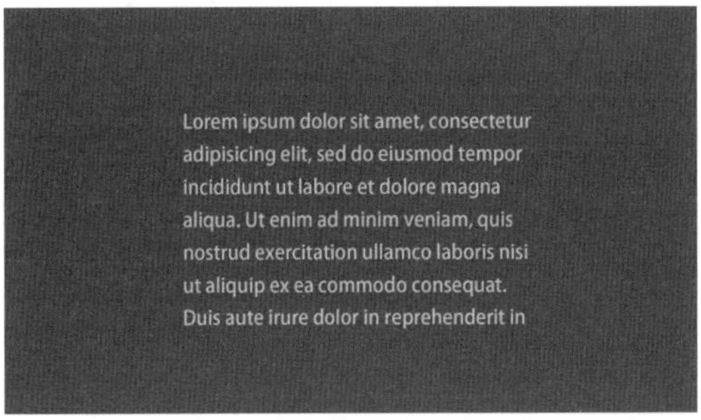

Lorem ipsum dolor sit amet, consectetur
adipisicing elit, sed do eiusmod tempor
incididunt ut labore et dolore magna
aliqua. Ut enim ad minim veniam, quis
nostrud exercitation ullamco laboris nisi
ut aliquip ex ea commodo consequat.
Duis aute irure dolor in reprehenderit in

图3-270 “行距”值为20的文本

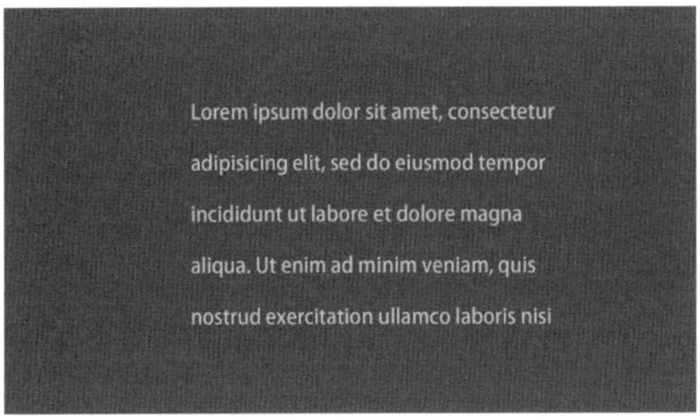

Lorem ipsum dolor sit amet, consectetur
adipisicing elit, sed do eiusmod tempor
incididunt ut labore et dolore magna
aliqua. Ut enim ad minim veniam, quis
nostrud exercitation ullamco laboris nisi

图3-271 “行距”值为30的文本

**字间距：**各个文字之间的水平间距称为字间距，“字符”面板中用于调整字间距的选项如下。

① **字距微调：**字距微调是增加或减少两个字符之间的间距的过程。将光标插入需要调整的两个字符之间，然后在“字符”面板中的“字距微调”选项内输入或选择一个新值，或直接将鼠标放至图标（ ）上左右拖动以快速调整数值，如图3-272和图3-273所示。

卓越软件

图3-272 “字距微调”值为0的文本

卓越 软件

图3-273 “字距微调”值为300的文本

② **字距调整：**是放宽或收紧选定的所有字符之间的间距。先选中需要调整的字符，然后在“字符”面板中的“字距调整”选项内输入或选择一个新值，或直接将鼠标放至图标（ ）上左右拖动以快速调整数值，如图3-274和图3-275所示。

卓越软件

图3-274 “字距调整”值为0的文本

卓 越 软 件

图3-275 “字距调整”值为300的文本

③ **比例间距：**按比例调整选定的所有字符之间的间距。先选中需要调整的字符，然后在“字符”面板中的“比例间距”选项内输入或选择一个新值，或直接将鼠标放至图标（ ）上左右拖动以快速调整数值。

#### 3.7.2.3 字体缩放 / 基线偏移 / 字体颜色

**字体缩放：**可设置字符的高度和宽度，将所选文字进行纵向或横向的拉伸，“字符”面板中用于调整字体缩放的选项如下。

① **垂直缩放：**设置字符的高度，将所选文字进行纵向拉伸。先选中需要调整的字符，然

后在“字符”面板中的“垂直缩放”选项内输入一个新值，或直接将鼠标放至图标（ ）上左右拖动以快速调整数值，如图3-276所示。

② **水平缩放：**设置字符的宽度，将所选文字进行横向拉伸。先选中需要调整的字符，然后在“字符”面板中的“水平缩放”选项内输入一个新值，或直接将鼠标放至图标（ ）上左右拖动以快速调整数值，如图3-277所示。

图3-276 “垂直缩放”值为200%的文本

图3-277 “水平缩放”值为200%的文本

**基线偏移：**可以使用“基线偏移”相对于周围文本的基线上下移动所选字符。以手动方式设置分数或调整图片字体位置时，基线偏移尤其有用。先选中需要调整的字符，然后在“字符”面板中的“基线偏移”选项内输入一个新值，或直接将鼠标放至图标（ ）上左右拖动以快速调整数值，如图3-278所示。

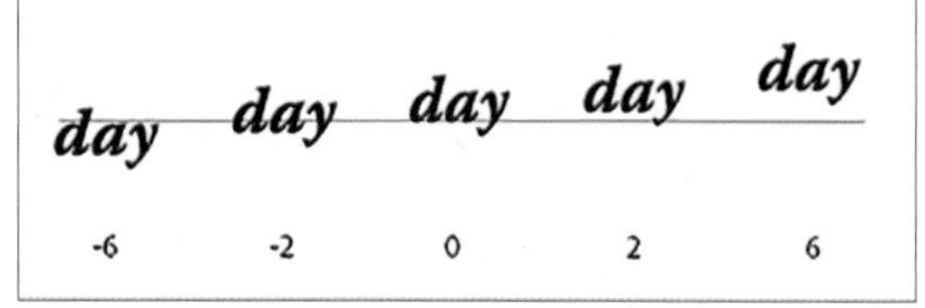


图3-278 具有不同“基线偏移”值的文字

#### 3.7.2.4 特殊字符样式

**特殊字符样式：**在“字符”面板中还有一些特殊字符样式，从左至右依次为“仿粗体”“仿斜体”“全部大写字母”“小型大写字母”“上标”“下标”“下划线”和“删除线”，如图3-279所示。

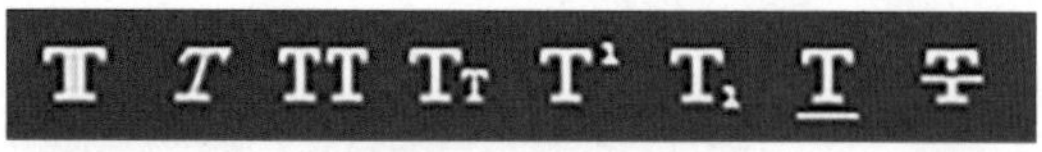

图3-279 特殊字符样式

△ 提示

① 单击菜单栏的“编辑>首选项>文字”，勾选“使用占位符文本填充新文字图层”选项，然后单击“确定”按钮即可在键入段落文字时自动使用“ Lorem ipsum”文本填充文本框。

② 在确认提交文本之前可以按住“Ctrl”键（文本周围会出现定界框）对文本进行缩放或旋转。

③ 若想在Photoshop中使用其他字体，只需将字体文件粘贴至计算机C盘下的Windows文件夹中的Fonts文件夹内即可。

④ 在设置各个字符的格式之前，必须先选择这些字符。可以使用文字工具，单击并将光标拖移到要选择的字符上，以选择文字图层上的一个或多个字符。若想选择全部字符，可以双击图层面板中的“ T ”字预览图。

⑤ 默认的文字度量单位是点。可以在“首选项”对话框的“单位和标尺”区域中更改默认的文字度量单位。

### 3.7.3 编辑文字——段落面板

**段落：**对于点文字，每行即是一个单独的段落。对于段落文字，一段可能有多行，具体视文本框的尺寸而定。可以选择段落，然后使用“段落”面板为文字图层中的单个段落、多个段落或全部段落设置格式选项。

**段落面板：**“段落”面板中提供了更多用于

更改列和段落格式的选项，如图3-280所示。

**显示“段落”面板：**

① 单击菜单栏的“窗口>段落”，即可调出“段落”面板；

② 选择文字工具，单击选项栏中的“切换面板”按钮（ ）。

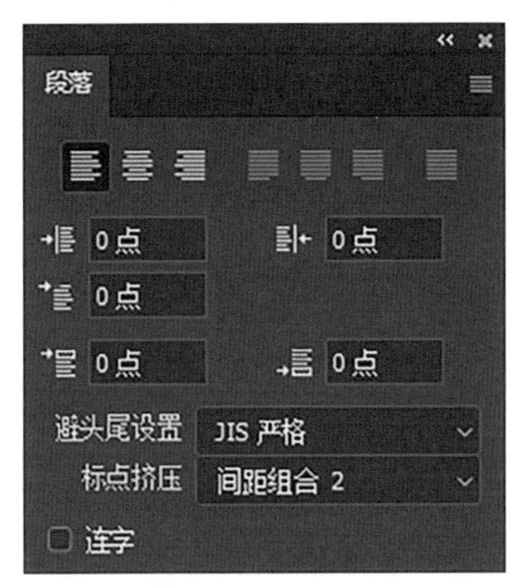


图3-280　“段落”面板

## 3.7.3.1　对齐 / 缩进 / 添加空格

**文字对齐：**可以将文字与段落的某个边缘（横排文字的左边、中心或右边；直排文字的顶边、中心或底边）对齐。先选择要影响的段落，然后在“段落”面板或选项栏中，单击对齐选项（对齐选项只可用于段落文字）。

① **横排文字的选项如下。**

**左对齐文本：**将文字左对齐，使段落右端参差不齐，如图3-281所示。

**居中对齐文本：**将文字居中对齐，使段落两端参差不齐，如图3-282所示。

**右对齐文本：**将文字右对齐，使段落左端参差不齐，如图3-283所示。

② **直排文字的选项如下。**

**顶对齐文本：**将文字顶对齐，使段落底部参差不齐，如图3-284所示。

**居中对齐文本：**将文字居中对齐，使段落顶端和底部参差不齐，如图3-285所示。

**底对齐文本：**将文字底对齐，使段落顶部参差不齐，如图3-286所示。

Lorem ipsum dolor sit amet,
consectetur adipisicing elit, sed do
eiusmod tempor incididunt ut
labore et dolore magna aliqua. Ut
enim ad minim veniam, quis nostrud
exercitation ullamco laboris nisi ut

图3-281　左对齐横排文本

Lorem ipsum dolor sit amet,
consectetur adipisicing elit, sed do
eiusmod tempor incididunt ut
labore et dolore magna aliqua. Ut
enim ad minim veniam, quis nostrud
exercitation ullamco laboris nisi ut

图3-282　居中对齐横排文本

Lorem ipsum dolor sit amet,
consectetur adipisicing elit, sed do
eiusmod tempor incididunt ut
labore et dolore magna aliqua. Ut
enim ad minim veniam, quis nostrud
exercitation ullamco laboris nisi ut

图3-283　右对齐横排文本

Lorem ipsum dolor sit
amet, consectetur
adipisicing elit, sed do
eiusmod tempor
incididunt ut labore et
dolore magna aliqua.
Ut enim ad minim
veniam, quis nostrud
exercitation ullamco

图3-284　顶对齐直排文本

Lorem ipsum dolor sit
amet, consectetur
adipisicing elit, sed do
eiusmod tempor
incididunt ut labore et
dolore magna aliqua.
Ut enim ad minim
veniam, quis nostrud
exercitation ullamco

图3-285　居中对齐直排文本

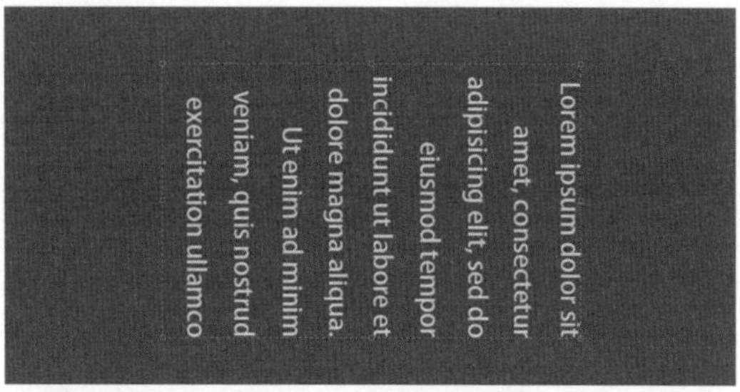

图3-286　底对齐直排文本

**段落对齐：**可以对齐段落中包括最后一行在内的文本，选取的对齐设置将影响各行的水平间距和文字在页面上的美感。先选择要影响的段落，然后在“段落”面板中单击段落对齐选项（对齐选项只可用于段落文字）。

① **横排文字的选项如下。**

**最后一行左对齐：**对齐除最后一行外的所有行，最后一行左对齐，如图3-287所示。

**最后一行居中对齐：**对齐除最后一行外的所有行，最后一行居中对齐，如图3-288所示。

**最后一行右对齐：**对齐除最后一行外的所有行，最后一行右对齐，如图3-289所示。

**全部对齐：**对齐包括最后一行的所有行，最后一行强制对齐，如图3-290所示。

② **直排文字的选项如下。**

**最后一行顶对齐：**对齐除最后一行外的所有行，最后一行顶对齐，如图3-291所示。

**最后一行居中对齐：**对齐除最后一行外的所有行，最后一行居中对齐，如图3-292所示。

**最后一行底对齐：**对齐除最后一行外的所有行，最后一行底对齐，如图3-293所示。

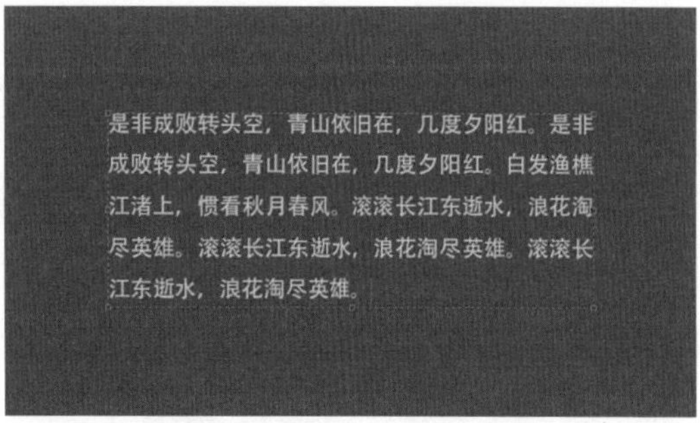

图3-287　最后一行左对齐横排文本

**全部对齐：**对齐包括最后一行的所有行，最后一行强制对齐，如图3-294所示。

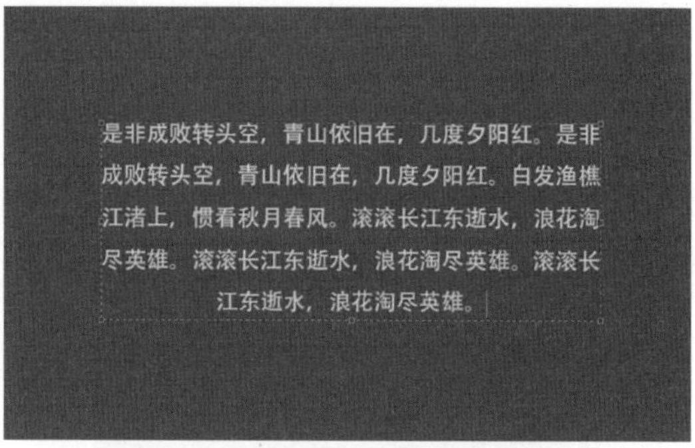

图3-288　最后一行居中对齐横排文本

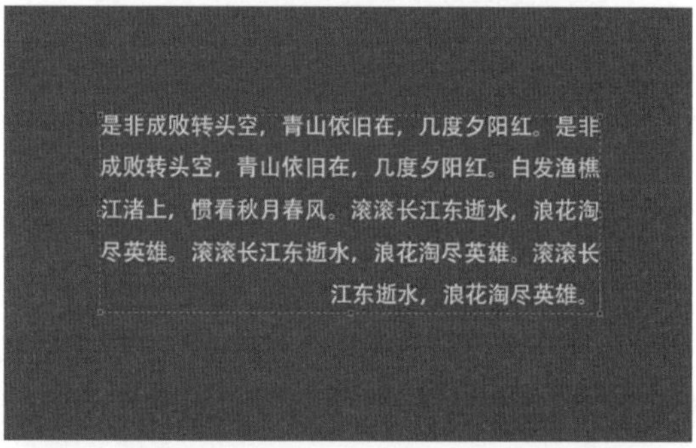

图3-289　最后一行右对齐横排文本

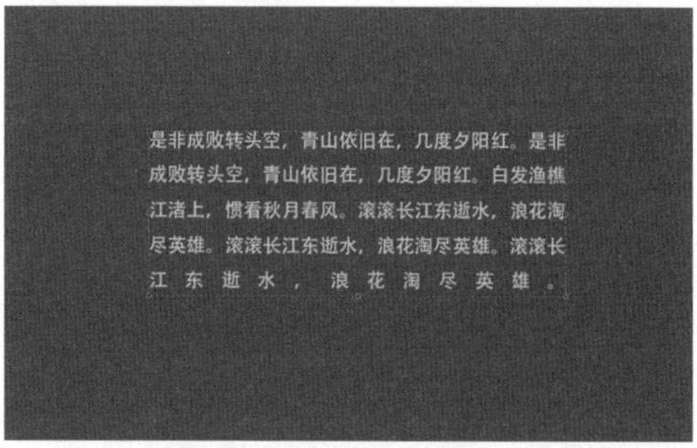

图3-290　全部对齐横排文本

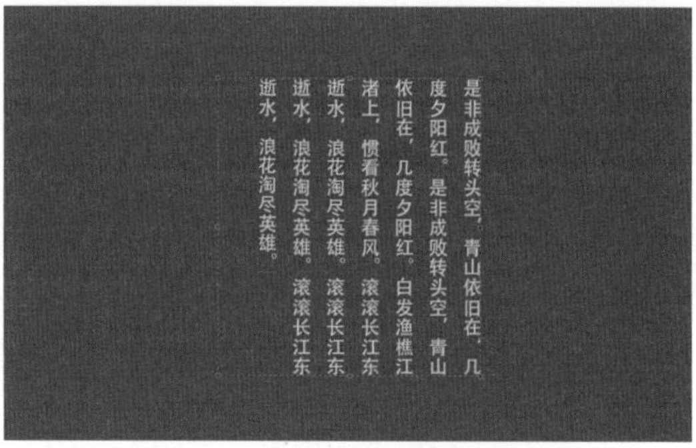

图3-291　最后一行顶对齐直排文本

图3-292　最后一行居中对齐直排文本

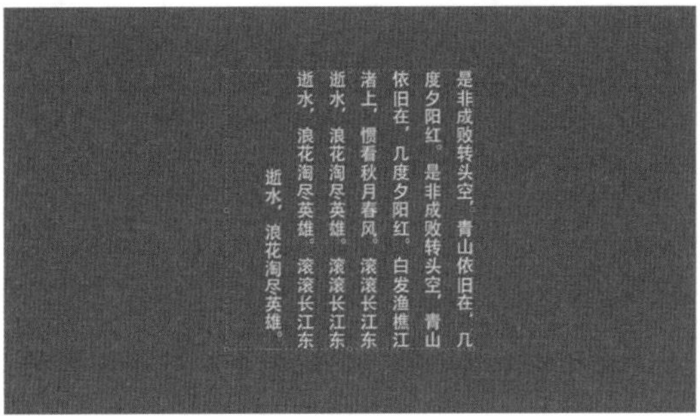

图3-293　最后一行底对齐直排文本

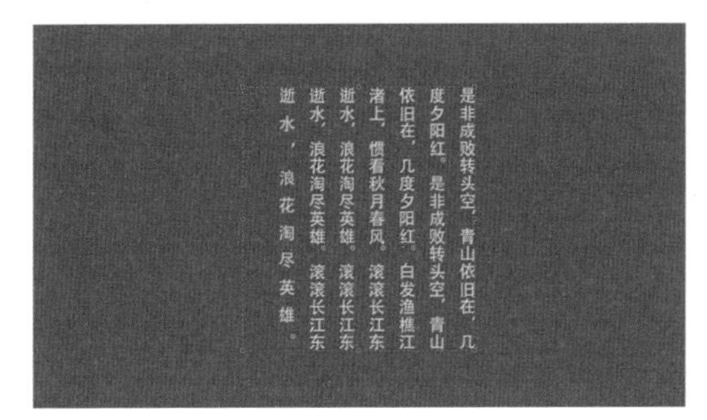


图3-294　全部对齐直排文本

**缩进段落：**缩进指定文字与外框之间或与包含该文字的行之间的间距量。缩进只影响选定的一个或多个段落，因此可以轻松地为各个段落设置不同的缩进。先选择要影响的段落，然后在“段落”面板中，为缩进选项输入数值。

① **左缩进：**从段落的左边缩进。对于直排文字，此选项控制从段落顶端的缩进，如图3-295和图3-298所示。

② **右缩进：**从段落的右边缩进。对于直排文字，此选项控制从段落底部开始的缩进，如图3-296和图3-299所示。

③ **首行缩进：**缩进段落中的首行文字。对于横排文字，首行缩进与左缩进有关；对于直排文字，首行缩进与顶端缩进有关。若要创建首行悬挂缩进，请输入一个负值，如图3-297和图3-300所示。

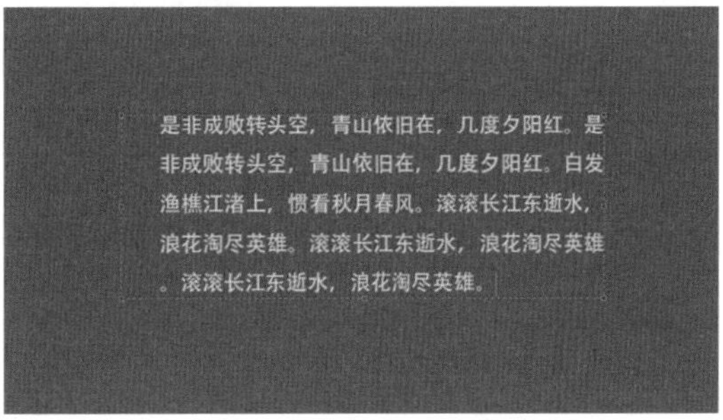

图3-295　左缩进20横排文本

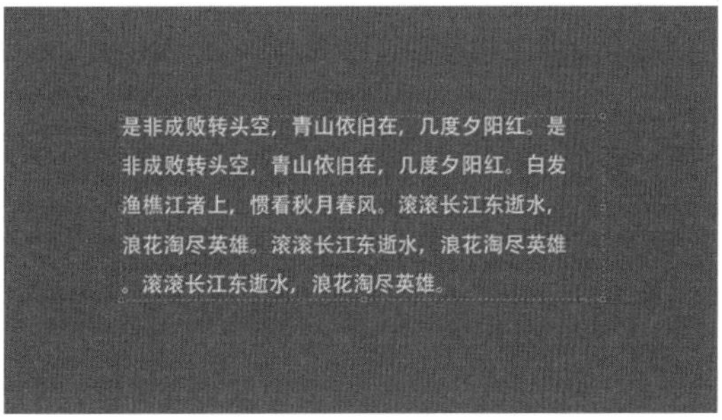

图3-296　右缩进20横排文本

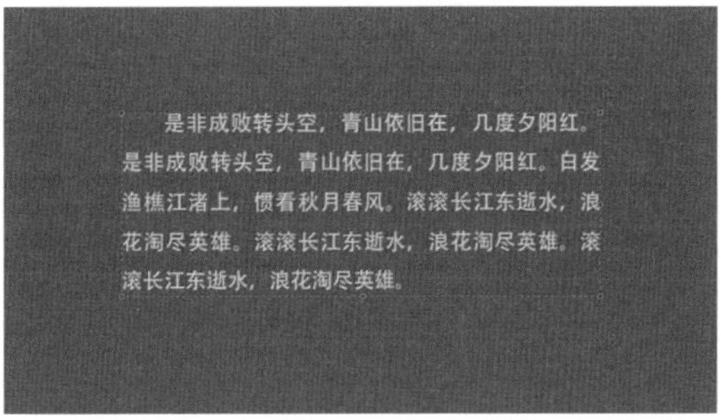

图3-297　首行缩进20横排文本

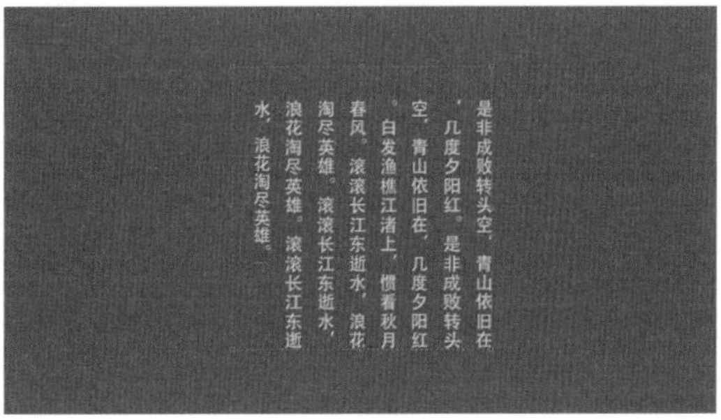

图3-298　左缩进20直排文本

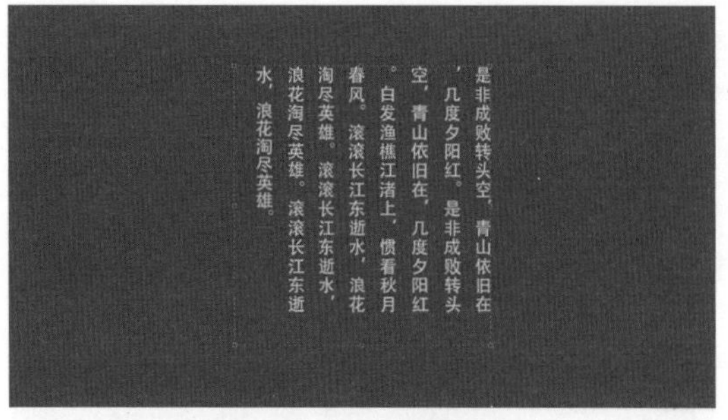


图3-299　右缩进20直排文本

图3-300　首行缩进20直排文本

**段前添加空格：**设置指定段落与前一个段落之间的间隔距离，如图3-301和图3-302所示。

**段后添加空格：**设置指定段落与后一个段落之间的间隔距离，如图3-303和图3-304所示。

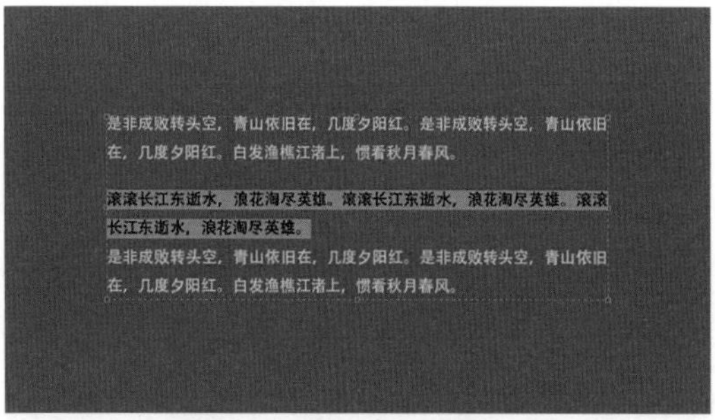

图3-301　段前添加空格10横排文本

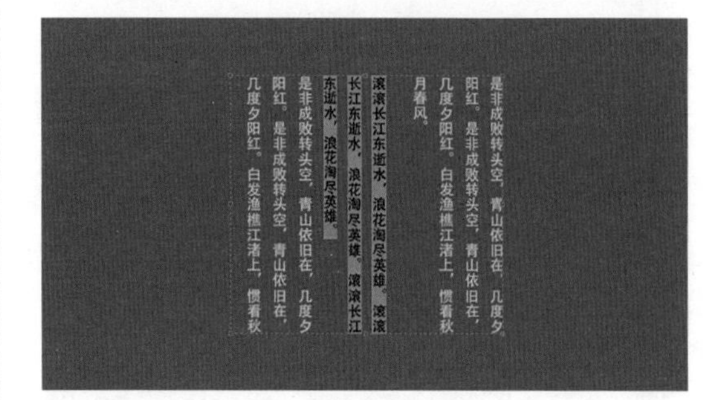


图3-302　段前添加空格10直排文本

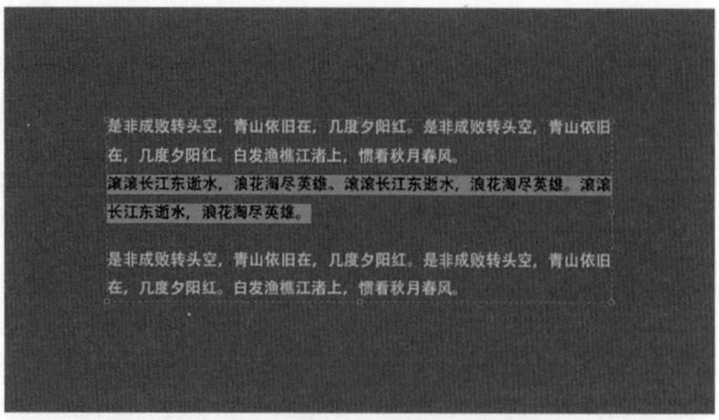

图3-303　段后添加空格10横排文本

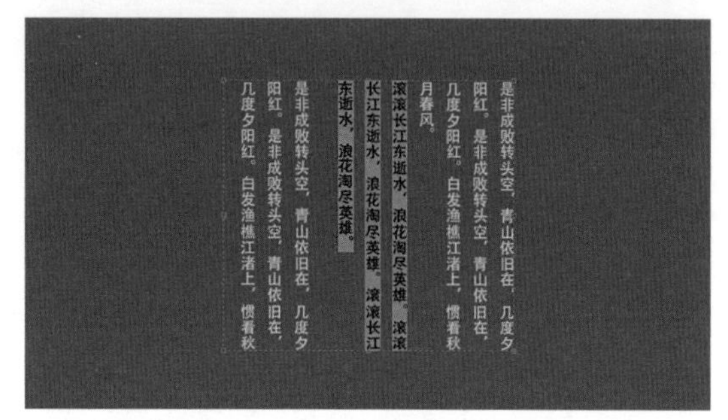


图3-304　段后添加空格10直排文本

### 3.7.3.2　避头尾设置 / 标点挤压 / 连字

**避头尾设置：**不能出现在一行的开头或结尾的字符称为避头尾字符。Photoshop 提供了基于JIS标准的宽松和严格的避头尾集。宽松的避头尾设置忽略长元音字符和小平假名字符。选择“JIS 宽松”或“JIS 严格”选项可防止在一行的开头或结尾出现避头尾字符。

**标点挤压：**Photoshop 提供了若干个预定义间距设置，用户可根据语言类型选择对应的挤压预设。

△ 提示

**使用“横排文字工具”或“直排文字工具”调整段落格式时需注意：**

① 若要将格式设置应用于单个段落，请在该段落中单击；

② 若要将格式设置应用于多个段落，请在段落范围内选定一个选区；

③ 若要将格式设置应用于图层中的所有段落，请在“图层”面板中选择文字图层。

**连字：** 勾选该项，在输入英文单词时，若因为文本框宽度不够而导致某个单词放不下时，该单词将自动换行并使用连字符连接。

## 3.7.4　特殊文字

为了满足用户对文字的各种绘制需求，Photoshop提供了更多编辑特殊文字的工具和方法，包括“路径文字”“区域文字”“横排文字蒙版工具”和“直排文字蒙版工具”，本小节将介绍此类工具的指令及用法。

### 3.7.4.1　路径文字

**路径文字：** 可以沿着用钢笔或形状工具创建的工作路径的边缘输入文字。沿着路径输入文字时，文字将沿着锚点被添加到路径的方向排列。在路径上输入横排文字，文字方向会与基线垂直。在路径上输入直排文字，文字方向将与基线平行。当移动路径或更改其形状时，相关的文字将会适应新的路径位置或形状。

▼ **操作方法**

步骤01　选择“横排文字工具”或“直排文字工具”。

步骤02　定位指针，使文字工具的基线指示符（⤫）位于路径上，然后单击。单击后，路径上会出现一个插入点。

步骤03　输入文字。横排文字沿着路径显示，与基线垂直。直排文字沿着路径显示，与基线平行，如图3-305所示。

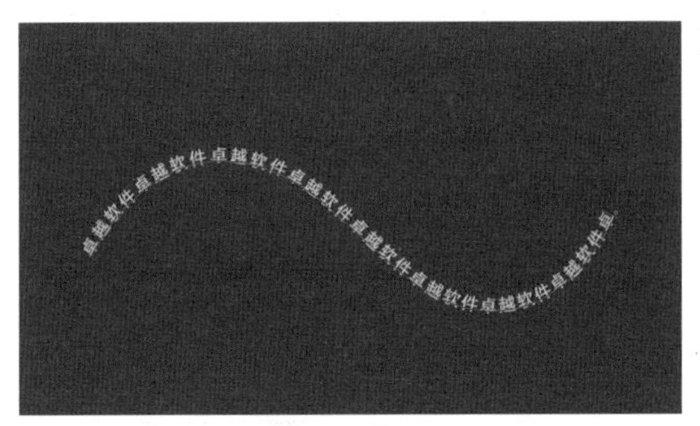


图3-305　路径文字

**沿路径移动或翻转文本：** 可以使用“直接选择工具”或“路径选择工具”，并将其定位到文字上。指针会变为带箭头的I形光标（ ）。

① **移动文本：** 选择“直接选择工具”或“路径选择工具”单击并沿路径拖动文字（拖动时需小心，以避免翻转到路径的另一侧。），如图3-306所示。

② **翻转文本：** 选择“直接选择工具”或“路径选择工具”单击并横跨路径拖动文字，可将文本翻转到路径的另一边，如图3-307所示。

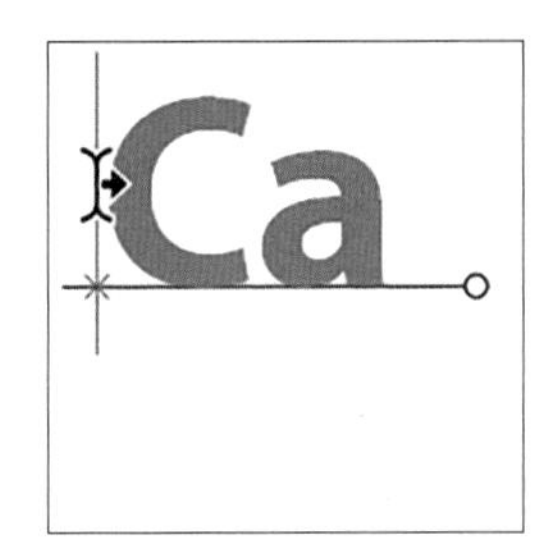


图3-306　沿路径移动文本

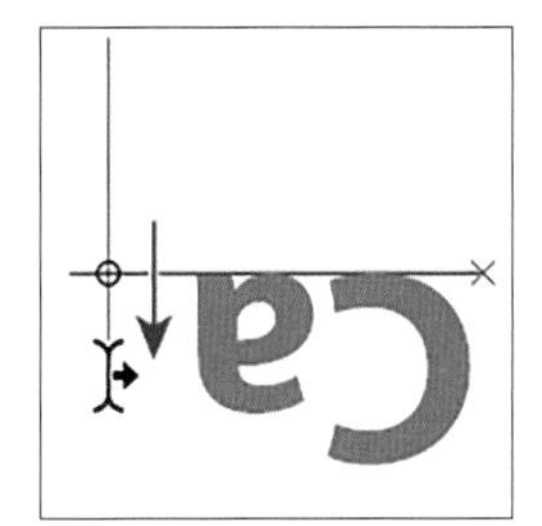


图3-307　沿路径翻转文本

**移动文字路径：** 可以使用“路径选择工具”或“移动工具”，然后单击并将路径拖动到新的位置。如果使用“路径选择工具”，请确保指针未变为带箭头的 I 形光标，否则，将会沿着路径移动文字。

**改变文字路径的形状：** 可以使用“直接选择工具”，单击路径上的锚点，然后使用手柄改变路径的形状，文字也会随之改变。

### 3.7.4.2　区域文字

**区域文字：** 可以在用钢笔或形状工具创建的闭合工作路径中输入文字。在闭合路径中输入横排文字，文字始终横向排列，每当文字到达闭合路径的边界时，就会发生换行。当移动路径或更改其形状时，相关的文字将会适应新的路径位置或形状，与路径文字类似。

▼ **操作方法**

步骤01　选择“横排文字工具”或“直排文字工具”。

步骤02　将光标放置在闭合路径内，当光标变为虚线括号（ ）时，单击即可插入文本，如图3-308所示。

图3-308　区域文字

### 3.7.4.3　横排文字蒙版工具

**横排文字蒙版工具：**可以创建横排文字形状的选区。文字选区显示在现用图层上，可以像任何其他选区一样进行移动、拷贝、填充等操作。如图3-309所示为“横排文字蒙版工具”选项栏。该选项栏的诸多选项与“横排文字工具”中的操作方法一致，详见3.7.1.2小节的相关内容。

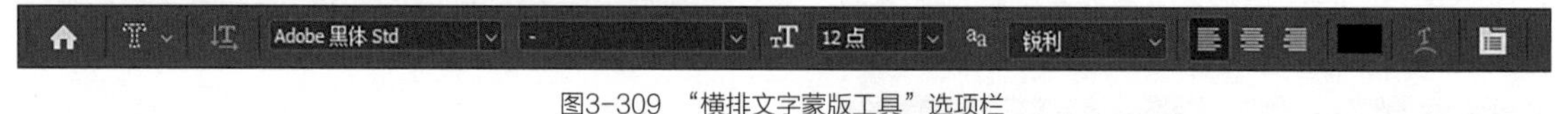


图3-309　“横排文字蒙版工具”选项栏

#### ▼ 操作方法

步骤01　选择需要制作横排文字形状选区的图层。

步骤02　执行“横排文字蒙版工具”的快捷键“T”或单击“横排文字蒙版工具”的图标（），光标自动变为“I”。

步骤03　在画布上单击，此时现用图层上会出现一个红色的蒙版。输入文字，按“回车”键确认提交文本，文字形状的选区边界将出现在现用图层上的图像中，随后可对其进行移动、拷贝、填充等操作，如图3-310和图3-311所示。

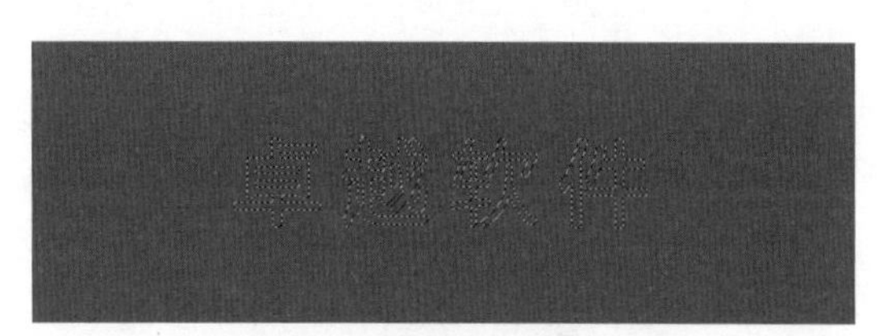


图3-310　创建横排文字形状的选区

图3-311　填充选区

### 3.7.4.4　直排文字蒙版工具

**直排文字蒙版工具：**可以创建直排文字形状的选区。文字选区显示在现用图层上，可以像任何其他选区一样进行移动、拷贝、填充等操作。如图3-312所示为“直排文字蒙版工具”选项栏。该选项栏的诸多选项与“横排文字工具”中的操作方法一致，详见3.7.1.2小节的相关内容。

#### ▼ 操作方法

步骤01　选择需要制作横排文字形状选区的图层。

步骤02　执行“直排文字蒙版工具”的快捷键“T”或单击“直排文字蒙版工具”的图标（），光标自动变为“↔”。

步骤03　在画布上单击，此时现用图层上会出现一个红色的蒙版。输入文字，按“回车”键确认提交文本，文字形状的选区边界将出现在现用图层上的图像中，随后可对其进行移动、拷贝、填充等操作，与“横排文字蒙版工具”中的操作方法类似。

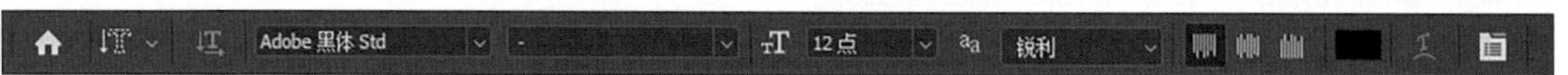


图3-312　“直排文字蒙版工具”选项栏

# 3.8　辅助类工具组

在Photoshop中有许多辅助工具可以帮助用户更精确、快速的处理图像，本节将介绍各辅助工具的相关内容。

## 3.8.1　视图操作

Photoshop提供了用于帮助进行平移、缩放和旋转视图的工具，包括“抓手工具”“缩放工具”“旋转视图工具”，本小节将介绍此类工具的指令及用法。

### 3.8.1.1　抓手工具

**抓手工具：** 可以在图像窗口内移动图像以查看图像的不同区域。如图3-313所示为“抓手工具”选项栏。

图3-313　“抓手工具”选项栏

**▼ 操作方法**

执行“抓手工具”的快捷键“H”或单击“抓手工具”的图标（ ），光标自动变为“ ”。在画布中单击并沿任意方向拖动以移动图像，可查看图像的不同区域。

**滚动所有窗口：** 勾选该项，可以在使用“抓手工具”平移图像视图时，同时平移所有打开的文档窗口。

**100%：** 单击选择该项，或执行快捷键“Ctrl＋1”，可以将当前窗口缩放为1：1。

**适合屏幕：** 单击选择该项，或执行快捷键“Ctrl＋0”，可以将当前窗口缩放为屏幕大小。

**填充屏幕：** 单击选择该项，可以缩放当前窗口以适合屏幕。

> △ 提示
>
> 在使用其他工具时，可以按“空格”键临时切换为“抓手工具”。

### 3.8.1.2　缩放工具

**缩放工具：** 可以放大或缩小图像视图。如图3-314所示为“缩放工具”选项栏。该工具栏中的“100%”“适合屏幕”“填充屏幕”选项与“抓手工具”中的操作方法一致，详见3.8.1.1小节的相关内容。

图3-314　“缩放工具”选项栏

**▼ 操作方法**

执行“缩放工具”的快捷键“Z”或单击“缩放工具”的图标（ ），光标自动变为“ ”。在选项栏中选择“放大”或“缩小”选项，然后在画布中单击即可以单击处为中心放大或缩小视图。

**调整窗口大小以满屏显示：** 勾选该项，可以在使用“缩放工具”缩放图像视图时，调整窗口大小。

**缩放所有窗口：** 勾选该项，可以在使用“缩放工具”缩放图像视图时，同时缩放所有打开的文档窗口。

**细微缩放：** 勾选该项，可以使用“缩放工具”在画布中单击并左右滑动光标以放大或缩小视图。若取消勾选该项，则可进行框选缩放。

> △ 提示
>
> ① 单击菜单栏的“编辑>首选项（快捷键“Ctrl＋K”）>工具”，勾选“用滚轮缩放”

选项，然后单击“确定”按钮即可使用滚轮进行放大或缩小图像视图。

② 在使用其他工具时，可以按“Ctrl＋空格”键或“Alt＋空格”键临时切换为“抓手工具”，进行放大或缩小图像视图。

### 3.8.1.3　旋转视图工具

**旋转视图工具：**可以在不破坏图像的情况下旋转画布。如图3-315所示为“旋转视图工具”的选项栏。

旋转角度：0°　复位视图　旋转所有窗口

图3-315　“旋转视图工具”选项栏

**▼ 操作方法**

执行“旋转视图工具”的快捷键“R”或单击“旋转视图工具”的图标（），光标自动变为“”，可执行以下操作之一：

**方法 01** 在图像中单击并拖移光标；

**方法 02** 在选项栏的“旋转角度”框中输入角度；

**方法 03** 单击或拖移选项栏中的圆形的“设置旋转角度”控件。

**复位视图：**单击该项，可以将画布恢复到原始角度。

**旋转所有窗口：**勾选该项，可以在使用“旋转视图工具”旋转画布时，同时旋转所有打开的文档窗口。

## 3.8.2　测量辅助

Photoshop提供了用于帮助进行提取颜色、创建参考线、测量、注释、计数的工具，包括“吸管工具”“标尺与标尺工具”“注释工具”等，本小节将介绍此类工具的指令及用法。

### 3.8.2.1　吸管工具

**吸管工具：**可以从现用图像中的任何位置对颜色进行取样以指定新的前景色或背景色。如图3-316所示为“吸管工具”选项栏。

取样大小：取样点　样本：所有图层　显示取样环

图3-316　“吸管工具”选项栏

**▼ 操作方法**

执行“吸管工具”的快捷键“I”或单击“吸管工具”的图标（），光标自动变为“”。在图像中单击要取样的颜色，释放鼠标按键即可取样颜色，取样的颜色将变为前景色，如图3-317所示。

**取样大小：**可以更改吸管取样范围的大小。

① **取样点：**读取所单击像素的精确值。

② **3×3 平均等：**读取单击区域内指定像素数量的平均值。

**样本：**可以从“当前图层”“当前和下方图层”“所有图层”“所有无调整图层”“当前和下一无调整图层”中取样。

**显示取样环：**勾选该项，可在拾取颜色时，显示预览取样颜色的圆环。

**△ 提示**

① 按住“Alt”键并在图像内单击，可拾取背景色。

② 在使用任意绘画工具时按住“Alt”键，可暂时使用吸管工具选择前景色。

③ 单击菜单栏的“编辑>首选项（快捷键“Ctrl＋K”）>常规”，将“HUD拾色器”选项设置为“色相轮（中）”，然后单击“确定”按钮，即可在使用“吸管工具”时，按住“Shift＋Alt”键并拖动鼠标右键，调出色相轮并从中选择颜色，如图3-318所示。

图3-317　使用“吸管工具”选择前景色

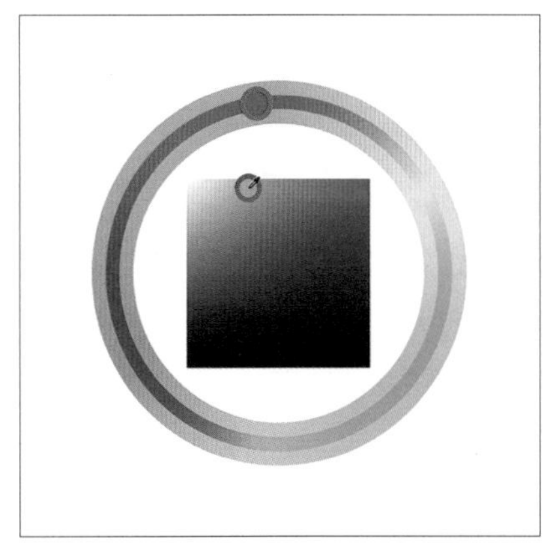

图3-318 使用“色相轮”选择颜色

#### 3.8.2.2 标尺与参考线

**标尺：**可以用来精确定位图像或元素以及创建参考线。单击菜单栏的“视图>标尺”选项，或执行快捷键“Ctrl＋R”可显示或隐藏标尺。显示标尺后，标尺会出现在现用窗口的顶部和左侧。移动光标时，标尺上会显示光标的位置。更改标尺原点[左上角标尺上的 (0，0) 标志]可以从图像上的特定点开始度量。标尺原点也决定了网格的原点。

**更改标尺的零原点的方法如下。**

**方法 01** 单击菜单栏的“视图>对齐到”，然后从子菜单中选择任意选项组合。此操作会将标尺原点与参考线、切片或文档边界对齐，也可以与网格对齐。

**方法 02** 将光标放在窗口左上角标尺的交叉点上，然后沿对角线向下拖移到图像上。此时会出现一组十字线，它们将标出标尺上的新原点，如图3-319和图3-320所示（在拖动时按住“Shift”键，可以使标尺原点与标尺刻度对齐）。

**复位标尺原点：**双击标尺的左上角交叉点位置可将标尺的原点复位到其默认值。

**更改测量单位的方法如下。**

**方法 01** 双击标尺，调出“首选项”面板，在“单位和标尺”区域中更改标尺度量单位。

**方法 02** 单击菜单栏的“编辑>首选项>单位与标尺”区域，更改标尺度量单位。

**方法 03** 用鼠标右键单击标尺，然后从上下文菜单中选择一个新单位。

**网格和参考线：**参考线和网格可帮助您精确地定位图像或元素。

① **参考线：**参考线显示为浮动在图像上方的一些不会打印出来的线条。您可以移动和移去参考线。还可以锁定参考线，从而不会将之意外移动。

② **智能参考线：**可以帮助对齐图像、形状和选区。当您移动图像、绘制形状或创建选区时，智能参考线会自动出现。如果需要可以隐藏智能参考线。

③ **网格：**网格对于对称排列图素很有用。网格在默认情况下显示为不打印出来的线条，但也可以显示为点。

**显示或隐藏网格、参考线或智能参考线：**

① 选择“视图>显示>网格”或执行快捷键“Ctrl＋'”；

② 选择“视图>显示>参考线”；

③ 选择“视图>显示>智能参考线”；

④ 选择“视图>显示额外内容”。

此命令还将显示或隐藏图层边缘、选区边缘、目标路径和切片。

**创建参考线的步骤如下。**

**步骤01** 执行快捷键“Ctrl＋R”或单击菜单栏的“视图>标尺”选项以显示标尺。

**步骤02** 执行以下操作之一来创建参考线。

① 选择“视图>新建参考线”。在对话框中，选择“水平”或“垂直”方向，并输入位置，然后单击“确定”按钮。

② 从水平/垂直标尺上点击并拖移光标以创建水平/垂直参考线。拖动参考线时，光标将变为双箭头，如图3-321所示。

③ 按住“Alt”键，然后拖动垂直标尺可以创建水平参考线，拖动水平标尺可以创建垂直

参考线。

④ 按住“Shift”键并拖动水平或垂直标尺以创建与标尺刻度对齐的参考线。

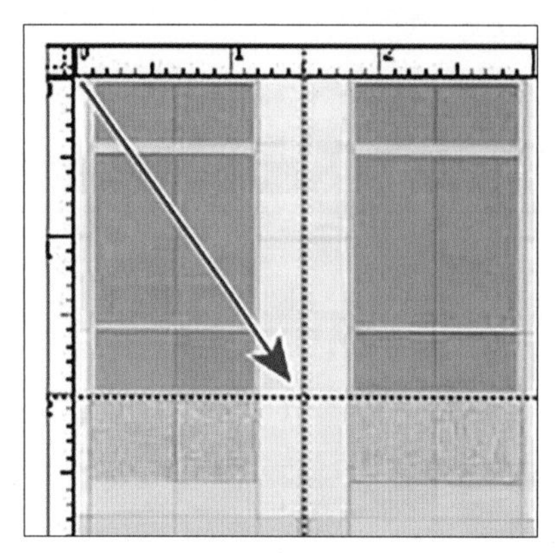

图3-319　拖移“十字线”

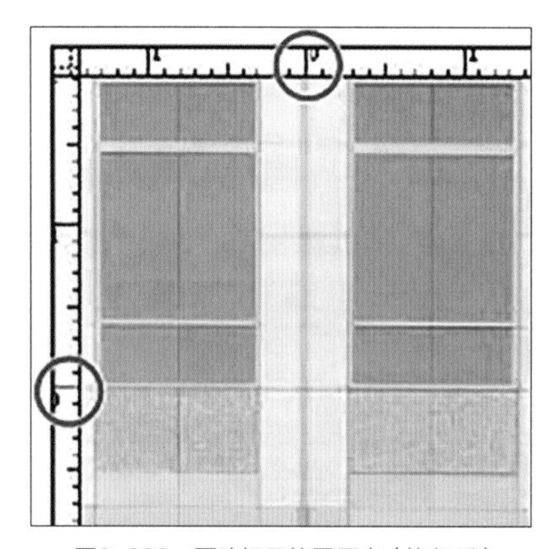

图3-320　更改标尺的零原点（执行后）

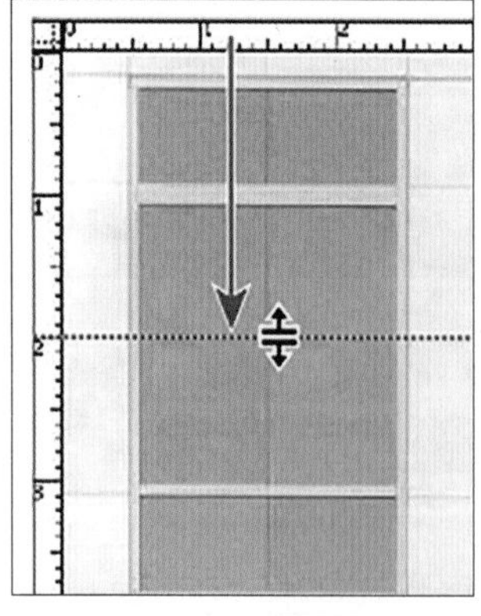

图3-321　创建参考线

**移动参考线的步骤如下。**

**步骤01**　选择“移动工具”，或在使用任意工具时按住“Ctrl”键以启动“移动工具”。

**步骤02**　将指针放置在参考线上（指针会变为双箭头），按照下列任意方式移动参考线。

① 拖移参考线以移动它。

② 单击或拖动参考线时按住“Alt”键，可将参考线从水平改为垂直，或从垂直改为水平。

③ 拖动参考线时按住“Shift”键，可使参考线与标尺上的刻度对齐。

④ 按住“Shift”键并从水平或垂直标尺拖动以创建与标尺刻度对齐的参考线。如果网格可见，并选择了“视图>对齐到>网格”，则参考线将与网格对齐。

**锁定参考线：**选择“视图>锁定参考线”可锁定所有参考线。

**移除参考线：**

① 要移去一条参考线，可将该参考线拖移到图像窗口之外；

② 要移去全部参考线，可选择“视图>清除参考线”。

**GuideGuide插件：**“GuideGuide”是一款超级实用的参考辅助线插件，利用它可以绘制出精确到像素级别的参考线。其强大之处在于：支持选区工具，如果文档中有选区的话，它可以在选区内生成对应的辅助线。

**（1）安装方法**

**步骤01**　打开“PS神级插件”文件夹，把“GuideGuide丨辅助线插件”文件夹内的“GuideGuide”文件夹复制到“PS安装目录\Required\CEP\extensions”路径下。例如：假设用户的Photoshop安装在C盘，那么应将“GuideGuide”文件夹复制到“C:\Program Files\Adobe\Adobe Photoshop CC 2017\Required\CEP\extensions”路径下，如图3-322和图3-323所示。

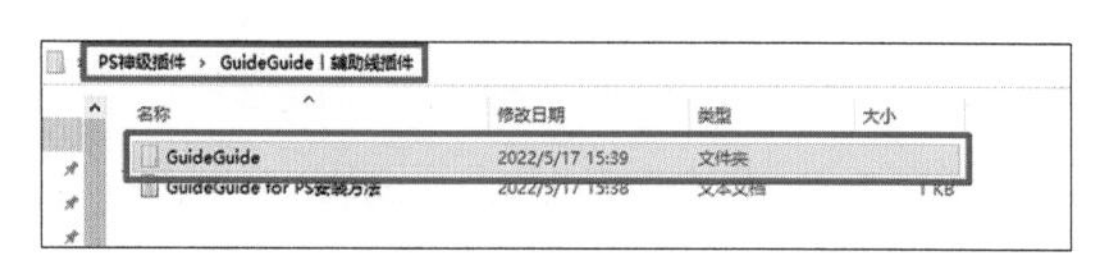


图3-322　复制“GuideGuide”文件夹

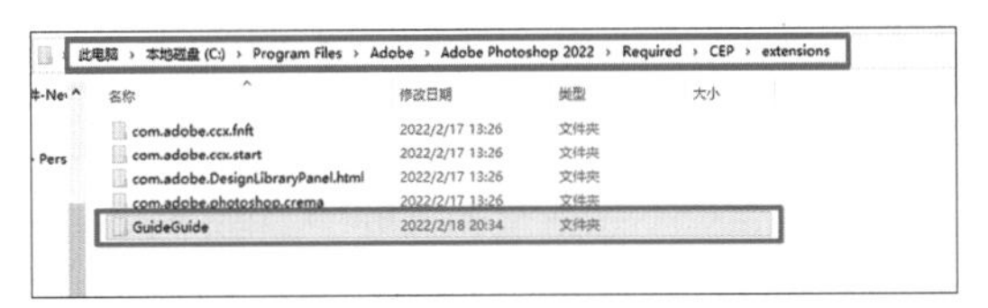


图3-323　粘贴“GuideGuide”文件夹

**步骤02**　安装完成后打开Photoshop，单击菜单栏的“窗口>扩展（旧版）>GuideGuide”选项，调出“GuideGuide”面板，如图3-324和图3-325所示。

图3-324　点击“GuideGuide”选项

图3-325　“GuideGuide”面板

**（2）操作方法**

打开“GuideGuide”面板，单击选择“辅助线选项”，在数值栏内输入数值，单击下方的“生成辅助线”按钮即可在画布上自动生成相应参数的参考线。

① **边距：**设置生成的参考线与画布或选区边缘的距离，可以设置“左边距”“右边距”“上边距”和“下边距”。比如想创建一根距离画布或选区左边边缘5cm的参考线，在“左边距”数值栏内输入5cm，然后单击“生成辅助线”按钮即可，如图3-326所示。

② **列数/行数：**可以将画布或选区平均分成*N*等分的分栏，如想将画布或选区平均分成6列或6行，只需在“列数”或“行数”数值栏内输入6，然后单击“生成辅助线”按钮即可，如图3-327所示。

③ **列宽/行高：**可以在画布或选区中生成若干根间距相等的参考线，还可设置其对齐方式（可能存在余数）。如想在画布或选区中生成一页纵向或横向间距为1.2cm的参考线，只需在“列宽”或“行高”数值栏内输入1.2cm，然后单击“生成辅助线”按钮即可，如图3-328所示。

④ **列余边/行余边：**控制前两根参考线与后两根参考线之间的距离。如将列余边设置为2cm，同时将列宽设置为3cm，然后单击“生成辅助线”按钮，则每生成两根间距为3cm的参考线后间隔2cm再生成另外两根间距为3cm的参考线，如图3-329所示。

⑤ **特殊参考线：**点击面板下方对应的按钮，可快速生成画布或选区最左边、中间、右边、顶部和底部的参考线，如图3-330所示。

⑥ **参数管理：**单击“生成辅助线”按钮右边的三角形按钮，可选择“保存栅格”选项，将当前数值栏内的参数保存下来以便之后使用，或选择“清空参数”选项清空当前数值栏内的所有参数，如图3-331所示。

⑦ **删除参考线：**点击面板下方的“清除”按钮（⊘），可删除画布或选区内的所有参考线。

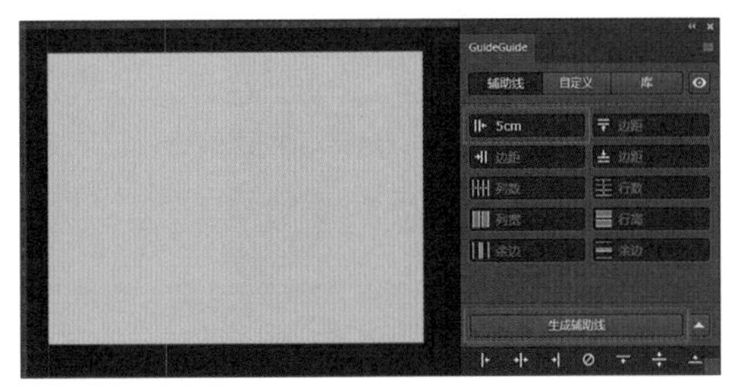


图3-326　“左边距”为5cm的参考线

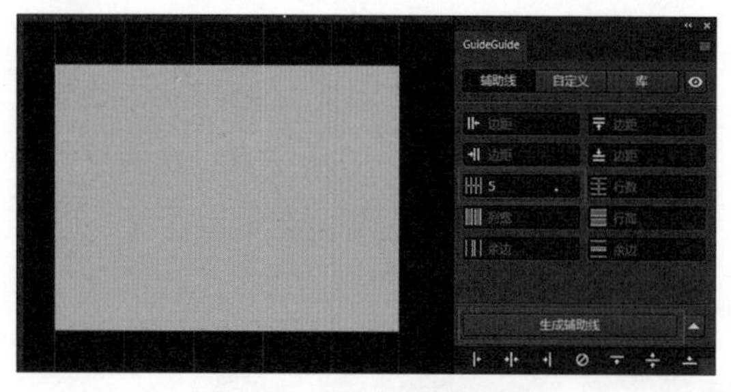


图3-327 “列数”为6的参考线

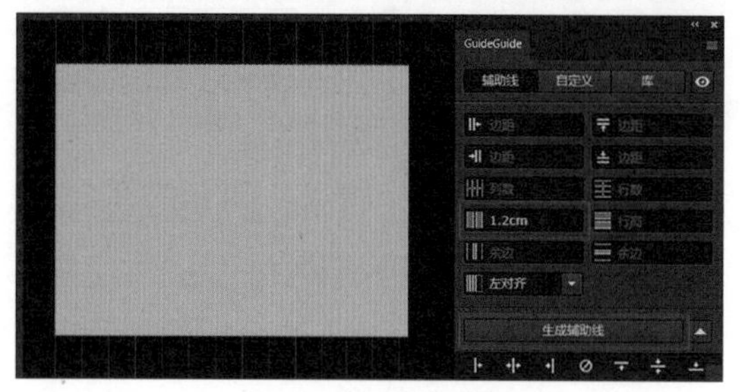


图3-328 “列宽”为1.2cm的参考线

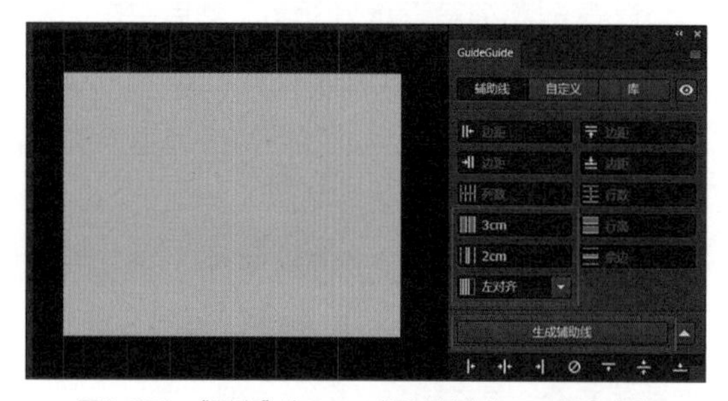


图3-329 “列宽”为3cm、“列余边”为2cm的参考线

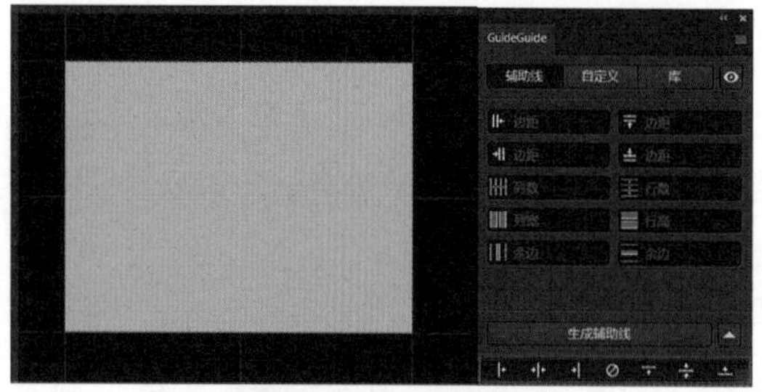


图3-330 六种特殊位置的参考线

图3-331 保存栅格和清空参数

## 3.8.2.3 标尺工具

**标尺工具：**可计算工作区内任意两点之间的距离及角度。当测量两点间的距离时，将绘制一条不会打印出来的直线，并且选项栏和“信息”面板将显示以下信息，如图3-332～图3-334所示。

① 起始位置（$X$和$Y$）。

② 在$X$轴和$Y$轴上移动的水平（$W$）和垂直（$H$）距离。

③ 相对于轴偏离的角度（$A$）。

④ 移动的总长度（$L1$）。

⑤ 使用量角器时移动的两个长度（$L1$和$L2$）。

**▼ 操作方法**

执行“标尺工具”的快捷键“ I ”或单击“标尺工具”的图标（），光标自动变为“ ”。将光标从起点拖移到终点即可（按住“Shift”键可将工具限制为45° 增量）。

**创建量角器：**按住“Alt”键并从测量线的一端开始拖动，或双击此线并拖动，可从现有测量线创建量角器（按住“Shift”键可将工具限制为45° 增量）。

**编辑测量线：**

① 拖移现有测量线的一个端点，可调整线的长短；

② 将指针放在线上远离两个端点的位置并拖移该线，可移动这条线；

③ 将指针放在测量线上远离端点的位置，并将测量线拖离图像或单击工具选项栏中的“清除”选项，可移去测量线。

**拉直图层：**与“裁剪工具”中的操作方法类似，详见3.3.1小节的相关内容。

## 3.8.2.4 注释工具

**注释工具：**可以创建可附加到图像或文档的文本注释。如图3-335所示为“注释工具”的选项栏。

图3-332　“标尺工具”选项栏

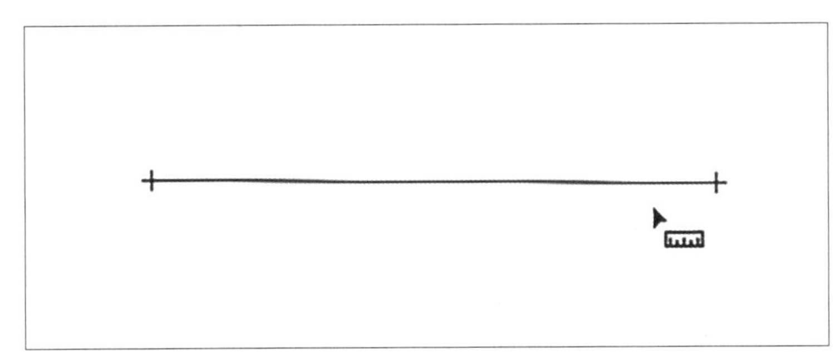

图3-333　使用“标尺工具”进行测量

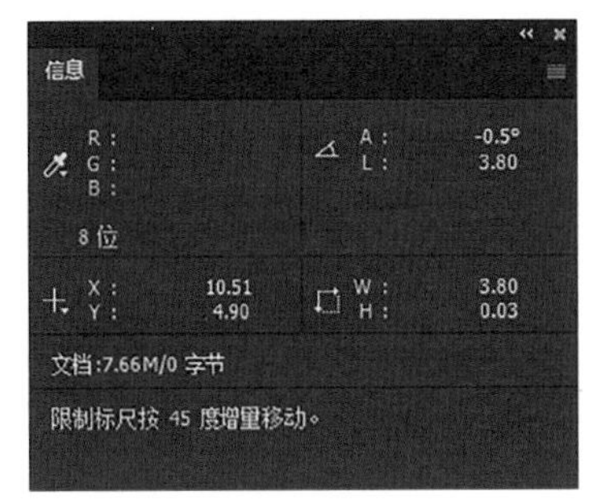


图3-334　“信息”面板

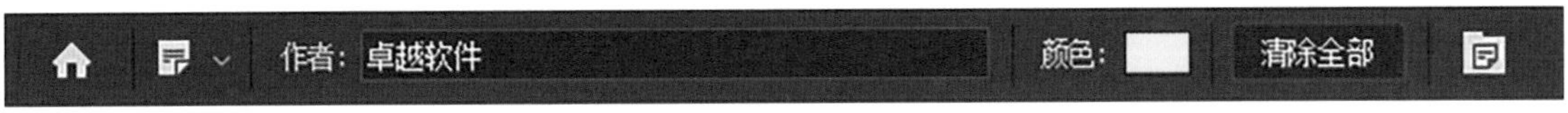

图3-335　“注释工具”选项栏

▼ **操作方法**

执行“注释工具”的快捷键“ I ”或单击“注释工具”的图标（▭），光标自动变为“▭”。在文档窗口内任意位置单击，此时光标单击处将会出现一个带颜色的注释图标，随即可在自动弹出的“注释”面板内输入文字，如图3-336和图3-337所示。

图3-336　注释图标

图3-337　“注释”面板

**作者：**可以输入注释者的姓名，并在“注释”面板内显示。

**颜色：**可以更改注释图标的显示颜色。

**清除全部：**单击该项，可以一次性删除文档内的全部注释。

### 3.8.2.5　计数工具

**计数工具：**使用“计数工具”单击图像，可以对图像中的对象进行计数，Photoshop 将记录单击次数。计数数目会显示在图像上和选项栏中。计数数目会在存储文件时存储。如图3-338所示为“计数工具”选项栏。

▼ **操作方法**

**步骤01**　执行“计数工具”的快捷键“ I ”或单击“计数工具”的图标（▭），光标自动变为“▭”。

**步骤02**　在选项栏中设置“计数工具”的选项。

① **计数组：**默认计数组会在将计数数目添加到图像时创建。可以创建多个计数组，每个

图3-338　“计数工具”选项栏

计数组都可设置名称、标记和标签大小以及颜色。在将计数数目添加到图像上时，当前选定的计数组的数目会增加。单击“眼睛”图标可显示或隐藏计数组；单击“文件夹”图标可创建计数组；单击“删除”图标可删除计数组；从“计数组”菜单中选取“重命名”，以重新命名计数组。

② **颜色：** 单击“颜色”图标，可以设置计数组的颜色。

③ **标记大小：** 更改标记的大小（在图像上显示为圆点），输入1～10之间的值，或使用小滑块更改值。

④ **标签大小：** 更改标签的大小（在图像上显示为数字），输入8～72之间的值，或使用小滑块更改值。

**步骤03** 在图像中单击以添加计数标记和标签，如图3-339所示。

**移动计数标记：** 将光标移到标记上方，直到光标变成方向箭头（ ）再进行拖动（按住“Shift”键并单击可限制为沿水平或垂直方向拖动）。

**删除计数标记：**

**方法 01** 按住“Alt”键，并将光标移到标记上方，直到光标变成“ ”，再单击标记可移去标记，总计数会更新；

**方法 02** 单击选项栏中的“清除”，可将当前选定计数组的计数重置为0。

**显示或隐藏计数数目：**

**方法 01** 单击菜单栏的“视图>“显示>计数”选项；

**方法 02** 单击菜单栏的“视图>额外内容”“视图>显示>全部”或“视图>显示>无”。

图3-339 使用“计数工具”计数（执行后）

## 3.8.3 图框工具

**图框工具：**可以绘制能使用图像填充的占位符图框，以轻松遮盖或替换图像。如图3-340所示为“图框工具”的选项栏。

图3-340 “图框工具”选项栏

### ▼ 操作方法

**方法 01 使用“图框工具”绘制图框：**

步骤01　执行“图框工具”的快捷键“K”或单击“图框工具”的图标（⊠），光标自动变为“+”；

步骤02　在选项栏中选择“矩形”或“椭圆”图框图标；

步骤03　在画布上绘制一个图框。

**方法 02 将任意形状或文本转换为图框：**

步骤01　使用绘图工具绘制形状；

步骤02　在“图层”面板中，用鼠标右键单击文本图层或形状图层，然后从上下文菜单中选择“转换为图框”选项；

步骤03　在“新建图框”对话框中，输入图框的“名称”，并为其设置“宽度”和“高度”；

步骤04　单击“确定”按钮即可。

将图像置于图框中的方法如下。

方法 01 将图像从本地磁盘拖至图框，图像将作为“嵌入的智能对象”置入，如图3-341和图3-342所示。

方法 02 选择一个图框。从菜单栏中，选择“文件>置入链接的对象”或“置入嵌入的对象”。在显示的对话框中，选择要置于选定图框的图像。该图像将作为链接的或嵌入的智能对象置入。

方法 03 在“图层”面板中，将像素图层拖至空白图框中，像素图层将自动转换为“智能对象”。

**“图层”面板中的图框图层：**在图层面板中，图框是由“图框”图层类型来表示的。图框图层显示了两个缩览图：图框缩览图和内容缩览图，如图3-343所示。

图3-341 将图像置入框架中

图3-342 将图像置入框架中（执行后）

图3-343 “图层”面板

**选择图框或其内容：**既可以同时选择图框及其内容，也可以分别选择，以便单独变换图框及其内容。

① **同时选中图框及其图像：**在画布上单击图像，或在“图层”面板中，单击图框图层。在这种选择状态下，可同时移动或变换图框和

图像，如图3-344所示。

② **仅选中图像：**在画布上双击图像，或在“图层”面板中，单击图框图层中的内容缩览图。在这种选择状态下，可单独变换插入图像。在此选择状态下，如果再次双击，则恢复为同时选中图框及其图像，如图3-345所示。

③ **仅选中图框：**在以上提到的任意选择状态下，单击一次画布区域中的图框边框，或在“图层”面板中，单击图框图层中的图框缩览图，此时即可单独变换图框，如图3-346所示。

**添加图框描边：**在图层面板中，选择图框图层。然后在“属性”面板（窗口 > 属性）中，设置描边选项。

图3-344　同时选中图框及其图像

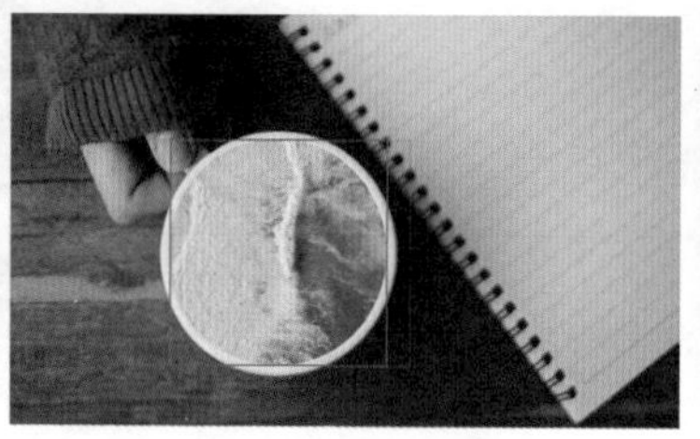

图3-345　仅选中图像

图3-346　仅选中图框

## 3.9　课后练习

使用画笔工具在图3-347中添加雾气，制作出如图3-348所示的画面效果。读者可以关注公众号“卓越软件官微”，回复“课后练习素材”获取相关素材文件。

图3-347　原始图片

图3-348　添加雾气后的效果

# 第4章 Photoshop图像调整

# 4.1 色彩基本知识

调整图像的颜色与色调是Photoshop的又一重要功能，调整图像颜色能直接决定图像的最终呈现效果。在学习调色技法之前，要先了解色彩的相关知识，才能更好地使用Photoshop进行调色，本节将介绍图像色彩的相关知识。

## 4.1.1 三原色

三原色指色彩中不能再分解的三种基本颜色，我们通常说的三原色，包括色光三原色以及印刷三原色。

### 4.1.1.1 色光三原色

**色光三原色：** 是指红（Red）、绿（Green）、蓝（Blue）三种光的颜色，当按照不同的比例将这三种色光混合在一起时，可以生成可见色谱中的所有颜色。添加等量的红色、蓝色和绿色光可以生成白色（白光），完全缺少红色、蓝色和绿色光将导致生成黑色（黑暗），这就是加色原理，如图4-1所示。加色原理被广泛应用于电视机屏幕、计算机显示器等主动发光的设备中。由这三原色按照不同比例和强弱混合，可以产生自然界的各种色彩变化。

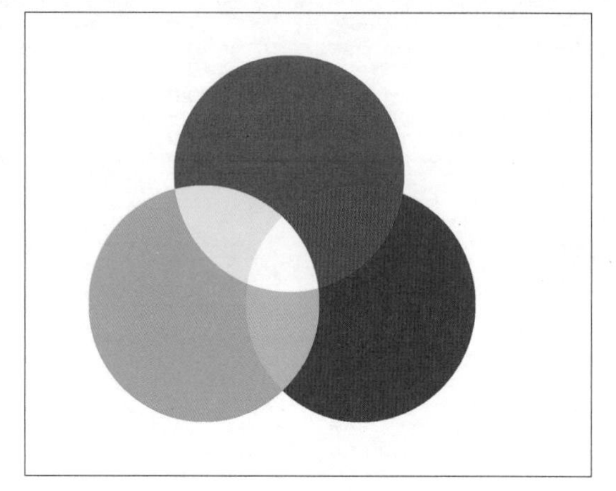

图4-1　色光三原色——加色原理

### 4.1.1.2 印刷三原色

**印刷三原色：** 是指青（Cyan）、品红（Magenta）和黄（Yellow）三种颜料的颜色，当按照不同的比例将这三种颜料混合在一起时，可以创建一个色谱。在打印、印刷、油漆、绘画等靠介质表面的反射被动发光的场合，物体所呈现的颜色是物体吸收某些颜色之后白光剩下的颜色，而非它自身发这个颜色的光，所以其成色的原理称为减色原理，如图4-2所示。减色原理被广泛应用于各种被动发光的场合。

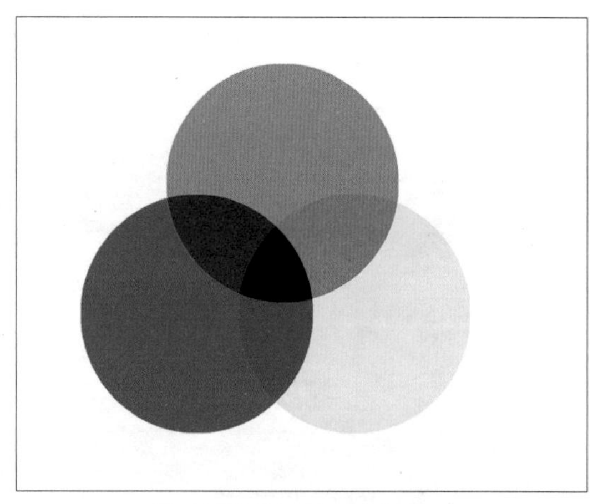

图4-2　印刷三原色——减色原理

## 4.1.2 色彩三要素

世界上的颜色多种多样，有各种鲜艳、柔和、明亮、深浅不同的颜色，但任何颜色都具有色相、明度、饱和度三个方面的属性，又称色彩三要素。

### 4.1.2.1 色相

**色相（Hue）：** 是指色光由于光频率和波长的不同而形成的特定色彩性质，在通常的使用中，色相由颜色名称标识，如红色、橙色或绿色等，如图4-3所示。

图4-3　色相

#### 4.1.2.2　饱和度

**饱和度（Saturation）：** 颜色的强度或纯度（有时称为色度），饱和度越高颜色越鲜艳，如图4-4和图4-5所示。

图4-4　原始图像

图4-5　增强饱和度后的图像

#### 4.1.2.3　明度

**明度（Brightness/Intensity）：** 颜色的明亮程度，指某一色相的颜色，由于反射同一频率光波的数量不同而产生明度差别，如图4-6所示。

图4-6　红色的明度变化

### 4.1.3　颜色模型

颜色模型用于描述我们在数字图像中看到和使用的颜色。每种颜色模型分别表示用于描述颜色的不同方法（通常是数字），在Photoshop中常用的颜色模型有HSB、RGB和CMYK三种。处理图像中的颜色时，将会调整文件中的数值。可以简单地将一个数值视为一种颜色，但这些数值本身并不是绝对的颜色，而只是在生成颜色的设备的色彩空间内具备一定的颜色含义。

#### 4.1.3.1　HSB 模型

**HSB模型：** HSB 模型以人类对颜色的感觉为基础，描述了颜色的3种基本特性——色相、饱和度、明度，是最符合人眼视觉认知习惯的拾色方式。在使用 HSB 颜色模型时，色相在色域中以介于0° ~360° 的某个角度（对应于色轮上的某个位置）来指定。饱和度和亮度以比例（%）的形式来指定。在色域中，色相饱和度从左向右增加，而亮度从下往上增加。Photoshop拾色器默认用HSB模型拾取颜色，如图4-7所示。

#### 4.1.3.2　RGB 模型

**RGB模型：** 源于光的三原色，常通过输入RGB值来拾取颜色。在 Adobe 拾色器的 R、G 和 B 文本框中输入数值，指定介于 0~255

的分量值（0 表示无色，255 表示纯色），如图4-8所示。

#### 4.1.3.3 CMYK 模型

**CMYK模型：**源于打印机的四种基本颜料，常用于打印行业，可以通过将每个分量值指定为青色、洋红色、黄色和黑色的比例（%）来选取颜色，如图4-9所示。

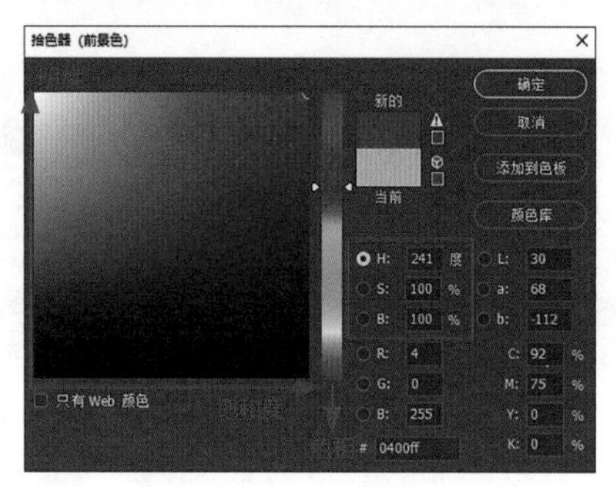

图4-7 HSB模式拾取颜色

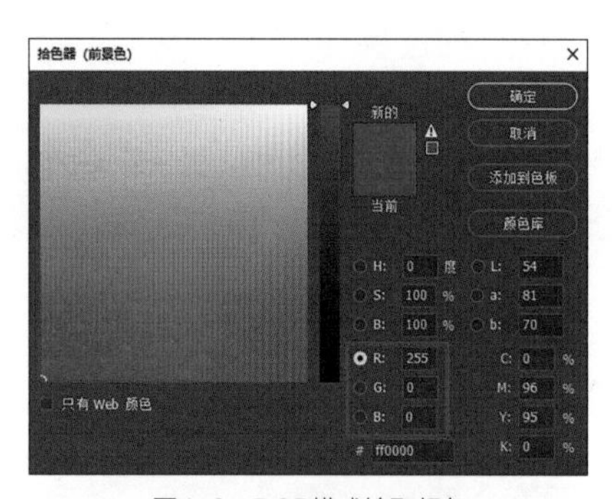

图4-8 RGB模式拾取颜色

图4-9 CMYK模式拾取颜色

△ 提示

关于“拾色器”面板的介绍，详见3.5.2.1小节的相关内容。

### 4.1.4 常用颜色模式

颜色模式决定了如何基于颜色模式中的通道数量来组合颜色，或者说是一种记录颜色的方式。不同的颜色模式会导致不同级别的颜色细节和不同的文件大小，选取颜色模式操作还决定了可以使用哪些工具和文件格式。在Photoshop中，颜色模式有RGB 模式（数百万种颜色）、CMYK 模式（四种印刷色）、索引模式（256 种颜色）、灰度模式（256 级灰度）、位图模式（两种颜色）、Lab模式、双色调模式、多通道模式。

#### 4.1.4.1 RGB 模式

**RGB模式：**是一种加色模式，将RGB三原色的色光以不同的比例相加，以产生多种多样的色光，适于电子屏幕显示。在使用Photoshop制作图像时，因为要在计算机屏幕上编辑显示，所以在Photoshop中新建纸张时，需将颜色模式设置为RGB模式。

#### 4.1.4.2 CMYK 模式

**CMYK模式：**为颜料打印系统，可以为每个像素的每种印刷油墨指定一个比例（%），是一种减色模式。在制作要使用印刷颜料打印的图像时，为了保证计算机所见与打印效果一致，应使用 CMYK 模式。

### 4.1.5 颜色校样

若需要将在 RGB 模式下编辑的图像打印出来，为了保证计算机所见与打印效果一致，可以在编辑结束时进行颜色校样，转换为 CMYK 模式。

**▼ 操作方法**

在 RGB 模式下，点击菜单栏的“视图>校样颜色”选项或执行快捷键“Ctrl+Y”，可模拟CMYK 转换后的效果，而无须更改实际的图像数据。

## 4.1.6　图像大小

**图像大小：**可以用于调整图像的打印尺寸或分辨率。

① 单击菜单栏的“图像>图像大小”选项，或执行快捷键“Ctrl＋Alt＋I”即可打开“图像大小”对话框，如图4-10所示。

② “图像大小”对话框中可以预览当前图像，还会显示当前图像的文件大小和尺寸，单击“尺寸”附近的三角形，可更改像素尺寸的度量单位。

③ 可以输入“宽度”和“高度”的值以更改图像的尺寸。要输入其他度量单位的数值，请从“宽度”和“高度”数值框旁边的菜单中选取度量单位。启用“约束比例”选项（🔗），可保持最初的宽高度量比。此时虽然图像的尺寸会发生改变，但画面质量不变。

④ 可以输入“分辨率”的值以更改图像的分辨率，也可以选取其他度量单位。调整“分辨率”将会影响图像的尺寸以及画面的质量。

⑤ 勾选“重新采样”选项，可在更改图像大小或分辨率时按比例调整像素总数，若要更改图像大小或分辨率而又不更改图像中的像素总数，请取消勾选“重新采样”。

## 4.1.7　画布大小

**画布大小：**画布指整个文档的工作区域，“画布大小”选项可以增大或减小图像的画布大小。增大画布的大小会在现有图像周围增加空间，减小画布大小将会裁剪部分图像。如果增大带有透明背景的图像的画布大小，则添加的画布是透明的。如果图像没有透明背景，则添加的画布的颜色将由“画布扩展颜色”决定。

① 单击菜单栏的“图像>画布大小”选项，或执行快捷键“Ctrl＋Alt＋C”即可打开“画布大小”对话框，如图4-11所示。

② “画布大小”对话框中会显示当前图像的文件大小和尺寸，以及调整后图像的新建大小。

③ 可以在“宽度”和“高度”框中输入画布的尺寸，可以从“宽度”和“高度”框旁边的弹出菜单中选择所需的度量单位。或者勾选“相对”选项，然后输入要从图像的当前画布大小添加或减去的数量。输入一个正数将使画布增加一部分，而输入一个负数将从画布中减去一部分。

④ 对于“定位”，可以单击某个方块以指示现有图像在新画布上的位置。

⑤ 可以从“画布扩展颜色”菜单中选取一个选项，以指定增加的画布的颜色。

**“前景”：**用当前的前景颜色填充新画布。

**“背景”：**用当前的背景颜色填充新画布。

**“白色”“黑色”或“灰色”：**用这种颜色填充新画布。

**“其他”：**使用拾色器选择新画布颜色。

图4-10　“图像大小”对话框

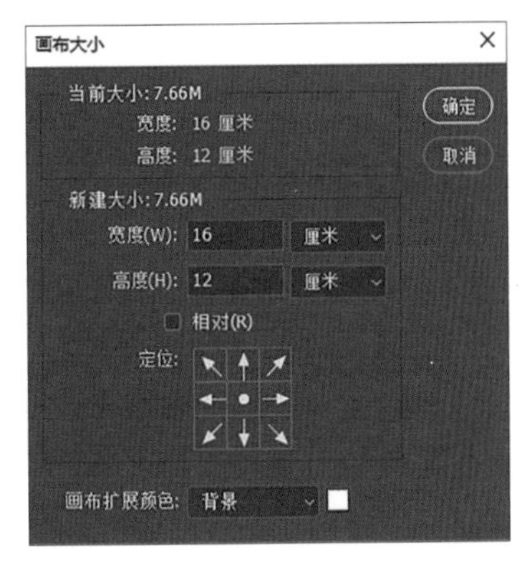

图4-11　“画布大小”对话框

## 4.1.8 直方图

直方图用图形表示图像的每个亮度级别的像素数量，展示像素在图像中的分布情况。直方图显示阴影中的细节（在直方图的左侧部分显示）、中间调（在直方图的中部显示）以及高光（在直方图的右侧部分显示）。直方图可以直观地帮助用户判断图像是否有足够的细节，从而进行良好的校正，如图4-12所示。

图4-12 图像的直方图

### 4.1.8.1 “直方图”面板

① **打开“直方图”面板：**单击菜单栏的“窗口>直方图”选项或单击“直方图”图标（![icon]），以打开“直方图”面板。“直方图”面板默认以“紧凑视图”形式打开，并且没有控件或统计数据，可以从面板右上方的下拉菜单中选择“扩展视图”和“显示统计数据”，以方便观察，如图4-13所示。

② **查看直方图中的特定通道：**如果选取“直方图”面板的“扩展视图”或“全部通道视图”，则可以从“通道”菜单中选取一个设置，以查看直方图中的特定通道，有“RGB”“红”“绿”“蓝”“明度”“颜色”六种通道，如图4-14所示。如果从“扩展视图”或“全部通道视图”切换回“紧凑视图”，Photoshop 会记住通道设置。

③ **查看多图层文档的直方图：**可以从“源”菜单中选取一个设置，以查看多图层文档的直方图，如图4-15所示（“源”菜单对于单图层文档不可用）。

① **整个图像：**显示整个图像（包括所有图层）的直方图。

② **选中的图层：**显示在“图层”面板中选定的图层的直方图。

③ **复合图像调整：**显示在“图层”面板中选定的调整图层（包括调整图层下面的所有图层）的直方图。

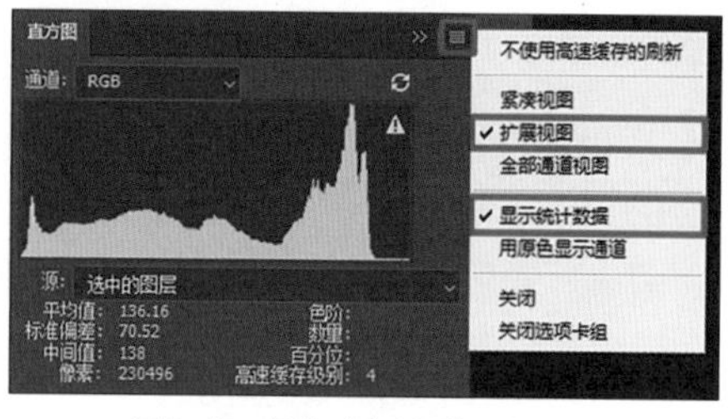


图4-13 调整“直方图”面板视图

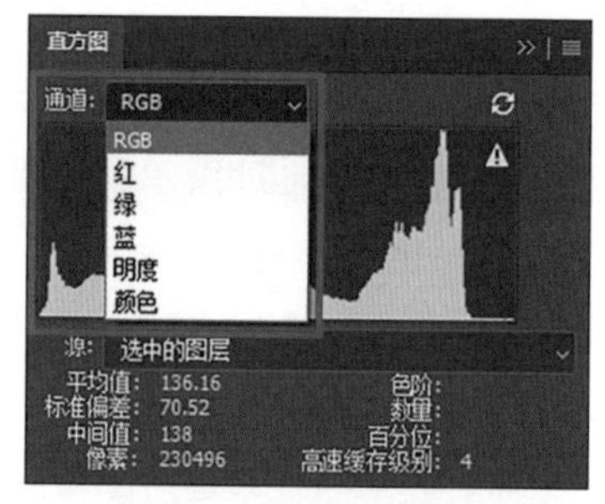


图4-14 “通道”菜单

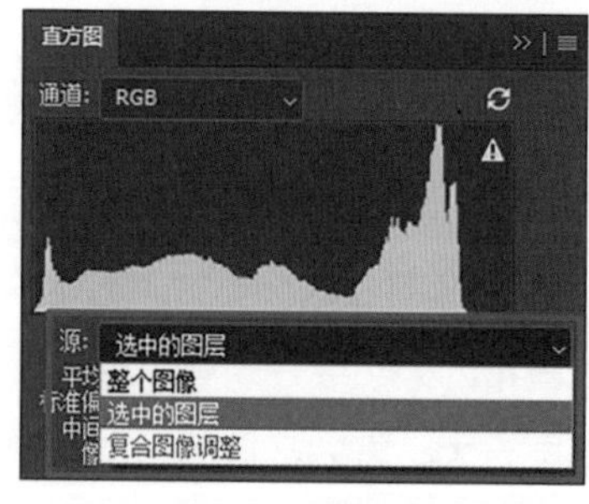


图4-15 “源”菜单

### 4.1.8.2 不正确的直方图——对比太弱

在对比太弱的图像的直方图中可以看到，像素信息集中在中间调处，而阴影和高光处细节缺失。图像色彩非常平淡，整体画面呈现偏灰状态，如图4-16所示。

#### 4.1.8.3　不正确的直方图——对比太强

在对比太强的图像的直方图中可以看到，像素信息集中在阴影和高光处，而中间调处细节较少。图像色彩过于饱和，画面整体感觉非常浓重，如图4-17所示。

#### 4.1.8.4　不正确的直方图——曝光过度

在曝光过度的图像的直方图中可以看到，像素信息集中在高光处，而阴影处细节缺失。图像色彩偏亮，整体画面呈现发白状态，如图4-18所示。

#### 4.1.8.5　不正确的直方图——曝光不足

在曝光不足的图像的直方图中可以看到，像素信息集中在阴影处，而高光处细节缺失。图像色彩偏暗，整体画面呈现发黑状态，如图4-19所示。

图4-16　图像对比太弱

图4-17　图像对比太强

图4-18　图像曝光过度

图4-19　图像曝光不足

## 4.2　明暗调整

Photoshop提供了许多可以用于调整过亮或者过暗图像的命令，包括“亮度/对比度”“色阶”“曲线”“曝光度”“阴影/高光”等。通过这些图像调整命令来调整图像的明暗，以最终达到理想的效果，本节将介绍与图像的明暗调整相关的功能及用法。

### 4.2.1　亮度 / 对比度

使用“亮度/对比度”选项，可以对图像的色调范围进行简单的调整。

▼ **操作方法**

步骤01　选中要调整的图像，单击菜单栏的“图像>调整>亮度/对比度”选项，打开“亮度/对比度”对话框，如图4-20所示。

步骤02　拖动滑块或输入数值以调整亮度和对比度，向左拖移降低亮度和对比度，向右拖移增加亮度和对比度。每个滑块值右边的数值反映亮度或对比度值。值的“亮度”范围可以是-150～150，而“对比度”范围可以是-50～100。

步骤03 单击“确定”按钮或者按“回车”键确认即可，如图4-21和图4-22所示。

图4-20 “亮度/对比度”对话框

图4-21 原始图像（调整前）

图4-22 最终图像（调整后）

△ 提示

① 勾选“预览”选项，可预览调整后的图像，此选项可用于切换调整前和调整后的图像画面以进行调整的前后对比。

② 单击“自动”选项，可自动校正亮度和对比度。

③ 按住“Alt”键时，“取消”选项将变为“复位”选项，单击即可重置调整参数。

④ 若勾选“使用旧版”选项，在调整亮度时“亮度/对比度”只是简单地增大或减小所有像素值。由于这样会造成修剪高光或阴影区域，或使其中的图像细节丢失，因此不建议勾选该项。

## 4.2.2 色阶

可以使用“色阶”调整功能来调整图像的阴影、中间调和高光的强度级别，从而校正图像的色调范围和色彩平衡。“色阶”直方图用作调整图像基本色调的直观参考，有关直方图的更多信息，详见4.1.8小节的相关内容。

### 4.2.2.1 使用“色阶”调整明暗

通过调整图像的“输入色阶”和“输出色阶”来调整图像的色调范围，以达到增加或降低图像的明暗效果。默认情况下，“输出”滑块位于色阶 0（像素为黑色）和色阶 255（像素为白色）。当“输出”滑块位于默认位置时，如果移动黑场输入滑块，则会将像素值映射为色阶 0（即增加黑色像素，整体画面变暗），而移动白场滑块则会将像素值映射为色阶 255（即增加白色像素，整体画面变亮）。其余的将在色阶 0～255 之间重新分布，这种重新分布情况将会增大图像的色调范围，实际上增强了图像的整体对比度。中间输入滑块用于调整图像中的灰度系数。它会移动中间调（色阶 128），并更改灰色调中间范围的强度值，但不会明显改变高光和阴影。

▼ **操作方法**

步骤01 选中要调整的图像，单击菜单栏的“图像>调整>色阶”选项，或执行快捷键“Ctrl + L”，打开“色阶”对话框，如图4-23所示。

步骤02 从“通道”菜单中选取“RGB”选项。

步骤03 拖动黑场和白场“输入色阶”

滑块或输入数值以调整图像的阴影和高光范围。向右拖动黑场“输入色阶”滑块，将增加黑色像素，整体画面变暗；向左拖动白场“输入色阶”滑块，将增加白色像素，整体画面变亮。

**步骤04** 单击“确定”按钮或者按“回车”键确认即可，如图4-24～图4-26所示。

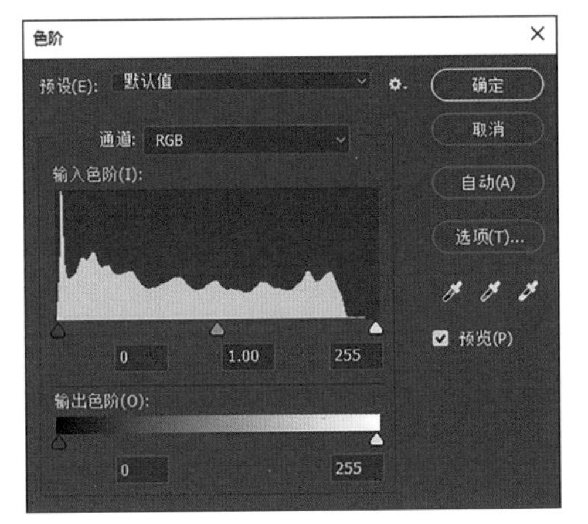


图4-23 “色阶”对话框

图4-24 原始图像（调整前）

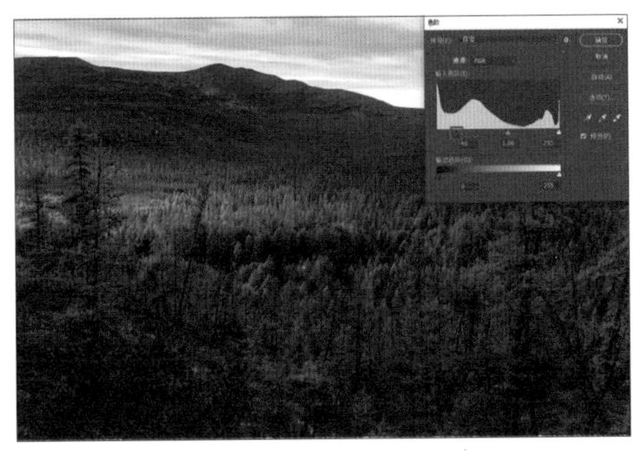

图4-25 最终图像（调整黑场后）

图4-26 最终图像（调整白场后）

#### 4.2.2.2 使用“色阶”调整颜色

可以从“通道”菜单中选取选项，以调整特定颜色通道的色调。

① 如选择“红”通道，即可单独调整图像中红色像素的范围。向右拖动黑场“输入色阶”滑块，将减少红色像素；向左拖动白场“输入色阶”滑块，将增加红色像素，如图4-27～图4-29所示。

② 如想将图像色调调整为偏洋红，可在使用“色阶”调整图像“红”通道的白场“输入色阶”滑块增加红色像素后，将“通道”选项切换为“蓝”通道，再次调整白场“输入色阶”滑块，以增加蓝色像素，此时画面色调将呈现明亮的洋红色，如图4-30～图4-32所示。或者直接将“通道”选项切换为“绿”通道，然后调整黑场“输入色阶”滑块，以减少绿色像素，此时画面色调将呈现较暗的洋红色，如图4-33所示。

图4-27 原始图像（调整前）

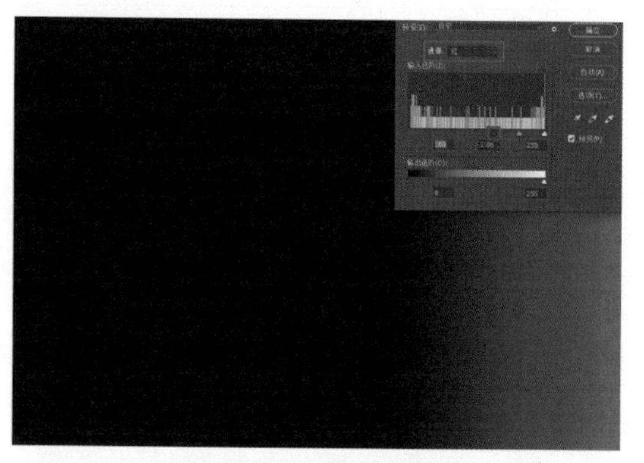

图4-28　调整“红”通道的黑场

图4-29　调整“红”通道的白场

图4-30　原始图像（调整前）

图4-31　调整“红”通道的白场“输入色阶”滑块

图4-32　调整“蓝”通道的白场“输入色阶”滑块

图4-33　调整“绿”通道的黑场“输入色阶”滑块

#### 4.2.2.3　使用“色阶”调整对比度

如果需要调整图像整体对比度（例如图像对比太弱，缺少阴影和高光细节），可将黑场和白场“输入色阶”滑块向内拖移，直至达到直方图的末端（俗称卡色阶），如图4-34和图4-35所示。

### 4.2.3　曲线

在“曲线”调整中，可以调整图像的整个色调范围内的点。最初，图像的色调在图形上表现为一条直的对角线。在调整 RGB 图像时，图形右上角区域代表高光，左下角区域代表阴影。图形的水平轴表示输入色阶（初始图像值）；垂直轴表示输出色阶（调整后的新值）。在向线条添加控制点并移动它们时，曲线的形状会发生更改，反映出图像调整。曲线中较陡的部分表示对比度较高的区域；曲线中较平的部分表示对比度较低的区域。

图4-34　原始图像（调整前）

图4-35　使用“色阶”调整图像对比度

## 4.2.3.1　使用“曲线”调整明暗

移动曲线顶部的点可调整高光，移动曲线中心的点可调整中间调，而移动曲线底部的点可调整阴影。将曲线顶部附近的点向下移动可使高光变暗；将曲线底部附近的点向上移动可使阴影变亮。

### ▼ 操作方法

**步骤01**　选中要调整的图像，单击菜单栏的“图像>调整>曲线”选项，或执行快捷键“Ctrl + M”，打开“曲线”对话框，如图4-36所示。

**步骤02**　从“通道”菜单中选取“RGB”选项。

**步骤03**　请执行下列任意操作以调整曲线。

① **编辑点以调整曲线：**默认选择编辑点以调整曲线，直接在曲线上单击以创建控制点或者按住“Ctrl”键并在图像上单击会在曲线上添加相应位置的控制点，然后拖移控制点以调整色调区域。往左上角拖动，图像整体变亮；往右下角拖动，图像整体变暗，如图4-37～图4-39所示。

② **通过绘制来修改曲线：**单击“铅笔”图标（✎），并在现有曲线上手动绘制新曲线，如图4-40所示。完成后，可切换成“控制点曲线”图标（～），使用控制点继续进行调整。

③ **在图像上单击并拖动：**单击图标（☝），然后单击图像中要调整的色调区域，光标变成“☝”，然后上下拖动光标以调整曲线。往上拖动，图像整体变亮；往下拖动，图像整体变暗。此操作将沿着曲线置入控制点。

④ **从“预设”菜单中选取预设：**自动应用预设调整曲线，如图4-41所示。

**步骤04**　单击“确定”按钮或者按“回车”键确认即可。

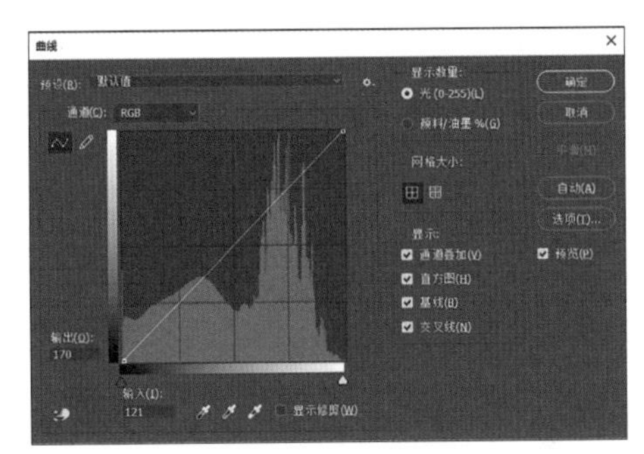


图4-36　“曲线”对话框

图4-37　原始图像（调整前）

图4-38　最终图像（往左上角拖动）

图4-39　最终图像（往右下角拖动）

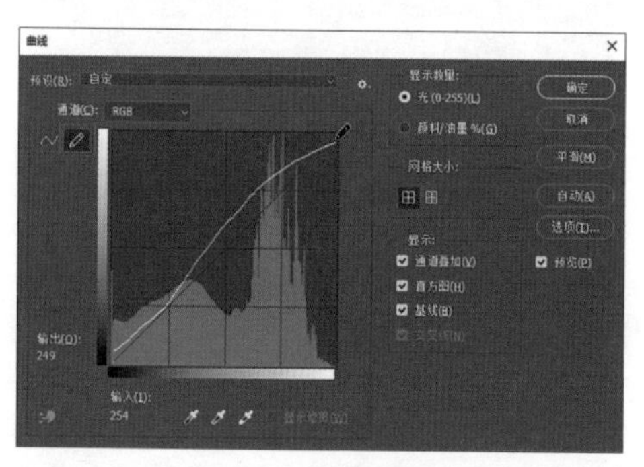


图4-40　手动绘制曲线

图4-41　“预设”菜单

**曲线显示选项的操作方法如下。**

① **光(0～255)(L)：** 显示RGB图像的强度值（范围从0～255），黑色（0）位于左下角。

② **颜料/油墨量(%)：** 显示CMYK图像的比例（%）（范围从0～100），高光（0%）位于左下角。

③ **网格大小：** 简单网格以25%的增量显示网格线；详细网格以10%的增量显示网格线。

④ **通道叠加：** 可显示叠加在复合曲线上方的颜色通道曲线。

⑤ **直方图：** 可显示图形后面的原始图像色调值的直方图。

⑥ **基线：** 以45°角的线条作为参考，可显示原始图像的颜色和色调。

⑦ **交叉线：** 显示水平线和垂直线，有助于用户在相对于直方图或网格进行拖动时对齐控制点。

**从曲线中移去控制点：**

**方法 01** 将控制点从图形中拖出；

**方法 02** 选择控制点并按“Delete”键；

**方法 03** 按住“Ctrl”键并单击控制点。

### 4.2.3.2　使用“曲线”调整颜色

可以从“通道”菜单中选取选项，以调整特定颜色通道的色调范围。

① 如选择“红”通道，即可单独调整图像中红色像素的范围。向左上角拖动控制点，将增加红色像素；向右下角拖动控制点，将减少红色像素，如图4-42～图4-44所示。

图4-42　原始图像（调整前）

图4-43　最终图像（增加红色像素）

图4-44　最终图像（减少红色像素）

② 如想将图像色调调整为偏洋红，可在使用“曲线”调整时，选择“红”通道并向左上角拖动控制点。增加红色像素后，将“通道”选项切换为“蓝”通道，再次向左上角拖动控制点，以增加蓝色像素，此时画面色调将呈现明亮的洋红色，如图4-45～图4-47所示。或者直接将“通道”选项切换为“绿”通道，然后向右下角拖动控制点，以减少绿色像素，此时画面色调将呈现较暗的洋红色，如图4-48所示。

图4-45　原始图像（调整前）

图4-46　增加红色像素

图4-47　增加蓝色像素

图4-48　减少绿色像素

#### 4.2.3.3　使用“曲线”调整对比度

如果图像使用全部色调范围，但是需要中间调对比度，增大曲线中部的斜度可以增强中间调的对比度。如图4-49和图4-50所示，将曲线拖移成S形即可。

### 4.2.4　曝光度

“曝光度”调整主要针对32位的HDR图像，但是也可以将其应用于16位和8位图像以创建类似HDR的效果。

图4-49　原始图像（调整前）

图4-50　使用“曲线”调整图像对比度

### ▼ 操作方法

**步骤01**　选中要调整的图像，单击菜单栏的“图像>调整>曝光度”选项，打开“曝光度”对话框，如图4-51所示。

**步骤02**　在“曝光度”对话框中，设置以下选项之一。

① **曝光度：** 调整色调范围的高光端，对极限阴影的影响很轻微。向左拖拽滑块，可降低图像的曝光效果；向右拖拽滑块，可增强图像的曝光效果，如图4-52和图4-53所示。

② **位移：** 使阴影和中间调变暗，对高光的影响很轻微。

③ **灰度系数校正：** 使用简单的乘方函数调整图像灰度系数。

**步骤03**　单击“确定”按钮或者按“回车”键确认即可。

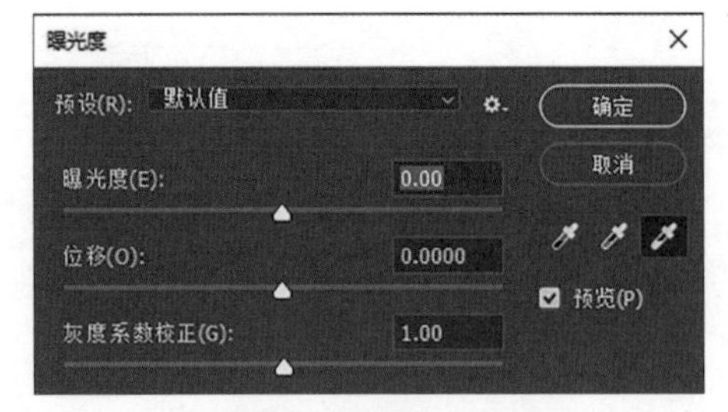


图4-51　“曝光度”对话框

图4-52　原始图像（调整前）

图4-53　最终图像（调整后）

## 4.2.5　阴影/高光

“阴影/高光”命令是一种用于校正由强逆光而形成剪影的照片，或者校正由于太接近相机闪光灯而有些发白的焦点的方法。这种调整可使阴影区域变亮，高光区域变暗。“阴影/高光”命令不是简单地使图像变亮或变暗，它基于阴影或高光中的周围像素（局部相邻像素）增亮或变暗。正因为如此，阴影和高光都有各自的控制选项。默认值设置为修复具有逆光问题的图像。

“阴影/高光”命令还有用于调整图像的整体对比度的“中间调对比度”滑块、“修剪黑色”选项和“修剪白色”选项，以及用于调整饱和度的“颜色校正”滑块。

**▼ 操作方法**

**步骤01** 选中要调整的图像，单击菜单栏的“图像>调整>阴影/高光”选项，打开“阴影/高光”对话框，如图4-54所示。若要进行更精细的控制，请勾选“显示更多选项”进行其他调整，如图4-55所示。

**步骤02** 移动“数量”滑块或者在“阴影”或“高光”的比例（%）框中输入一个值来调整光照校正量。值越大，为阴影提供的增亮程度或者为高光提供的变暗程度越大。既可以调整图像中的阴影，也可以调整图像中的高光，如图4-56和图4-57所示。

**步骤03** 单击“确定”按钮或者按“回车”键确认即可。

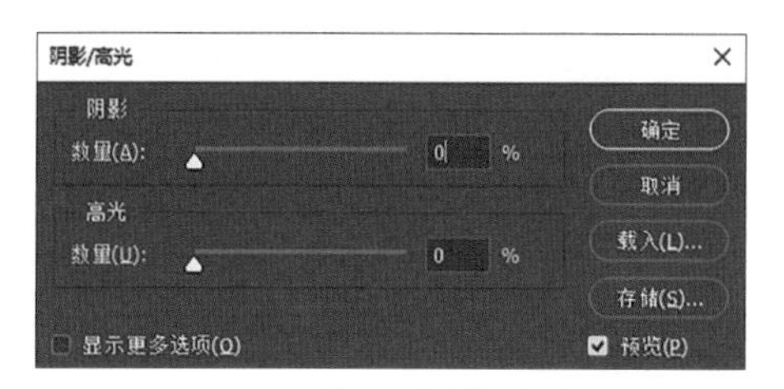


图4-54 “阴影/高光”对话框

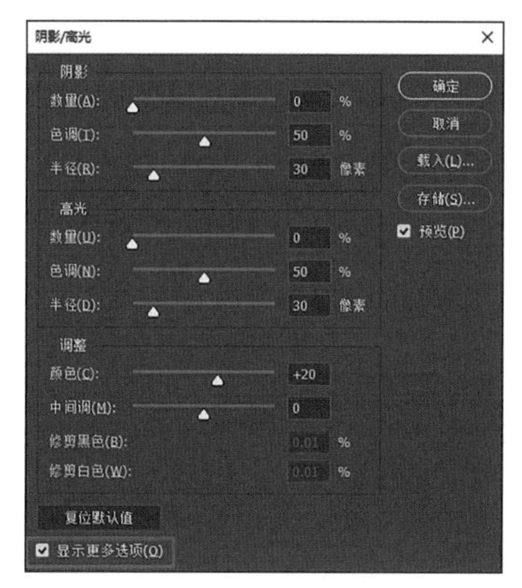


图4-55 显示更多选项

图4-56 原始图像（调整前）

图4-57 最终图像（调整后）

**“阴影/高光”命令选项的操作方法如下。**

① **数量：** 控制（分别用于图像中的高光值和阴影值）要进行的校正量。

② **色调：** 控制阴影或高光中色调的修改范围。较小的值将调整限制在阴影校正的较暗区域和高光校正的较亮区域。较大的值将进一步调整中间调的色调范围。

③ **半径：** 控制每个像素周围的局部相邻像素的大小。相邻像素用于确定像素是在阴影中还是在高光中。向左移动滑块会指定较小的区域，向右移动滑块会指定较大的区域。

④ **颜色：** 校正图像颜色的饱和度，正值为增加饱和度，负值为降低饱和度。

⑤ **中间调：** 调整中间调中的对比度。负值会降低对比度，正值会增加对比度。增加中间调对比度时会在中间调中产生更大的对比度，

同时会使阴影变暗并使高光变亮。

⑥ **修剪黑色和修剪白色：** 指定在图像中将多少阴影和高光剪切到新的极端阴影（色阶为0）和高光（色阶为 255）颜色。值越大，生成的图像的对比度越大。请小心不要使剪切值太大，因为这样做会减小阴影或高光的细节（强度值会被作为纯黑或纯白色剪切并渲染）。

# 4.3 色彩调整

在Photoshop中，常用的图像色彩调整命令包括“自然饱和度”“色相/饱和度”“色彩平衡”“黑白”“照片滤镜”“通道混合器”“可选颜色”等。通过这些图像调整命令来调整图像的色彩，以最终达到理想的效果，本节将介绍与调整图像色彩相关的命令及用法。

## 4.3.1 自然饱和度

“自然饱和度”命令可以快速调整图像的饱和度，在颜色接近最大饱和度时最大限度地减少修剪，防止出现溢色现象。

**▼ 操作方法**

步骤01 选中要调整的图像，单击菜单栏的“图像>调整>自然饱和度”选项，打开“自然饱和度”对话框，如图4-58所示。

步骤02 请执行以下操作之一。

① 拖动“自然饱和度”滑块可以增加或减少色彩饱和度，该调整应用于不饱和的颜色并避免在颜色过于饱和时损失细节。向右拖动可增加图像饱和度，向左拖动可降低图像饱和度。将滑块拖至最左端时，图像画面仍然具有色彩倾向，如图4-59和图4-60所示。

② 拖动“饱和度”滑块也可以增加或减少色彩饱和度，该调整应用于所有颜色（不考虑其当前饱和度）。向右拖动可增加图像饱和度，向左拖动可降低图像饱和度。将滑块拖至最左端时，图像画面将完全变成黑白图像，如图4-61所示。

步骤03 单击“确定”按钮或者按“回车”键确认即可。

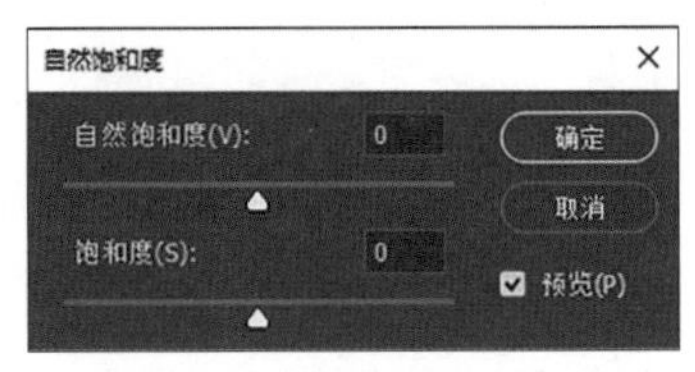


图4-58 “自然饱和度”对话框

图4-59 原始图像（调整前）

图4-60 最终图像（“自然饱和度”降至最低）

图4-61 最终图像（“饱和度”降至最低）

## 4.3.2　色相 / 饱和度

使用“色相/饱和度”命令，可以调整图像中特定颜色范围的色相、饱和度和明度，或者同时调整图像中的所有颜色。该命令是使用率较高的色彩调整命令。

### ▼ 操作方法

**步骤01**　选中要调整的图像，单击菜单栏的“图像>调整>色相/饱和度”选项，或执行快捷键“Ctrl＋U”，打开“色相/饱和度”对话框，如图4-62所示。

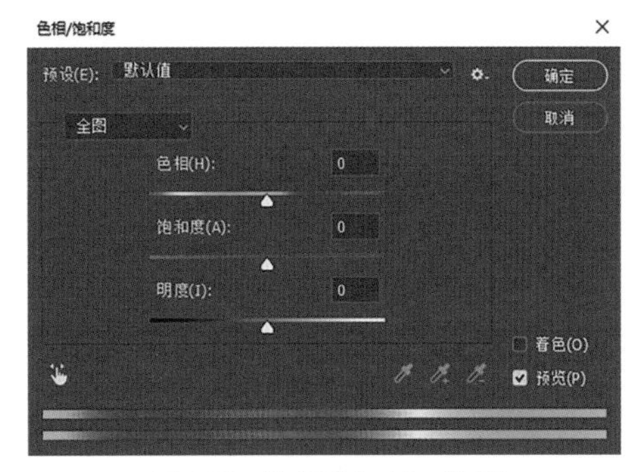


图4-62　“色相/饱和度”对话框

**步骤02**　请执行以下操作之一。

**方法 01**　**选择“作用范围”：** 可以从“作用范围”菜单中选择“全图”或列出的任意其他预设颜色范围，如图4-63所示。选择“全图”时，可以调整图像的所有颜色；选择某一其他预设颜色范围时，只对该颜色进行调整。

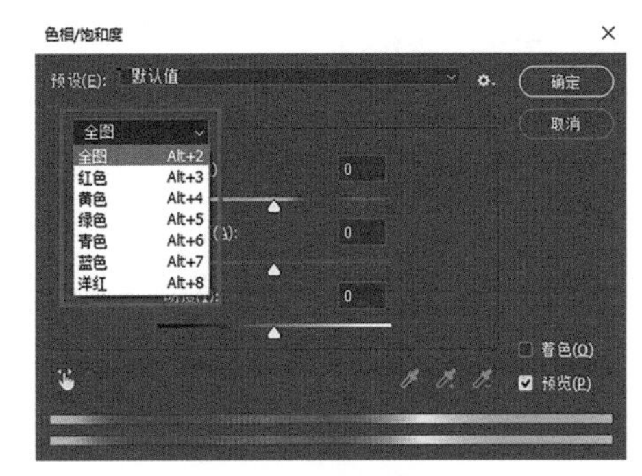


图4-63　“作用范围”菜单

① **调整色相：** 拖动“色相”滑块或输入一个值，即可改变色彩倾向，直到对颜色满意为止，如图4-64和图4-65所示。

图4-64　原始图像（调整前）

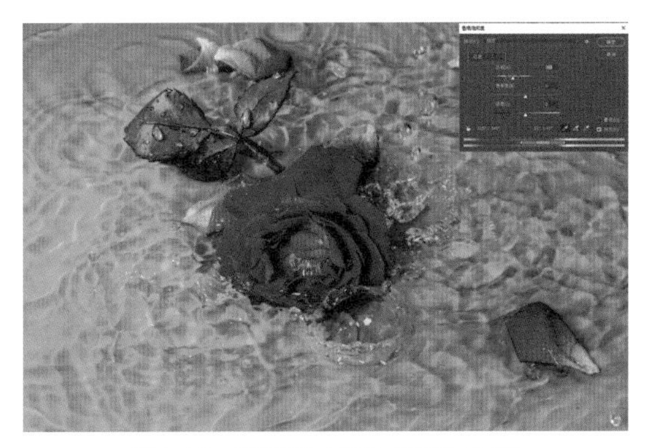

图4-65　最终图像（调整“红色”色相）

② **调整饱和度：** 输入一个值，或向右拖动“饱和度”滑块以增加饱和度，或向左拖动以降低饱和度，如图4-66所示。

③ **调整明度：** 输入一个值，或向右拖动“明度”滑块以增加明度（向颜色中增加白色），或向左拖动以降低明度（向颜色中增加黑色），如图4-67所示。

**方法 02**　单击图标（👆），在图像上单击鼠标左键并向左或向右拖动，以降低或增加包含所单击像素的颜色范围的饱和度；按住“Ctrl”键单击鼠标左键并向左或向右拖动可以修改色相值。

**方法 03**　从“预设”菜单中选取一种预设，将自动应用预设。

**步骤03**　单击“确定”按钮或者按“回车”键确认即可。

图4-66 最终图像（降低“青色”饱和度）

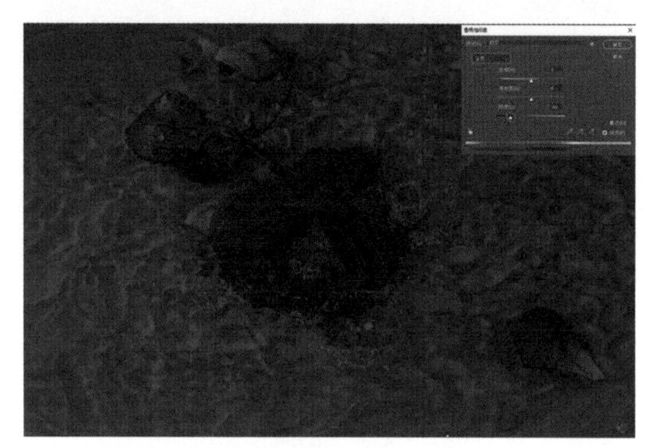

图4-67 最终图像（降低“全图”明度）

**修改颜色范围的操作方法如下。**

步骤01 从“作用范围”菜单中选取一种颜色，“调整滑块”及其相应的色轮值[以“ ° ”（度）为单位]显示在两个颜色条之间，如图4-68所示。

① 两个内部的“垂直滑块”用于定义颜色范围。

② 两个外部的“三角形滑块”显示对色彩范围的调整在何处“衰减”（颜色过渡范围）。

步骤02 请执行以下操作之一。

方法 01 使用“调整滑块”来修改颜色范围。

① 拖动其中一个白色“三角形滑块”，以调整颜色衰减量（羽化调整）而不影响范围。

② 拖动三角形和竖条之间的区域，以调整范围而不影响衰减量。

③ 拖移中心区域以移动整个“调整滑块”（包括三角形和垂直条），从而选择另一个颜色区域。

④ 通过拖移其中的一个白色“垂直滑块”来调整颜色分量的范围。从中心向外移动，并使其靠近“三角形滑块”，从而增加颜色范围并减少衰减。将其移向中心并使其远离“三角形滑块”，从而缩小颜色范围并增加衰减。

方法 02 使用“吸管”工具来修改颜色范围。

① 使用“添加到取样”吸管工具（），在图像中单击或拖移，可扩大颜色范围。

② 使用“从取样中减去”吸管工具（），在图像中单击或拖移可缩小颜色范围。

③ 在“吸管”工具（）处于选定状态时，按“Shift”键来添加到范围，或按“Alt”键从范围中减去。

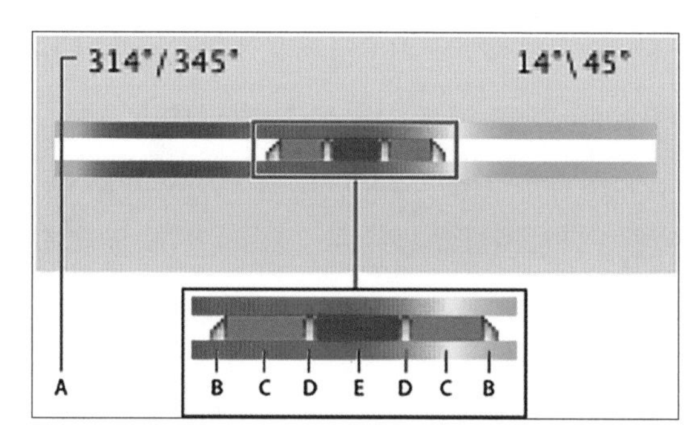


图4-68 “色相/饱和度”调整滑块

A—“色相”滑块值；B—调整衰减而不影响范围；C—调整范围而不影响衰减；D—调整颜色范围和衰减；E—移动整个滑块

**着色：**勾选“着色”选项，可以消除图像中的色彩元素，并覆盖上一种颜色，从而将图像转换成单一色调。可以使用“色相”滑块来选择一种新颜色，使用“饱和度”和“明度”滑块，调整像素的饱和度和明度。

## 4.3.3 色彩平衡

“色彩平衡”可用于校正图像中的颜色缺陷，通过分别调整图像的阴影、中间调和高光范围中的单个颜色的比例来平衡图像的色彩。

### ▼ 操作方法

步骤01 选中要调整的图像，单击菜单栏

的“图像>调整>色彩平衡”选项，或执行快捷键“Ctrl+B”，打开“色彩平衡”对话框，如图4-69所示。

**步骤02** 选择任意色调平衡选项（“阴影”“中间调”或“高光”），以选择要调整的色调范围。

**步骤03** 将“青色-红色”“洋红-绿色”或“黄色-蓝色”滑块移向要添加到图像的颜色；拖动滑块远离要从图像中减去的颜色。滑块上方的值显示红色、绿色和蓝色通道的颜色变化。这些值的范围可以是-100～100。如将“青色-红色”滑块移向红色，可向图像中添加红色，同时减少青色；将“青色-红色”滑块移向青色，可向图像中添加青色，同时减少红色，如图4-70～图4-72所示。

**步骤04** 单击“确定”按键或者按“回车”键确认即可。

**保持明度：**勾选该选项可以防止图像的明度值随颜色的更改而改变，默认勾选该选项以保持图像中的整体色调平衡。

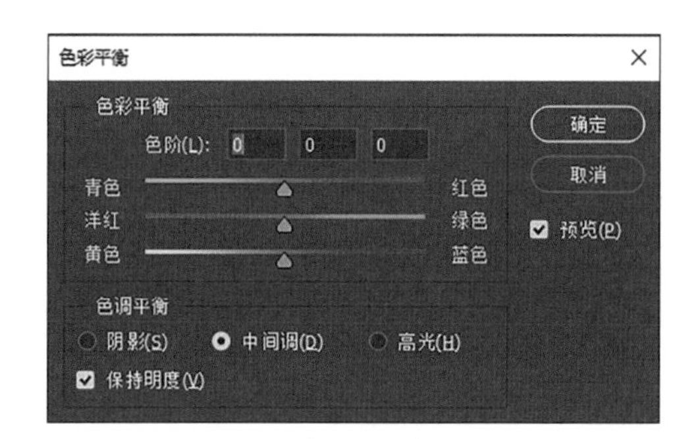


图4-69 “色彩平衡”对话框

图4-70 原始图像（调整前）

图4-71 最终图像（添加红色并减少青色）

图4-72 最终图像（添加青色并减少红色）

## 4.3.4 黑白

“黑白”选项可将彩色图像轻松转换为黑白图像，还可以分别调整图像中特定颜色的灰色调。以避免受到颜色的干扰，专注于呈现图像中的主体和纹理，黑白效果可以使图像呈现出一种戏剧色彩。

### ▼ 操作方法

**步骤01** 选中要调整的图像，单击菜单栏的“图像>调整>黑白”选项，或执行快捷键“Ctrl+Shift+Alt+B”，打开“黑白”面板，如图4-73所示。此时，Photoshop 会自动将默认的灰度转换应用于图像中，如图4-74和图4-75所示。

**步骤02** 拖动某个颜色的滑块，以调整原始图像中对应颜色区域的灰色调。向左拖动滑块可以调暗图像原始颜色对应的灰色调，向右拖动滑块可以调亮图像原始颜色对应的灰色调。如图4-76所示，向左拖动“蓝色”滑块可将原始图像中蓝色天空区域的灰色调调亮；如图

4-77所示，向右拖动“蓝色”滑块可将原始图像中蓝色天空区域的灰色调调暗。

步骤03 单击“确定”按钮或者按“回车”键确认即可。

**保持明度：**勾选该选项可以在黑白图像上应用一种颜色色调。单击色板以打开“拾色器”选择色调颜色，或者拖动下方“色相”和“饱和度”滑块以指定一种色调颜色，如图4-78所示。

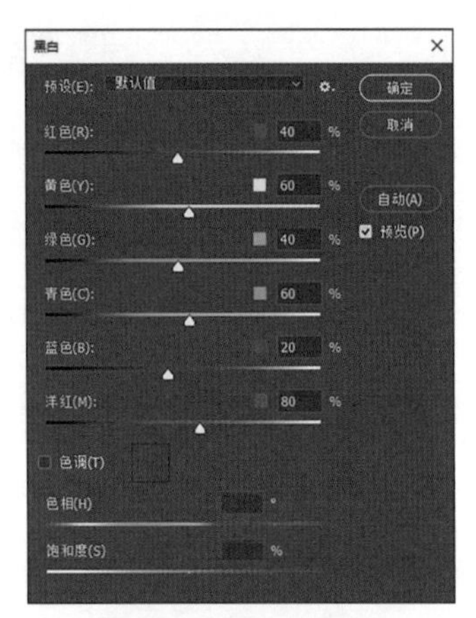


图4-73 “黑白”面板

图4-74 原始图像（调整前）

图4-75 最终图像（默认“黑白”调整）

图4-76 最终图像（调亮“蓝色”）

图4-77 最终图像（调暗“蓝色”）

图4-78 最终图像（应用色调颜色）

## 4.3.5 照片滤镜

“照片滤镜”是另一个可以对图像应用色相调整的命令，它模仿在相机镜头前面加彩色滤镜的效果，以便调整通过镜头传输的光的色彩平衡和色温。

### ▼ 操作方法

步骤01 选中要调整的图像，单击菜单栏的“图像>调整>照片滤镜”选项，打开“照片滤镜”对话框，如图4-79所示。

步骤02 在打开的“照片滤镜”对话框中，可以选取预设滤镜或应用自定颜色滤镜。

① **滤镜：**选择滤镜选项并从下拉列表中选取一个滤镜。

② **颜色：**选择颜色选项。单击颜色方块，然后使用“拾色器”为自定颜色滤镜指定颜色。

步骤03 拖动“密度”滑块，或者在“密度”框中输入比例（%），以调整应用于图像的颜色数量。

步骤04 单击“确定”按钮或者按“回车”键确认即可，如图4-80和图4-81所示。

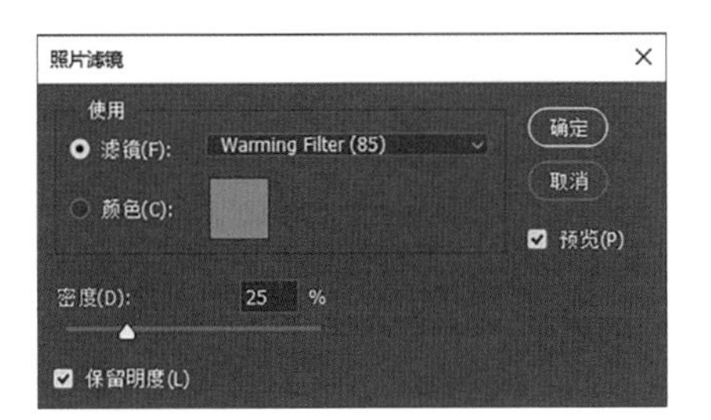


图4-79 “照片滤镜”对话框

图4-80 原始图像（调整前）

图4-81 最终图像（调整后）

**保留明度：**勾选该选项可以防止图像的明度值随颜色的更改而改变，默认勾选该选项以保持图像中的整体色调平衡。

## 4.3.6 通道混合器

“通道混合器”命令可以调整图像的某个通道颜色的比例（%），以创建高质量的灰度或其他着色图像。“通道混合器”命令是使用图像中现有（源）颜色通道的混合来修改目标（输出）颜色通道。颜色通道是表示图像（RGB 或 CMYK）中颜色分量的色调值的灰度图像。当使用通道混合器时，可将灰度数据从源通道添加或减去到目标通道。

### ▼ 操作方法

步骤01 选中要调整的图像，单击菜单栏的“图像>调整>通道混合器”选项，以打开“通道混合器”对话框，如图4-82所示。

步骤02 执行以下操作之一。

① 从“输出通道”菜单中选择一个通道（“红”“绿”“蓝”）。

② 从“预设”菜单中选择“通道混合器”预设。

步骤03 将某个“源通道”滑块向左拖动，可以减少该通道对输出通道的贡献。向右拖动“源通道”滑块，可以增加该通道的贡献。

步骤04 单击“确定”按钮或者按“回车”键确认即可。例如，将如图4-83所示的原始图像经过如图4-84和图4-85所示的调整后，即可得到如图4-86所示的效果。

**常数：**此选项可以调整“输出通道”的灰度值。负值表示添加更多黑色，正值表示添加更多白色。-200% 值使“输出通道”变黑，200% 值使“输出通道”变白。

**单色：**勾选该选项可将彩色图像变为黑白图像，将颜色通道显示为灰度值，如图4-87和图4-88所示。调整每个“源通道”的比例

（%）可以微调整体灰度图像。

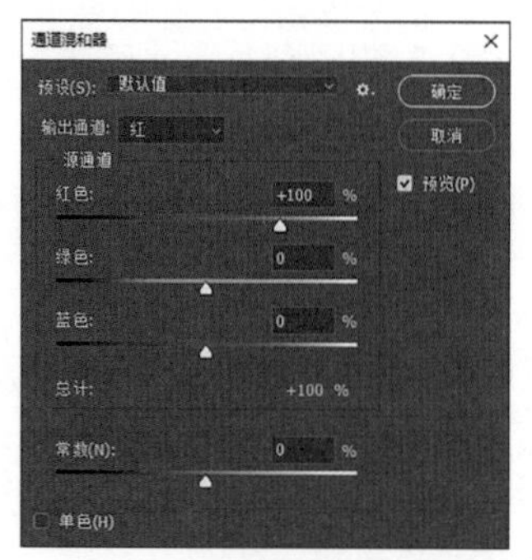


图4-82 “通道混合器”对话框

图4-83 原始图像（调整前）

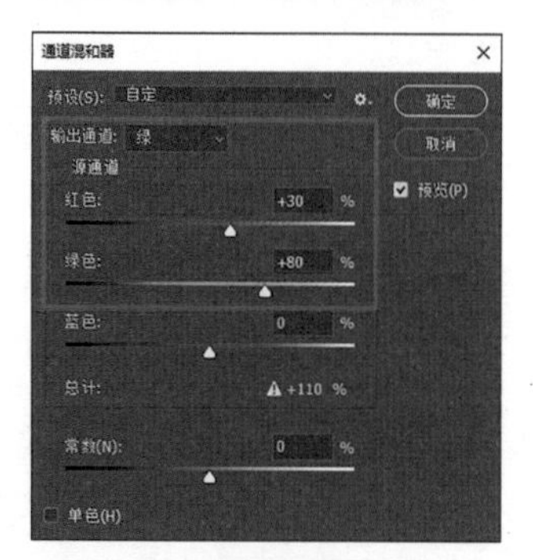


图4-84 调整源通道对“绿”输出通道的影响

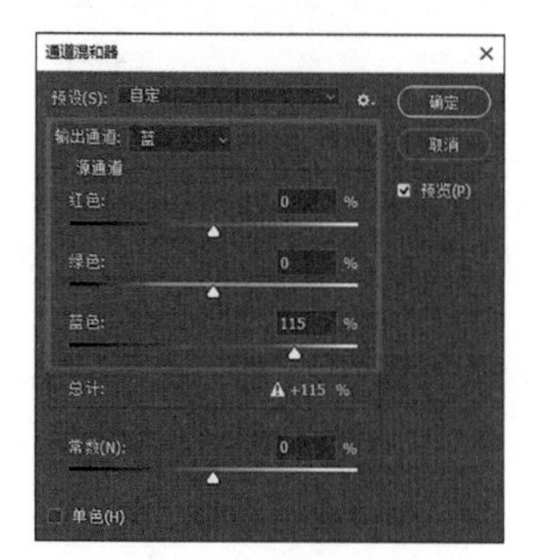


图4-85 调整源通道对“蓝”输出通道的影响

图4-86 最终图像（调整后）

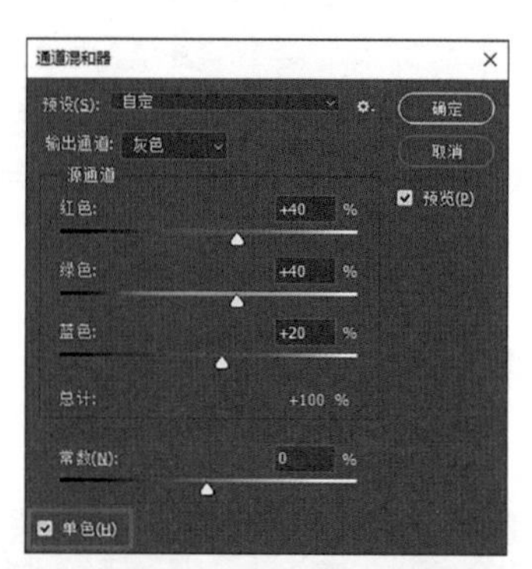


图4-87 勾选“单色”选项

图4-88 最终图像（勾选“单色”选项）

## 4.3.7 可选颜色

“可选颜色”命令可用于改变图像中每个原色成分中印刷色的数量，也可以有选择地修改任何原色中的印刷色量，而不会影响其他原色。

**▼ 操作方法**

**步骤01** 选中要调整的图像，单击菜单栏的“图像>调整>可选颜色”选项，打开“可选颜色”对话框，如图4-89所示。

**步骤02** 执行以下操作之一。

① 从“颜色”菜单中选择要调整的颜色。

② 从“预设”菜单中选择“可选颜色”预设。

**步骤03** 拖动某一印刷色滑块以增加或减少该颜色在所选颜色中的数量。

**步骤04** 单击“确定”按钮或者按“回车”键确认即可。例如，可以使用“可选颜色”命令降低原始图像中绿色分量中的青色，同时保持蓝色分量中的青色不变，如图4-90和图4-91所示。

**相对：** 选择该选项可按其占总量的比例（%）更改现有的青色、品红色、黄色或黑色量。不能调整纯镜面白色，因为它不包含颜色成分。

**绝对：** 选择该选项可以以绝对值调整颜色。

图4-89　“可选颜色”对话框

图4-90　原始图像（调整前）

图4-91　最终图像（调整后）

## 4.4　特殊调整

Photoshop提供了可对图像应用特殊颜色调整的命令，包括“反相”“色调分离”“阈值”“渐变映射”“HDR色调”等命令，本节将介绍与调整图像特殊颜色的命令及用法。

### 4.4.1　反相

“反相”命令可以反转图像中的颜色，将颜色转变为它的互补色，如将原始图像中的黑色变为白色，将白色变为黑色。

**▼ 操作方法**

选中要调整的图像，单击菜单栏的“图像>调整>反相”选项，或执行快捷键“Ctrl＋I”即可，如图4-92和图4-93所示。

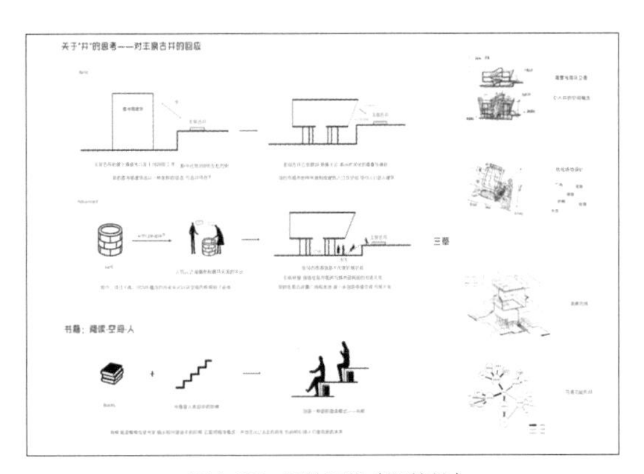

图4-92　原始图像（调整前）

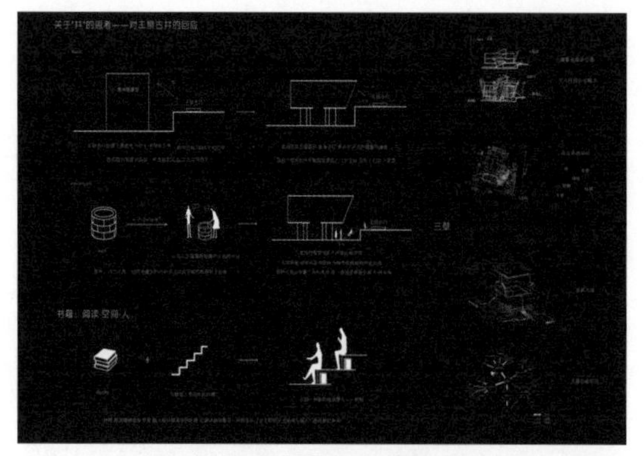

图4-93　最终图像（调整后）

## 4.4.2　色调分离

使用“色调分离”命令，可以指定图像中每个通道的色调级数目（或亮度值），然后将像素映射到最接近的匹配级别。例如，在RGB图像中选取两个色调级别将产生六种颜色：两种代表红色，两种代表绿色，另外两种代表蓝色。

**▼ 操作方法**

**步骤01** 选中要调整的图像，单击菜单栏的“图像>调整>色调分离”选项，打开“色调分离”对话框，如图4-94所示。

**步骤02** 在“色调分离”对话框中，移动“色阶”滑块，或输入所需的色调级别数。

**步骤03** 单击“确定”按钮或者按“回车”键确认即可，如图4-95和图4-96所示。

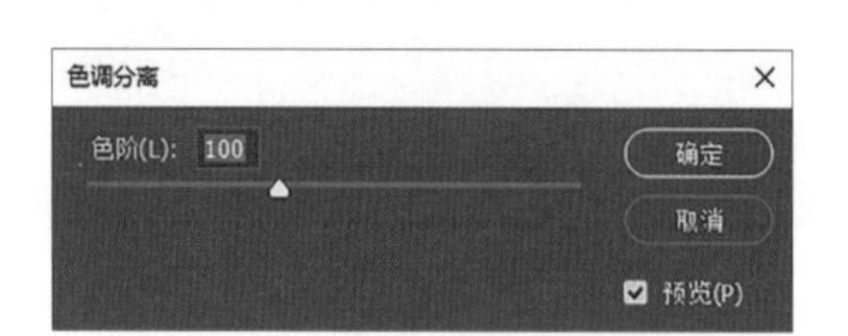


图4-94　“色调分离”对话框

## 4.4.3　阈值

使用“阈值”命令可以将灰度或彩色图像转换为高对比度的黑白图像。通过指定某个色阶作为阈值，将所有比阈值亮的像素全部转换为白色，而所有比阈值暗的像素全部转换为黑色。

图4-95　原始图像（调整前）

图4-96　最终图像（调整后）

**▼ 操作方法**

**步骤01** 选中要调整的图像，单击菜单栏的“图像>调整>阈值”选项，打开“阈值”对话框，如图4-97所示。

**步骤02** 在“阈值”对话框中，拖动直方图下方的滑块，直到出现所需的阈值色阶。

**步骤03** 单击“确定”按钮或者按“回车”键确认即可，如图4-98和图4-99所示。此命令还可以用来快速提取图纸线稿，如图4-100和图4-101所示。

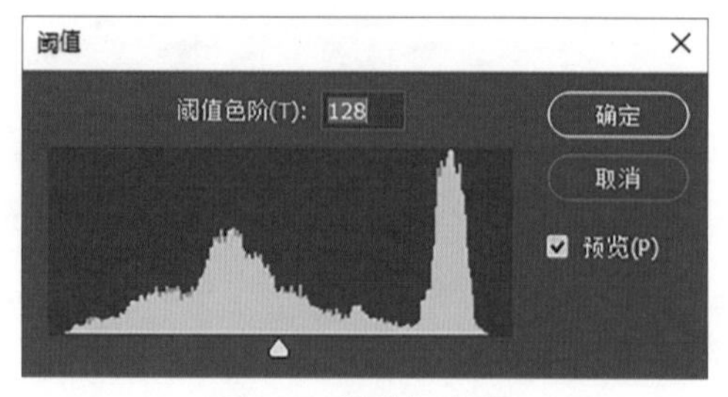


图4-97　“阈值”对话框

图4-98　原始图像（调整前）

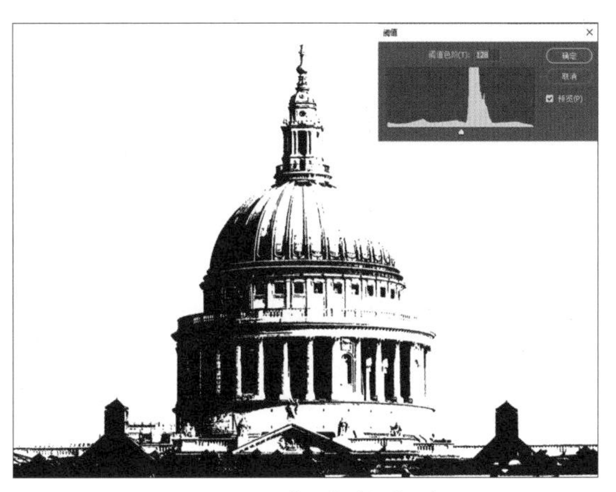

图4-99　最终图像（调整后）

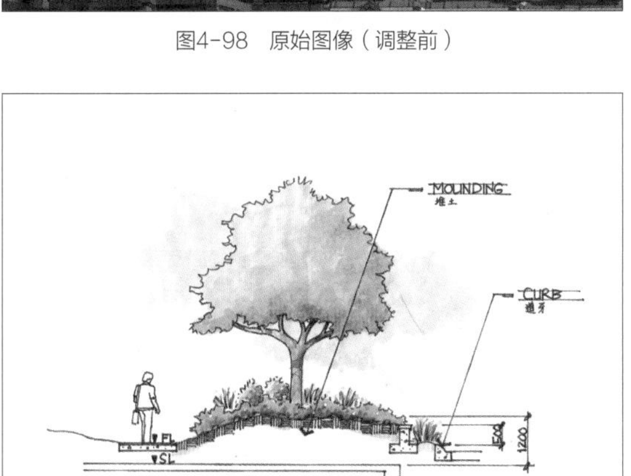


图4-100　原始图像（调整前）

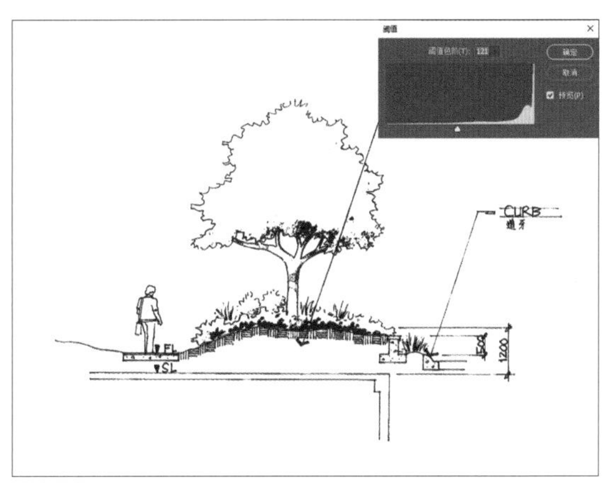


图4-101　最终图像（提取图纸线稿）

## 4.4.4　渐变映射

使用“渐变映射”命令可将相等的图像灰度范围映射到指定的渐变填充色。如果指定双色渐变填充，例如图像中的阴影映射到渐变填充的一个端点颜色，高光映射到另一个端点颜色，则中间调映射到两个端点颜色之间的渐变。

▼ **操作方法**

**步骤01**　选中要调整的图像，单击菜单栏的“图像>调整>渐变映射”选项，打开“渐变映射”对话框，如图4-102所示。

**步骤02**　在“阈值”对话框中，从渐变填充列表中选取要使用的渐变填充，或单击渐变颜色条，以打开“渐变编辑器”编辑渐变颜色。

**步骤03**　单击“确定”按钮或者按“回车”键确认即可，如图4-103和图4-104所示。

图4-102　“渐变映射”对话框

图4-103　原始图像（调整前）

图4-104　最终图像（调整后）

## 4.4.5　HDR 色调

“HDR 色调”命令可将全范围的 HDR 对比度和曝光度设置应用于各个图像。

**▼ 操作方法**

步骤01　选中要调整的图像，单击菜单栏的“图像>调整>HDR色调”选项，打开“HDR 色调”对话框，如图4-105所示。

步骤02　在“HDR色调”对话框中，设置以下选项。

① **局部适应：**通过调整图像中的局部亮度区域来调整HDR色调。

② **边缘光：**半径指定局部亮度区域的大小。强度指定两个像素的色调值相差多大时，它们属于不同的亮度区域。

③ **色调和细节：**“灰度系数”设置为1.0时动态范围最大；较低的设置会加重中间调，而较高的设置会加重高光和阴影。曝光度值反映光圈大小。拖动“细节”滑块可以调整锐化程度，拖动“阴影”和“高光”滑块可以使这些区域变亮或变暗。

④ **高级：**可调整图像的“阴影”“高光”“自然饱和度”“饱和度”细节。

⑤ **色调曲线：**在直方图上显示一条可调整的曲线，从而显示原始的32位HDR图像中的明亮度值。横轴的红色刻度线以一个EV（约为一级光圈）为增量。

步骤03　单击“确定”按钮或者按“回车”键确认即可，如图4-106和图4-107所示。

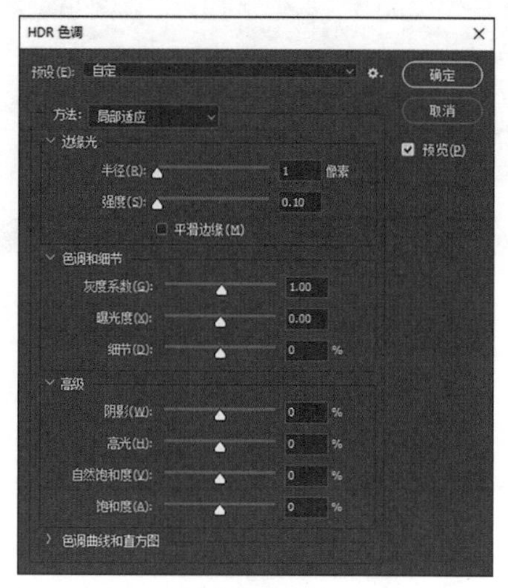


图4-105　“HDR色调”对话框

图4-106　原始图像（调整前）

图4-107　最终图像（调整后）

# 4.5　替换调整

Photoshop提供了多种用于替换对象颜色的命令，包括“去色”“匹配颜色”“替换颜色”“色调均化”命令。此类命令会破坏原始图像的像素且无法还原，因此无法应用于“智能对象”图层之上（有关“智能对象”图层的知识详见5.1.4.2小节的相关内容）。

## 4.5.1　去色

“去色”命令可以将彩色图像快速转换为黑白图像。与“黑白”命令不同之处在于“黑白”命令将图像转换为黑白图像之后，可以分别调整图像中特定颜色的灰色调，而“去色”命令只能将图像转换为默认灰度的黑白图像，无法调整其灰色调。

**▼ 操作方法**

选中要调整的图像，单击菜单栏的“图像>调整>去色”选项或执行快捷键“Ctrl + Shift + U”即可，如图4-108和图4-109所示。

图4-108　原始图像（调整前）

图4-109　最终图像（调整后）

## 4.5.2　匹配颜色

“匹配颜色”命令可以将一个图像（目标图像）中的颜色与另一个图像（源图像）中的颜色相匹配，可匹配多个图像之间、多个图层之间或者多个选区之间的颜色。它还允许通过更改亮度和色彩强度以及中和色痕来调整图像中的颜色。“匹配颜色”命令仅适用于RGB模式。

**▼ 操作方法**

**步骤01**　选中要调整的图像（目标图像），单击菜单栏的“图像>调整>匹配颜色”选项，打开“匹配颜色”对话框，如图4-110所示。

**步骤02**　在“匹配颜色”对话框中，从“图像统计”区域中的“源”菜单中，选取要将其颜色与目标图像中的颜色相匹配的源图像所在的文档（目标图像与源图像可以处于同一文档内，亦可分别处于不同文档内）。

**步骤03**　在“图层”菜单中，选取要匹配其颜色的源图像文档中的某个图层。如果要匹配源图像中所有图层的颜色，还可以从“图层”菜单中选取“合并的”选项。

**步骤04**　如有必要，可在“图像选项”区域中调节以下选项。

① **明亮度：**可增加或减小目标图层的亮度。

② **颜色强度：**可调整目标图层中的颜色像素值范围。

③ **渐隐：**控制应用于图像的调整量，向右移动该滑块可减小调整量。

**步骤05**　单击“确定”按钮或者按“回车”键确认即可，如图4-111～图4-113所示。

图4-110 “匹配颜色”对话框

图4-111 原始图像（目标图像）

图4-112 原始图像（源图像）

图4-113 最终图像（调整后）

## 4.5.3 替换颜色

“替换颜色”命令可以将选定的颜色替换为另一种颜色，适用于更改全局颜色。“替换颜色”对话框同时包含用于选择颜色范围的工具以及用于替换该颜色的 HSL 滑块，也可以在拾色器中选取替换颜色。

### ▼ 操作方法

**步骤01** 选中要调整的图像，单击菜单栏的“图像>调整>替换颜色”选项，打开“替换颜色”对话框，如图4-114所示。

**步骤02** 选择一个预览选项。

① **选区：**在预览框中显示蒙版。被蒙版区域（未选定的区域）是黑色，未蒙版区域（选定的区域）是白色。部分被蒙版区域（覆盖有半透明蒙版）会根据不透明度显示不同的灰色色阶。

② **图像：**在预览框中显示图像。在处理放大的图像或仅有有限屏幕空间时，该选项非常有用。

**步骤03** 使用吸管工具（），单击图像或预览框，以选择图像中需要进行替换的颜色。

**步骤04** 若要调整选区，请执行以下任意操作。

① 按住“Shift”键并单击图像或预览框，或使用“添加到取样”吸管工具（）来添加区域。

② 按住“Alt”键并单击图像或预览框，或使用“从取样中减去”吸管工具（）来删除区域。

③ 单击“选区颜色”色板以打开“拾色器”。使用拾色器选择要替换的颜色。在拾色器中选择颜色时，预览框中的蒙版会更新。

**步骤05** 拖动“颜色容差”滑块或输入“颜色容差”值可控制相关颜色在选区中的比重。

**步骤06** 通过执行以下任意操作来指定替换的颜色。

① 拖移“色相”“饱和度”和“明度”滑块（或者在文本框中输入值）。

② 双击“结果”色板并使用拾色器选择替换颜色。

**步骤07** 单击“确定”按钮或者按“回车”键确认即可，如图4-115和图4-116所示。

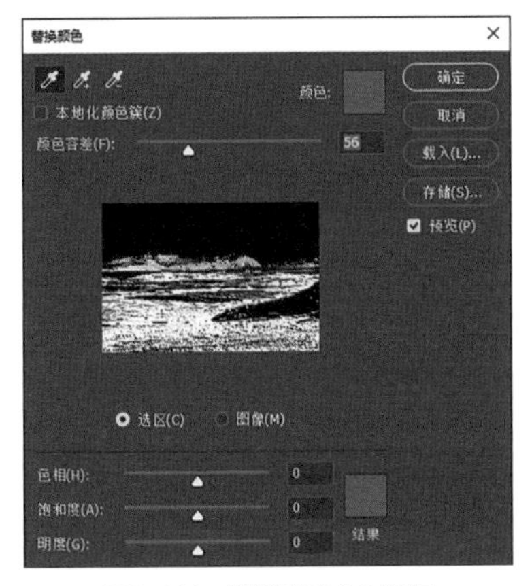


图4-114 “替换颜色”对话框

图4-115 原始图像（调整前）

图4-116 最终图像（调整后）

## 4.5.4 色调均化

“色调均化”命令可以重新分布图像中像素的亮度值，以便它们更均匀地呈现所有范围的亮度级。“色调均化”将重新映射复合图像中的像素值，使最亮的值呈现为白色，最暗的值呈现为黑色，而中间的值则均匀地分布在整个灰度中。配合使用“色调均化”和“直方图”面板，可以看到亮度的前后对比。

### ▼ 操作方法

选中要调整的图像，单击菜单栏的“图像>调整>色调均化”选项即可，如图4-117和图4-118所示。

图4-117 原始图像（调整前）

图4-118 最终图像（调整后）

# 4.6 Camera Raw

Camera Raw 滤镜作为一个增效工具随 Adobe Photoshop 一起使用，具有非常强大的图像调整功能。可以使用Camera Raw 滤镜更自由地调整图像的白平衡、色调范围、对比度、色彩饱和度等，还包含一些Photoshop没有的编辑功能，本节将介绍该工具的相关知识。

**▼ 操作方法**

选中要调整的图像，单击菜单栏的“滤镜>Camera Raw滤镜”选项，或执行快捷键“Ctrl+Shift+A”即可打开“Camera Raw”工作区，如图4-119所示。

图4-119 “Camera Raw”工作区

## 4.6.1 面板

在“Camera Raw”工作区中，包含了许多功能面板，如“样式直方图”“编辑”面板、“污点去除”面板、“蒙版”面板等，本小节将介绍“Camera Raw”工作区中常用的功能面板。

### 4.6.1.1 样式直方图

“Camera Raw”工作区中的样式直方图将显示图像中的阴影和高光区域，如图4-120所示。使用分别位于左上角和右上角的阴影和高光修剪指示器，查看图像中的阴影和高光区域。阴影以蓝色蒙版显示，高光以红色蒙版显示。

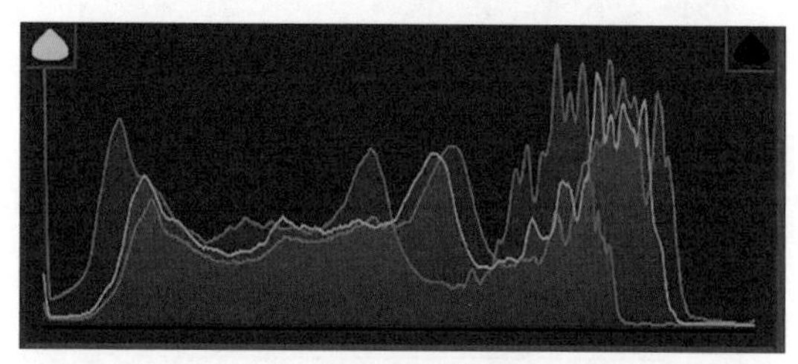

图4-120 “Camera Raw” 工作区中的样式直方图

### 4.6.1.2 编辑

点击“Camera Raw”工作区右侧的图标（☰），即可访问“编辑”面板。该面板提供了许多图像调整选项，可根据需要打开或折叠面板。在面板中进行调整后，长按眼睛图标可在预览中隐藏该面板的调整结果。

① **基本：**可使用滑块对白平衡、色温、色调、曝光度、高光、阴影等进行调整，如图4-121所示。

② **曲线：**可使用曲线微调色调等级。还能在参数曲线、点曲线、红色通道、绿色通道和蓝色通道中进行选择，如图4-122所示。

③ **细节：**可使用滑块调整锐化、降噪并减少杂色，如图4-123所示。

④ **混色器：**可在“HSL”（色相、饱和度、明亮度）和“颜色”之间进行选择，以调整图像中的不同色相，如图4-124所示。

⑤ **颜色分级：**可使用色轮精确调整阴影、中色调和高光中的色相。也可以调整这些色相的“混合”与“平衡”。

⑥ **光学：**能够删除色差、扭曲和晕影。也能够使用“去边”对图像中的紫色或绿色色相进行采样和校正，如图4-125所示。

⑦ **几何：**调整不同类型的透视和色阶校正。选择“限制裁切”可在应用“几何”调整后快速移除白色边框。

⑧ **效果：** 可使用滑块添加颗粒或晕影，如图4-126所示。

⑨ **校准：** 可从“处理”下拉菜单中选择“处理版本”，并调整阴影、红主色、绿主色和蓝主色滑块。

图4-121 “基本”选项

图4-122 “曲线”选项

图4-123 “细节”选项

图4-124 “混色器”选项

图4-125 “光学”选项

图4-126 “效果”选项

#### 4.6.1.3 污点去除

点击“Camera Raw”工作区右侧的图标（![]），即可访问“污点去除”面板。该面板提供了修复或复制图像的特定区域的功能，可将污点和其他干扰元素从图像中去除。在想要移除的某个区域上单击或涂抹即可，如图4-127和图4-128所示。

图4-127 涂抹图像污点区域

图4-128　去除图像污点区域

### 4.6.1.4　蒙版

点击“Camera Raw”工作区右侧的图标（），即可访问“蒙版”面板。该面板提供了许多快速进行复杂选择的工具，这些工具可以选择图像的任何部分以调整要编辑的区域，如图4-129所示。

### 4.6.1.5　红眼

点击“Camera Raw”工作区右侧的图标（），即可访问“红眼”面板。该面板可以轻松去除图像中的红眼或宠物眼，并调整“瞳孔大小”或“变暗”，如图4-130所示。

### 4.6.1.6　预设

点击“Camera Raw”工作区右侧的图标（），即可访问“预设”面板。该面板可以访问和浏览适用于不同肤色、电影、旅行、复古等肖像的高级预设。只需将鼠标悬停在预设上即可预览，单击即可应用，如图4-131所示。

图4-129　“蒙版”面板

图4-130　“红眼”面板

图4-131　“预设”面板

## 4.6.2　预览

“Camera Raw”工作区左侧的区域显示选定图像所应用编辑的预览。

### 4.6.2.1　切换“原图 / 效果图”视图

通过单击预览区域右下角的图标（），可以在“修改前”和“修改后”的视图之间进行切换。可以在设置之间切换，并平行查看编辑前后的图像，如图4-132所示（当长按面板的眼睛图标时，也可以暂时隐藏面板中的编辑结果）。

### 4.6.2.2　缩放工具

单击右侧面板底部的“缩放工具”图标（），在图像预览区域内左右滑动鼠标，可以放大或缩小预览图像，双击该图标可返回到“适合视图”。或者使用左下角的“缩放级别”菜单控制缩放比例，默认值为100%，如图4-133所示。

#### 4.6.2.3　抓手工具

单击右侧面板底部的“抓手工具”图标（✋），可在放大预览图像后，使用该工具在预览中移动并查看图像区域。在使用其他工具的同时，按住空格键可暂时激活“抓手工具”。双击“抓手工具”可使预览图像适合窗口大小。

图4-132　切换“原图/效果图”视图

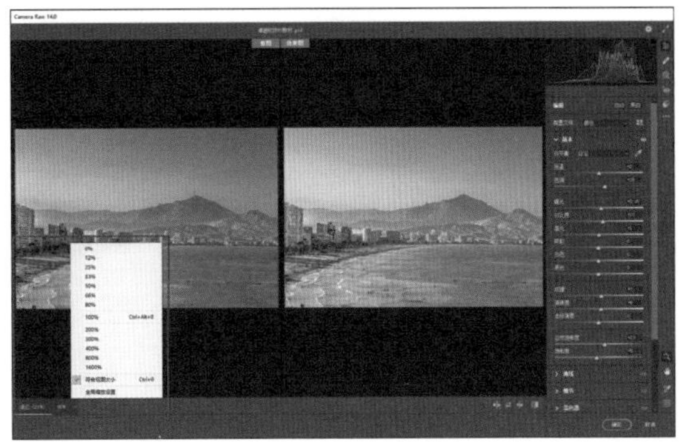

图4-133　“缩放级别”菜单

## 4.7　滤镜和效果

滤镜是Photoshop中最重要的功能之一，通过使用滤镜，可以修饰和点缀照片，为图像增加素描或印象派绘画外观的特殊艺术效果，还可以创建独特的画面效果变换。通过应用“智能对象”的“智能滤镜”，可以在使用滤镜时不对图像造成破坏（有关“智能滤镜”的详细信息详见5.1.4.4小节的相关内容）。本节将介绍Photoshop中几种常用的与滤镜相关的内容及用法。

### 4.7.1　滤镜库

“滤镜库”提供许多特殊效果的滤镜类型。可以应用多个滤镜、打开或关闭滤镜的效果、复位滤镜的选项以及更改应用滤镜的顺序。

**▼ 操作方法**

步骤01　选中要调整的图像，单击菜单栏的“滤镜>滤镜库”选项，即可打开“滤镜库”对话框，如图4-134所示。

步骤02　在滤镜类别列表中选择一种滤镜，该滤镜将出现在“滤镜库”对话框右下角的已应用滤镜列表中。对话框右上角将会出现该滤镜的调试选项，可为选定的滤镜输入值或选择选项。

步骤03　可执行下列任意操作。

① 要累积应用滤镜，请单击“新建效果图层”图标，并选取要应用的另一个滤镜。重复此过程以添加其他滤镜。

② 要重新排列应用的滤镜，请将滤镜拖动到“滤镜库”对话框右下角的已应用滤镜列表中的新位置。

③ 要删除应用的滤镜，请在已应用滤镜列表中选择滤镜，然后单击“删除图层”图标。

步骤04　单击“确定”按钮或者按“回车”键确认即可，如图4-135和图4-136所示。

图4-134　“滤镜库”对话框

图4-135　原始图像（调整前）

图4-136　最终图像（调整后）

## 4.7.2 液化滤镜

“液化滤镜”是修饰图像和创建艺术效果的强大工具，可用于推、拉、旋转、反射、折叠和膨胀图像的任意区域，创建的扭曲可以是细微的或剧烈的。

**▼ 操作方法**

步骤01　选中要调整的图像，单击菜单栏的“滤镜>液化”选项，或执行快捷键“Ctrl＋Shift＋X”即可打开“液化”对话框，如图4-137所示。

步骤02　选择以下扭曲工具之一，可以在按住鼠标按钮或拖动时扭曲画笔区域。扭曲集中在画笔区域的中心，且其效果随着按住鼠标按钮或在某个区域中重复拖动而增强。

① **向前变形工具（）：**在拖动时向前推像素，如图4-138所示。

② **重建工具（）：**在按住鼠标按钮并拖动时可反转已添加的扭曲，使变形区域的图像复原。

③ **平滑工具（）：**在按住鼠标按钮并拖动时可平滑已添加的扭曲。

④ **顺时针旋转扭曲工具（）：**在按住鼠标按钮或拖动时可顺时针旋转像素。按住“Alt”键，可逆时针旋转像素，如图4-139所示。

⑤ **褶皱工具（）：**在按住鼠标按钮或拖动时使像素朝着画笔区域的中心移动，使图像产生向内收缩的效果，如图4-140所示。

⑥ **膨胀工具（）：**在按住鼠标按钮或拖动时使像素朝着离开画笔区域中心的方向移动，使图像产生向外扩张的效果，如图4-141所示。

⑦ **左推工具（）：**当垂直向上拖动该工具时，像素向左移动（如果向下拖动，像素会向右移动）。也可以围绕对象顺时针拖动以增加其大小，或逆时针拖动以减小其大小。在拖动时按住“Alt”键，可在垂直向上拖动时向右推像素（或者在向下拖动时向左移动像素），如图4-142所示。

步骤03　在该对话框的工具选项区域中，设置以下选项。

① **画笔大小：**设置将用来扭曲图像的画笔的宽度。

② **画笔密度：**控制画笔如何在边缘羽化。产生的效果是：画笔的中心最强，边缘处最弱。

③ **画笔压力：**设置在预览图像中拖动工具时的扭曲速度。使用低画笔压力可减慢更改速度，因此更易于在恰到好处的时候停止。

④ **画笔速率：**设置在预览图像中使工具（例如旋转扭曲工具）保持静止时，该工具应用扭曲的速度。该设置的值越大，应用扭曲的速度就越快。

⑤ **光笔压力：**使用光笔绘图板中的压力读数（只有在使用光笔绘图板时，此选项才可用）。选定“光笔压力”后，工具的画笔压力为

光笔压力与“画笔压力”值的乘积。

**步骤04** 单击“确定”按钮或者按“回车”键确认即可。

图4-137　“液化”对话框

图4-138　使用向前变形工具

图4-139　使用顺时针旋转扭曲工具

图4-140　使用褶皱工具

图4-141　使用膨胀工具

图4-142　使用左推工具

## 4.7.3　消失点滤镜

通过使用“消失点”滤镜功能，可以在包含透视平面的图像（例如，建筑物的侧面或任何矩形对象）中指定平面，然后应用绘画、仿制、拷贝或粘贴以及变换等编辑操作时保留正确的透视。

▼ **操作方法**

**步骤01** 执行快捷键“Ctrl + Shift + Alt + N”创建一个新图层，将“消失点”处理的结果放在独立的图层中，如图4-143所示（将消失点结果放在独立的图层中可以保留原始图像，并且可以使用图层不透明度控制、样式和混合模式，关于图层的操作方法，详见第5章节的相关内容）。

**步骤02** 打开如图4-144所示的素材，执行快捷键“Ctrl + A”全选该素材，然后执行快捷键“Ctrl + C”复制该素材。

步骤03 如有必要，可使用选择工具在原始图像中创建选区，以限制“消失点”滤镜的作用范围，如图4-145所示。

步骤04 单击菜单栏的“滤镜>消失点”选项，或执行快捷键“Ctrl+Alt+V”即可打开“消失点”对话框，如图4-146所示。

步骤05 在“消失点”对话框中，选择创建平面工具（），然后在预览图像中沿需要编辑的区域边缘单击以添加四个角节点，创建透视平面，如图4-147所示。

步骤06 执行快捷键“Ctrl+V”粘贴素材，粘贴的素材是位于预览图像上的浮动选区，如图4-148所示。默认情况下，选框工具此时处于选定状态。

步骤07 使用选框工具将粘贴的图像拖到透视平面上，该图像与平面的透视保持一致，如图4-149所示。

步骤08 如有必要，可将该图层的“图层混合模式”改为“正片叠底”，图像最终效果如图4-150所示。

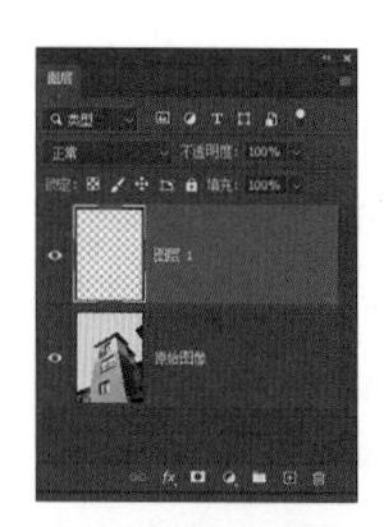

图4-143 新建图层

图4-144 贴图素材

图4-145 创建选区

图4-146 “消失点”对话框

图4-147 创建透视平面

图4-148 粘贴素材

图4-149 拖移素材至平面内

图4-150 最终图像

## 4.7.4 模糊滤镜

模糊滤镜可以柔化选区或整个图像，这对于修饰非常有用。它们通过平衡图像中清晰边缘旁边的像素，使变化显得柔和。本小节将介绍Photoshop中常用的几种模糊滤镜的相关内容及用法。

### 4.7.4.1 表面模糊

**表面模糊：**在保留边缘的同时模糊图像，此滤镜用于创建特殊效果并消除杂色或粒度。

▼ **操作方法**

步骤01 选中要调整的图像，单击菜单栏的“滤镜>模糊>表面模糊”选项，即可打开“表面模糊”对话框，如图4-151所示。

步骤02 在“表面模糊”对话框中设置以下选项。

① **半径：**该选项指定模糊取样区域的大小。

② **阈值：**该选项控制相邻像素色调值与中心像素值相差多大时才能成为模糊的一部分，

色调值差小于阈值的像素被排除在模糊之外。

**步骤03** 单击“确定”按钮或者按“回车”键确认即可，如图4-152和图4-153所示。

图4-151 “表面模糊”对话框

图4-152 原始图像（调整前）

图4-153 最终图像（调整后）

### 4.7.4.2 动感模糊

**动感模糊：**沿指定方向（-360° ~360° ）以指定强度（1~999）进行模糊。此滤镜的效果类似于以固定的曝光时间给一个移动的对象拍照。

**▼ 操作方法**

**步骤01** 选中要调整的图像，单击菜单栏的“滤镜>模糊>动感模糊”选项，即可打开“动感模糊”对话框，如图4-154所示。

**步骤02** 在“动感模糊”对话框中设置以下选项。

① **角度：**该选项指定模糊的方向。

② **距离：**该选项控制模糊的强度。

**步骤03** 单击“确定”按钮或者按“回车”键确认即可，如图4-155和图4-156所示。

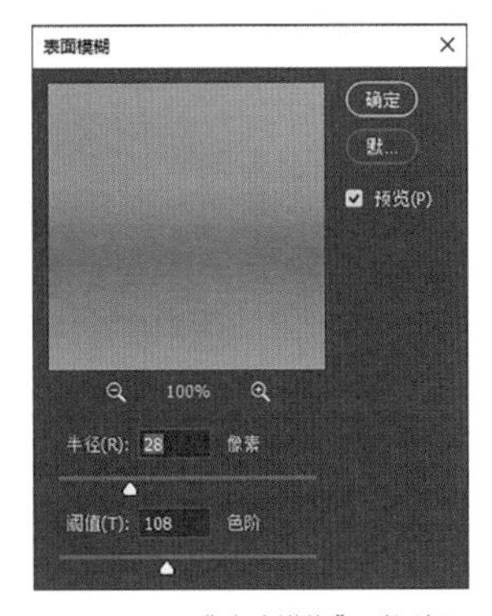


图4-154 “动感模糊”对话框

图4-155 原始图像（调整前）

图4-156 最终图像（调整后）

### 4.7.4.3 方框模糊

**方框模糊：** 基于相邻像素的平均颜色值来模糊图像。此滤镜用于创建特殊效果，半径越大，产生的模糊效果越好。

▼ **操作方法**

步骤01 选中要调整的图像，单击菜单栏的“滤镜>模糊>方框模糊”选项，即可打开“方框模糊”对话框，如图4-157所示。

步骤02 在“方框模糊”对话框中设置“半径”选项的大小，数值越大，产生的模糊效果越强。

步骤03 单击“确定”按钮或者按“回车”键确认即可，如图4-158和图4-159所示。

### 4.7.4.4 高斯模糊

**方框模糊：** 使用可调整的量快速模糊选区。高斯是指当 Photoshop 将加权平均应用于像素时生成的钟形曲线。“高斯模糊”滤镜添加低频细节，并产生一种朦胧效果。

▼ **操作方法**

步骤01 选中要调整的图像，单击菜单栏的“滤镜>模糊>高斯模糊”选项，即可打开“高斯模糊”对话框，如图4-160所示。

步骤02 在“高斯模糊”对话框中设置“半径”选项的大小，数值越大，产生的模糊效果越强。

步骤03 单击“确定”按钮或者按“回车”键确认即可，如图4-161和图4-162所示。

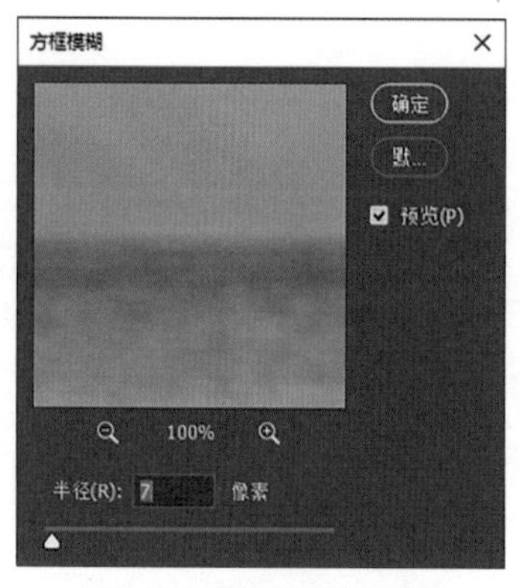

图4-157 “方框模糊”对话框

图4-158 原始图像（调整前）

图4-159 最终图像（调整后）

图4-160 “高斯模糊”对话框

图4-161 原始图像（调整前）

图4-162 最终图像（调整后）

#### 4.7.4.5 径向模糊

**径向模糊：**模拟缩放或旋转的相机所产生的模糊，产生一种柔化的模糊。

**▼ 操作方法**

**步骤01** 选中要调整的图像，单击菜单栏的“滤镜>模糊>径向模糊”选项，即可打开“径向模糊”对话框，如图4-163所示。

**步骤02** 在“径向模糊”对话框中设置以下选项。

① **数量：**该选项指定模糊的强度。

② **模糊方法：**选取“旋转”选项，将沿同心圆环线模糊，然后指定旋转的角度（°）；选取“缩放”选项，将沿径向线模糊，好像是在放大或缩小图像，然后指定1～100之间的值。

③ **品质：**“草图”产生最快但为粒状的结果，“好”和“最好”产生比较平滑的结果，除非在大选区上，否则看不出这两种品质的区别。

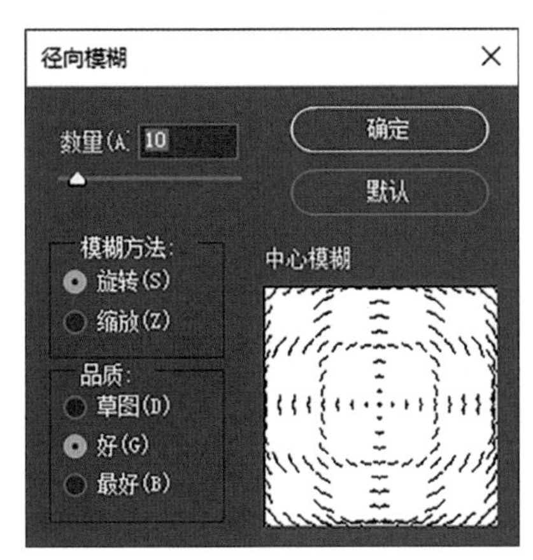


图4-163 “径向模糊”对话框

**步骤03** 拖动“中心模糊”框中的图案，指定模糊的原点。

**步骤04** 单击“确定”按钮或者按“回车”键确认即可，如图4-164和图4-165所示。

图4-164 原始图像（调整前）

图4-165 最终图像（调整后）

#### 4.7.4.6 镜头模糊

**镜头模糊：**可借助ZDepth深度渲染通道图向图像中添加模糊以产生更窄的景深效果，以便使图像中的一些对象在焦点内，而使另一些区域变模糊。

**▼ 操作方法**

**步骤01** 选中要调整的原始图像，点击“图层”面板下方的图标（◘），为原始图像添加图层蒙版（关于“图层蒙版”的操作方法，详见5.2节的相关内容）。

**步骤02** 打开如图4-166所示的ZDepth深度渲染通道图，执行快捷键“Ctrl＋A”全选该通道图，然后执行快捷键“Ctrl＋C”复制该通道图。

步骤03 按住“Alt”键并单击原始图像的蒙版缩览图，以显示蒙版。然后执行快捷键“Ctrl+V”粘贴该通道图，将该通道图作为原始图像的蒙版进行使用，如图4-167所示。

步骤04 因为此处只需要将该通道图作为原始图像的蒙版即可，并不需要其产生的蒙版效果，所以可以按住“Shift”键并单击原始图像的蒙版缩览图，以暂时停用图层蒙版，如图4-168所示。

步骤05 选中原始图像的缩览图，单击菜单栏的“滤镜>模糊>镜头模糊”选项，即可打开“镜头模糊”对话框，如图4-169所示。

步骤06 在“镜头模糊”对话框中可选择设置以下选项。

① **预览：**选择“更快”选项可更快地生成预览。选择“更加准确”选项可查看图像的最终版本，该选项预览需要的生成时间较长。

② **深度映射：**从源菜单中选取“图层蒙版”通道（如果没有具有深度映射源的通道，请选择“无”）。然后拖动“模糊焦距”滑块以设置位于焦点内的像素的深度，或者启用“设置焦点”选项，可在预览图像中单击以设置焦点。

③ **反相：**翻转映射的近景和远景深度。

④ **形状：**从形状菜单中选取光圈形状。

⑤ **半径：**控制模糊效果的强度，数值越大，产生的模糊效果越强。

⑥ **叶片弯度：**拖动“叶片弯度”滑块对光圈边缘进行平滑处理。

⑦ **旋转：**拖动“旋转”滑块来旋转光圈。

⑧ **镜面高光：**拖动阈值滑块来选择亮度截止点；比该截止点值亮的所有像素都被视为镜面高光。要增加高光的亮度，请拖动亮度滑块。

⑨ **杂色：**可向图像添加杂色。要添加灰色杂色而不影响颜色，请勾择单色。

步骤07 单击“确定”按钮或者按“回车”键确认即可，如图4-170和图4-171所示。

图4-166 ZDepth深度渲染通道图

图4-167 添加图层蒙版

图4-168 停用图层蒙版

图4-169 “镜头模糊”对话框

图4-170 原始图像（调整前）

图4-171 最终图像（调整后）

△ 提示

如果觉得此时的模糊效果不明显，可执行快捷键“Ctrl+Alt+F”，重复上一次滤镜操作，以重复添加“镜头模糊”滤镜效果。

## 4.7.5　像素化滤镜

像素化滤镜通过使单元格中颜色值相近的像素结成块来清晰地定义一个选区。

### 4.7.5.1　彩块化

**彩块化：**使纯色或相近颜色的像素结成相近颜色的像素块。可以使用此滤镜使扫描的图像看起来像手绘图像，或使现实主义图像类似抽象派绘画。

**▼ 操作方法**

选中要调整的图像，单击菜单栏的“滤镜>像素化>彩块化”选项即可，如图4-172和图4-173所示。

图4-172　原始图像（调整前）

图4-173　最终图像（调整后）

### 4.7.5.2　彩色半调

**彩色半调：**模拟在图像的每个通道上使用放大的半调网屏的效果。对于每个通道，滤镜将图像划分为矩形，并用圆形替换每个矩形。圆形的大小与矩形的亮度成比例。

**▼ 操作方法**

**步骤01**　选中要调整的图像，单击菜单栏的“滤镜>像素化>彩色半调”选项，即可打开“彩色半调”对话框，如图4-174所示。

**步骤02**　为半调网点的最大半径输入一个以像素为单位的值，范围为 4～127。

**步骤03**　为一个或多个通道输入网角值（网点与实际水平线的夹角）。

① 对于灰度图像，只使用通道1。

② 对于RGB图像，使用通道1、2和3，分别对应于红色、绿色和蓝色通道。

③ 对于CMYK图像，使用所有四个通道，对应于青色、洋红、黄色和黑色通道。

**步骤04**　单击“确定”按钮或者按“回车”键确认即可，如图4-175和图4-176所示。

图4-174　“彩色半调”对话框

图4-175　原始图像（调整前）

图4-176　最终图像（调整后）

## 4.7.5.3　点状化

**点状化：**将图像中的颜色分解为随机分布的网点，如同点状化绘画一样，并使用背景色作为网点之间的画布区域。

▼ **操作方法**

步骤01　选中要调整的图像，单击菜单栏的“滤镜>像素化>点状化”选项，即可打开“点状化”对话框，如图4-177所示。

步骤02　在“点状化”对话框中，设置单元格大小。

步骤03　单击“确定”按钮或者按“回车”键确认即可，如图4-178和图4-179所示。

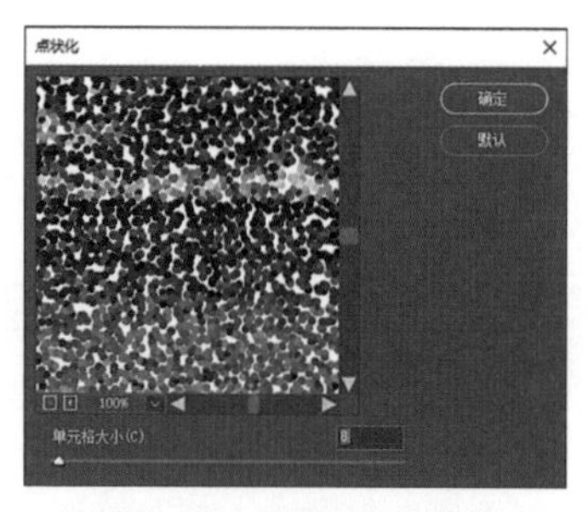

图4-177　“点状化”对话框

图4-178　原始图像（调整前）

图4-179　最终图像（调整后）

## 4.7.5.4　晶格化

**晶格化：**使像素结块形成多边形纯色。

▼ **操作方法**

步骤01　选中要调整的图像，单击菜单栏的“滤镜>像素化>晶格化”选项，即可打开“晶格化”对话框，如图4-180所示。

步骤02　在“晶格化”对话框中，设置单元格大小。

步骤03　单击“确定”按钮或者按“回车”键确认即可，如图4-181和图4-182所示。

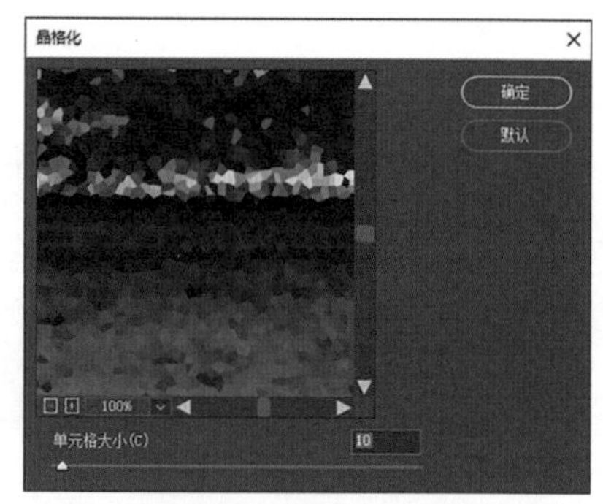

图4-180　“晶格化”对话框

图4-181　原始图像（调整前）

图4-182　最终图像（调整后）

### 4.7.5.5　马赛克

**马赛克：**使像素结为方形块。给定块中的像素颜色相同，块颜色代表选区中的颜色。

**▼ 操作方法**

步骤01　选中要调整的图像，单击菜单栏的“滤镜>像素化>马赛克”选项，即可打开“马赛克”对话框，如图4-183所示。

步骤02　在“马赛克”对话框中，设置单元格大小。

步骤03　单击“确定”按钮或者按“回车”键确认即可，如图4-184和图4-185所示。

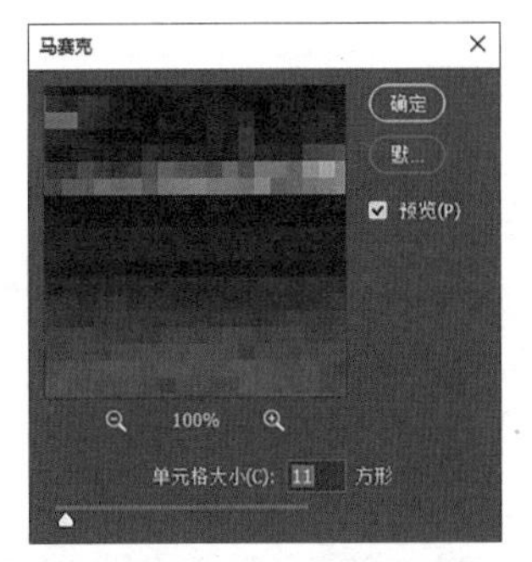


图4-183　“马赛克”对话框

图4-184　原始图像（调整前）

图4-185　最终图像（调整后）

### 4.7.5.6　碎片

**碎片：**创建选区中像素的四个副本，将它们平均，并使其相互偏移，产生重影效果。

**▼ 操作方法**

选中要调整的图像，单击菜单栏的“滤镜>像素化>碎片”选项即可，如图4-186和图4-187所示。

图4-186　原始图像（调整前）

图4-187　最终图像（调整后）

### 4.7.5.7　铜版雕刻

**铜版雕刻：**将图像转换为黑白区域的随机图案或彩色图像中完全饱和颜色的随机图案。

**▼ 操作方法**

步骤01　选中要调整的图像，单击菜单栏

的“滤镜>像素化>铜版雕刻”选项，即可打开“铜版雕刻”对话框，如图4-188所示。

**步骤02** 从“铜版雕刻”对话框中的“类型”菜单选取一种网点图案。

**步骤03** 单击“确定”按钮或者按“回车”键确认即可，如图4-189和图4-190所示。

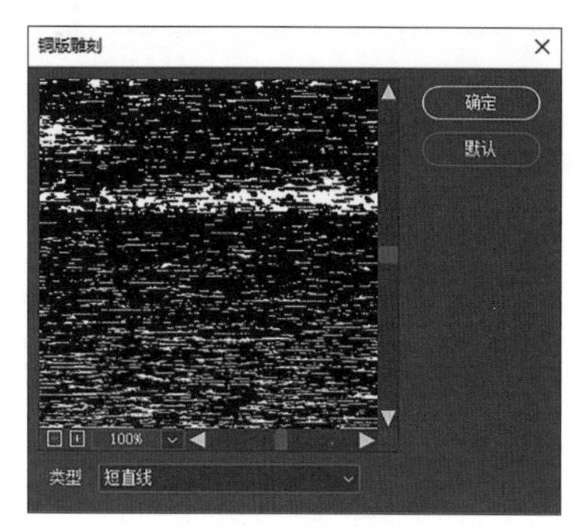


图4-188 “铜版雕刻”对话框

图4-189 原始图像（调整前）

图4-190 最终图像（调整后）

## 4.7.6 渲染滤镜

“渲染”滤镜可在图像中创建火焰、树、云彩等图案特效以及模拟的镜头光晕的效果。

### 4.7.6.1 火焰

**火焰：**可在图像中沿路径创建火焰特效。

**▼ 操作方法**

**步骤01** 在图层中填充黑色，以创建黑色的背景图层（火焰特效在黑色图层上显示效果更佳）。

**步骤02** 执行快捷键“Ctrl + Shift + Alt + N”创建一个新图层，在新图层上使用“钢笔工具”绘制路径，如图4-191所示。

**步骤03** 单击菜单栏的“滤镜>染>火焰”选项，即可打开“火焰”对话框，如图4-192所示。

**步骤04** 在“火焰”对话框中可设置火焰的“宽度”“长度”“时间间隔”（即密度）和“颜色”等选项。

**步骤05** 单击“确定”按钮或者按“回车”键确认即可，如图4-193所示。

图4-191 绘制火焰的路径

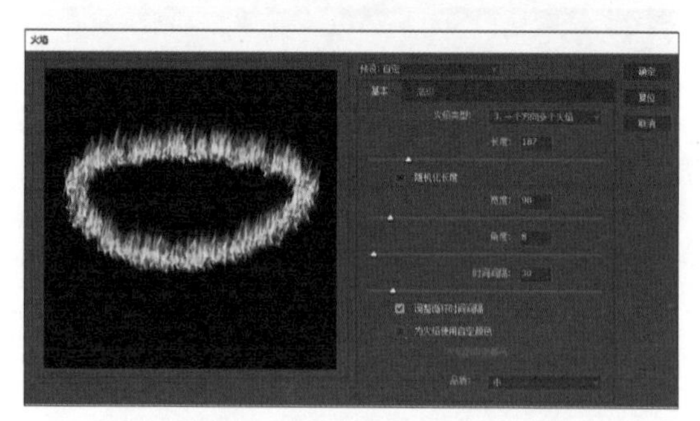

图4-192 “火焰”对话框

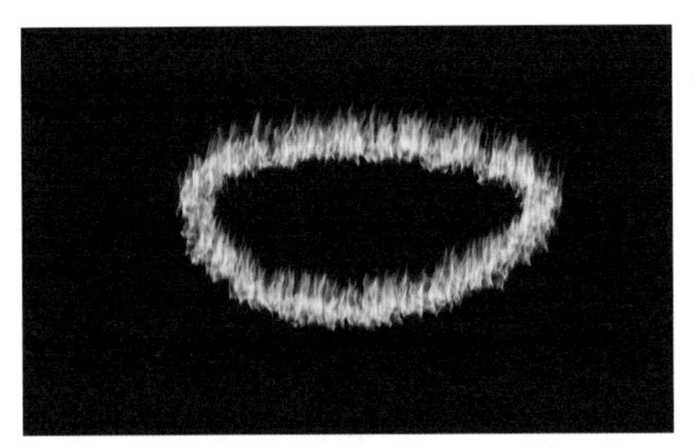

图4-193　最终图像（火焰特效）

## 4.7.6.2　树

**树：**可在图像中创建各种树木图案。

**▼ 操作方法**

**步骤01**　执行快捷键“Ctrl + Shift + Alt + N”创建一个新图层，将“树”图案放在独立的图层中。

**步骤02**　单击菜单栏的“滤镜>渲染>树”选项，即可打开“火焰”对话框，如图4-194所示。

**步骤03**　在“树”对话框中可设置树的“光照方向”“叶子数量”“叶子大小”“树枝高度”和“树枝粗细”等选项，勾选“随机化形状”选项，可随机生成树的形状。

**步骤04**　单击“确定”按钮或者按“回车”键确认即可，如图4-195所示。

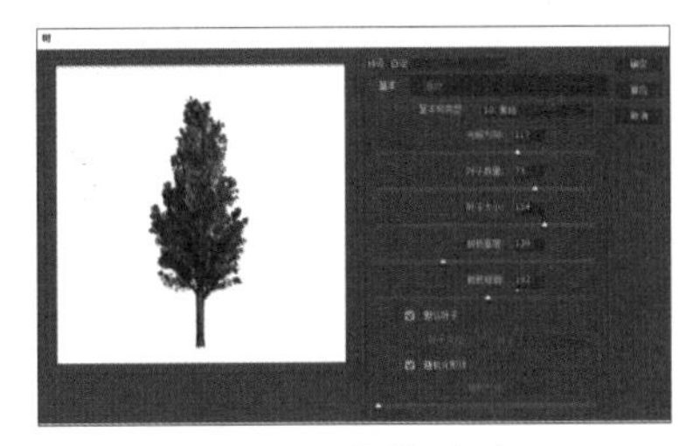

图4-194　“树”对话框

图4-195　最终图像（树）

## 4.7.6.3　镜头光晕

**镜头光晕：**模拟亮光照射到相机镜头所产生的折射。

**▼ 操作方法**

**步骤01**　选中要调整的图像，单击菜单栏的“滤镜>渲染>镜头光晕”选项，即可打开“镜头光晕”对话框，如图4-196所示。

**步骤02**　在“镜头光晕”对话框中可设置光晕的“亮度”和“镜头类型”等选项。

**步骤03**　单击图像缩览图的任意位置或拖动其十字线，指定光晕中心的位置。

**步骤04**　单击“确定”按钮或者按“回车”键确认即可，如图4-197和图4-198所示。

图4-196　“镜头光晕”对话框

图4-197　原始图像（调整前）

图4-198　最终图像（调整后）

## 4.7.7 杂色滤镜

杂色滤镜可添加或移去杂色或带有随机分布色阶的像素，这有助于将选区混合到周围的像素中。杂色滤镜可创建与众不同的纹理或移去有问题的区域，如灰尘和划痕。

### 4.7.7.1 蒙尘与划痕

**蒙尘与划痕：**通过更改相异的像素减少杂色。为了在锐化图像和隐藏瑕疵之间取得平衡，请尝试“半径”与“阈值”设置的各种参数组合。

**▼ 操作方法**

步骤01 选中要调整的图像，单击菜单栏的“滤镜>杂色>蒙尘与划痕”选项，即可打开“蒙尘与划痕”对话框，如图4-199所示。

步骤02 在“蒙尘与划痕”对话框中可设置以下选项。

① **阈值：**确定像素具有多大差异后才应将其消除。可将“阈值”滑块向左拖动到0以关闭此值，这样即可检查选区或图像中的所有像素。

② **半径：**确定在其中搜索不同像素的区域大小。向左或向右拖动“半径”滑块，或在文本框中输入 1～16 的像素值，增加半径将使图像模糊。

步骤03 单击“确定”按钮或者按“回车”键确认即可，如图4-200和图4-201所示。

图4-199 “蒙尘与划痕”对话框

图4-200 原始图像（调整前）

图4-201 最终图像（调整后）

### 4.7.7.2 添加杂色

**添加杂色：**将随机像素应用于图像，模拟在高速胶片上拍照的效果。也可以使用“添加杂色”滤镜来减少羽化选区或渐进填充中的条纹，或使经过重大修饰的区域看起来更真实。

**▼ 操作方法**

步骤01 选中要调整的图像，单击菜单栏的“滤镜>杂色>添加杂色”选项，即可打开“添加杂色”对话框，如图4-202所示。

步骤02 在“添加杂色”对话框中可设置以下选项。

① **数量：**控制应用随机像素的多少。

② **分布：**“平均分布”使用随机数值（介于 0 以及正/负指定值之间）分布杂色的颜色值以获得细微效果；“高斯分布”沿一条钟形曲线分布杂色的颜色值以获得斑点状的效果。

③ **单色：**勾选该选项将此滤镜只应用于图像中的色调元素，而不改变颜色。

步骤03 单击“确定”按钮或者按“回车”键确认即可，如图4-203和图4-204所示。

图4-202 “添加杂色”对话框

图4-203　原始图像（调整前）

图4-204　最终图像（调整后）

## 4.8　Photoshop 滤镜插件

为了增强图像调整的效果，提高设计师后期工作效率，众多软件厂商专门为Photoshop开发了许多滤镜插件，本节将主要介绍几款建筑、景观、规划和室内等专业常用的PS滤镜插件。

**Flaming Pear Flood：**是一款PhotoShop图像效果增强处理滤镜插件，可以做出真实的水面倒影效果，甚至连倒影都能反射出来。它提供了水的波纹、透视及颜色等控制。尽管它是一个2D的效果插件，但是它可以产生非常真实的3D效果。

### ▼ 操作方法

步骤01 扫描本书封底二维码，回复“Photoshop入门与进阶学习手册”，获取Photoshop滤镜插件。打开“PS神级插件>Flaming Pear Flood丨水面倒影插件>Flood 2”文件夹，根据PS是32bit或64bit选择复制其中的“Flood-205 32bit.8bf”文件或“Flood-205 64bit.8bf”文件到“PS安装目录\Program Files\Adobe\Photoshop XX\Plug-ins\”路径下。

**例如：**假设用户的Photoshop是64bit，且安装在C盘，那么应将“Flood-205 64bit.8bf”文件复制到“C:\Program Files\Adobe\Adobe Photoshop 2022\Plug-ins\”路径下，如图4-205和图4-206所示。

图4-205　复制“Flood-205 64bit.8bf”文件

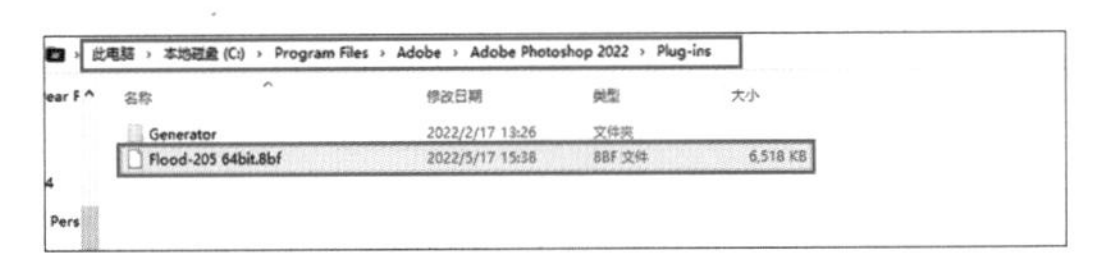

图4-206　粘贴“Flood-205 64bit.8bf”文件

步骤02 打开Photoshop，单击菜单栏的“滤镜>Flaming Pear>水波倒影2”选项，调出“水波倒影Flood 2”面板，如图4-207和图4-208所示。

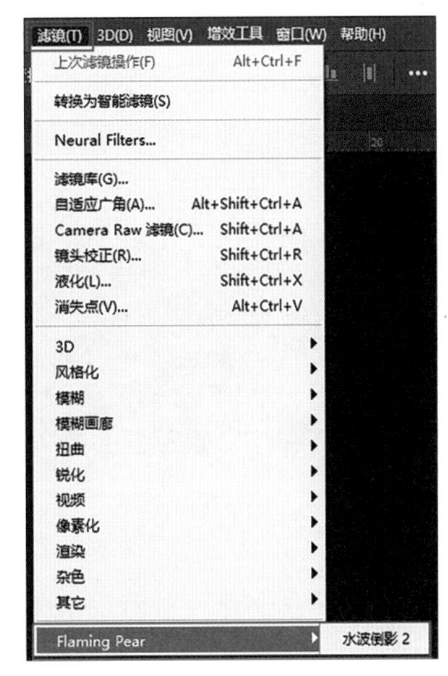


图4-207　点击“水波倒影 2”选项

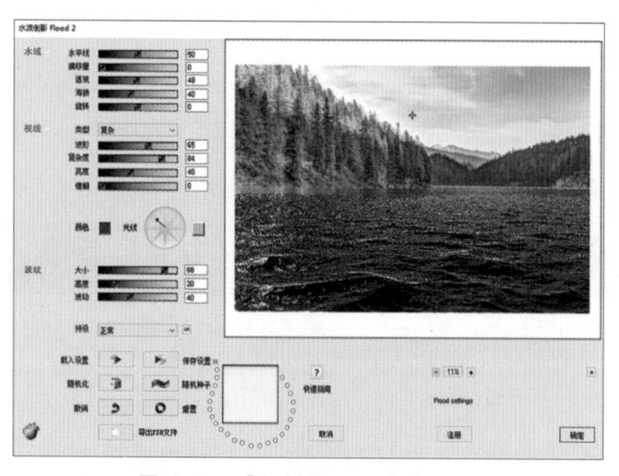

图4-208 “水波倒影 Flood 2”面板

步骤03 点击“水波倒影Flood 2”面板左下方的“注册”选项，输入7435391即可使用该插件。

▼ **操作方法**

在“水波倒影Flood 2”面板右侧设置水域的“水平线”“偏移量”“透视”“海拔”和“旋转”选项；波浪的“类型”“波状”“复杂度”“亮度”和“模糊”选项；波纹的“大小”“高度”和“波动”选项。设置好参数后，单击“确定”按钮或按“回车”键确认即可，如图4-209和图4-210所示。

图4-209 原始图像（调整前）

图4-210 最终图像（调整后）

## 4.9 课后练习

使用Camera Raw滤镜对图像进行调色，将图4-211调整成如图4-212所示的画面效果。读者可以关注公众号“卓越软件官微”，回复“课后练习素材”获取相关素材文件。

图4-211 原始图片

图4-212 使用Camera Raw滤镜调色后的效果

# 第5章　Photoshop图层运用

5.1 图层

5.2 图层蒙版

5.3 通道

5.4 图层样式

5.5 图层混合模式

5.6 课后练习

# 5.1 图层

Photoshop 图层是其图像处理的基础，是含有文字或图形等元素的胶片，一张张按顺序叠放在一起，组合起来形成页面的最终效果。

## 5.1.1 图层面板简介

### 5.1.1.1 打开方式

▼ 操作方法

方法 01 单击“窗口>图层”选项，如图5-1所示。

方法 02 执行“打开图层面板”的快捷键“F7”。

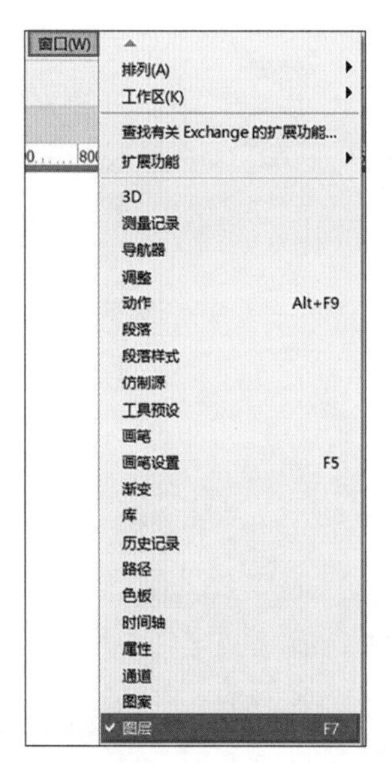


图5-1　打开方式

### 5.1.1.2 图层面板界面布局

图层面板界面布局如图5-2所示。

### 5.1.1.3 图层菜单与面板菜单

**图层菜单与面板菜单：**均为图层所有可进行操作的集合。

▼ 操作方法

方法 01 单击菜单栏的“图层”选项，选择想进行的操作，如图5-3所示。

方法 02 单击图层面板处的菜单按钮，选择想进行的操作，如图5-4所示。

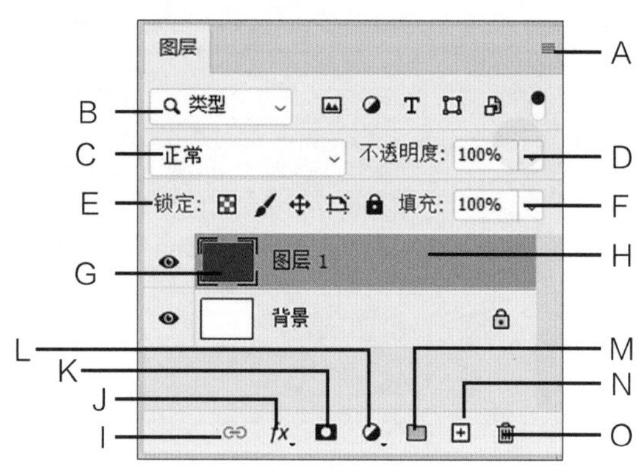


图5-2　图层面板界面布局

A—图层面板菜单；B—图层过滤器；C—图层混合模式；D—不透明度；E—图层锁定；F—图层填充；G—图层缩略图；H—图层；I—图层链接；J—创建图层样式；K—添加蒙版；L—调整图层；M—新建图层组；N—新建图层；O—删除图层

文件(F)　编辑(E)　图像(I)　图层(L)　文字(Y)　选择(S)　滤镜(T)　3D(D)　视图(V)　窗口(W)　帮助(H)

图5-3　图层菜单

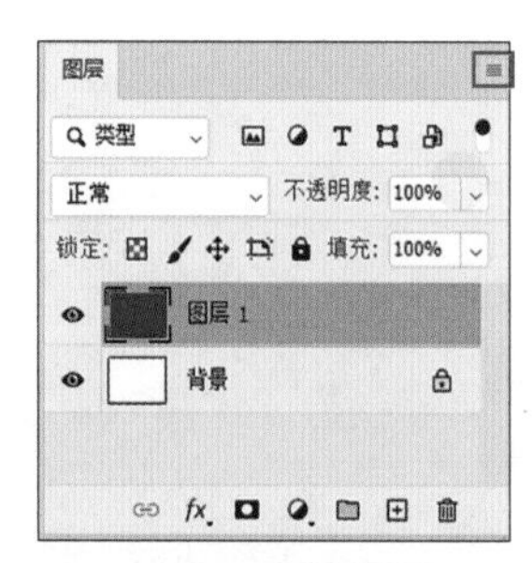


图5-4　面板菜单

### 5.1.1.4 图层面板选项编辑

**图层面板选项：**可调节图层缩略图大小及缩略图展示内容。

▼ 操作方法

步骤01 从图层面板菜单中选取“面板选项”。

步骤02 选择合适的缩略图大小。

步骤03 更改缩略图内容，选择“整个文档”以显示整个文档的内容，选择“图层边界”

可将缩览图限制为图层上对象的像素，如图5-5所示。

△ 提示

关闭缩览图可以提高性能和节省显示器空间。

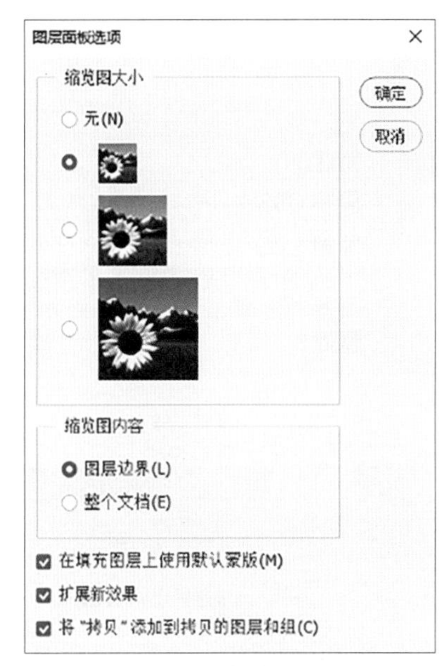


图5-5　面板选项设置

### 5.1.1.5　图层基础理论

**图层基础理论：** 图层是Photoshop最基本、最重要的常用功能。使用图层可以更加便捷地管理和修改图像。PS的图层好像一些带有图像的透明拷贝纸，互相堆叠在一起，图层顺序前后决定遮挡关系，透明度则可以控制显示内容的实体性。将每个图像放置在独立的图层上，可单独更改图像且不会互相影响，如图5-6和图5-7所示。可以使用图层来执行多种任务，如复合多个图像、向图像添加文本或添加矢量图形形状。可以应用图层样式来添加特殊效果，如投影或发光。

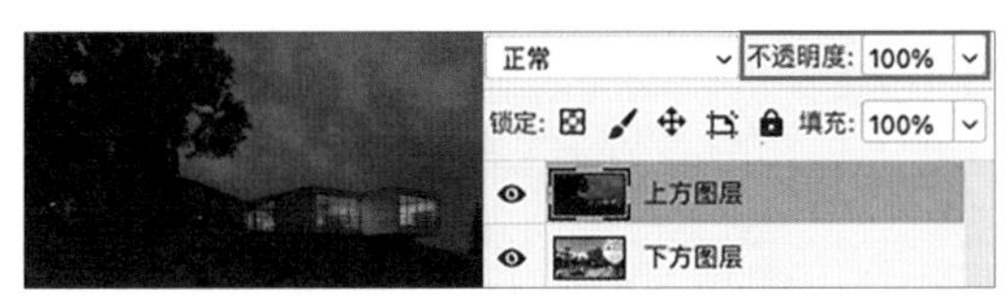


图5-6　上方图层不透明度值为100%

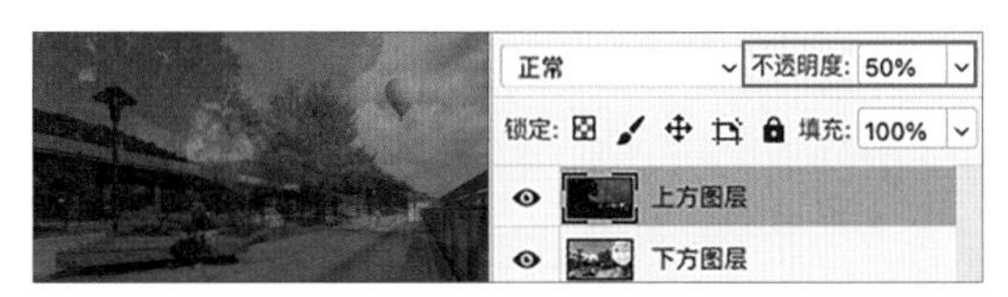


图5-7　上方图层不透明度值为50%

## 5.1.2　图层基本管理

### 5.1.2.1　新建图层和组

**新建图层和组：** 新建图层时，新图层将出现在“图层”面板中选定图层的上方，或出现在选定组内。

**方法 01**

① **新建空图层：** 单击“图层”面板中的“创建新图层”图标（ ），或执行“创建新图层”的快捷键“Ctrl＋Shift＋Alt＋N”，以使用默认选项创建新图层。

② **新建图层组：** 单击“图层”面板中的“新建组”图标（ ），或执行“新建组”的快捷键“Ctrl＋G”，以使用默认选项创建图层组。

△ 提示

从“图层”面板菜单中选择“新建图层”/“新建组”或者执行快捷键“Ctrl＋Shift＋N”，可显示对话框并设置图层选项，新建参数图层和组，如图5-8所示。

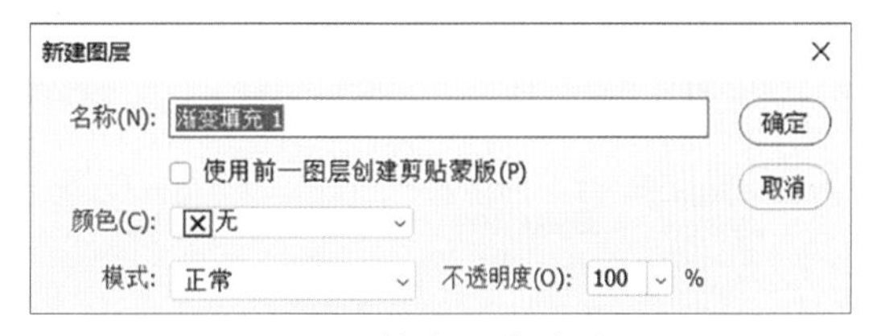


图5-8　“新建图层”对话框

① **名称：** 指定图层或组的名称。

② **使用前一图层创建剪切蒙版：** 此选项不可用于组。

③ **颜色：** 为“图层”面板中的图层或组分配颜色。

④ **模式：** 指定图层或组的混合模式。

⑤ **不透明度：**指定图层或组的不透明度级别。

⑥ **填充模式中性色：**使用预设的中性色填充图层。

**方法 02**

单击菜单栏的“图层>新建>图层”选项或单击菜单栏的“图层>新建>组”选项，如图5-9所示。在菜单栏图层选择栏中可以建多种图层（普通图层、调整图层和填充图层）类型。

**创建新的填充或调整图层：**不会直接在原图层上进行修改，而是可以创建一个新的图层，并且添加一个图层蒙版，可以进行局部的调节和控制，如图5-10所示。

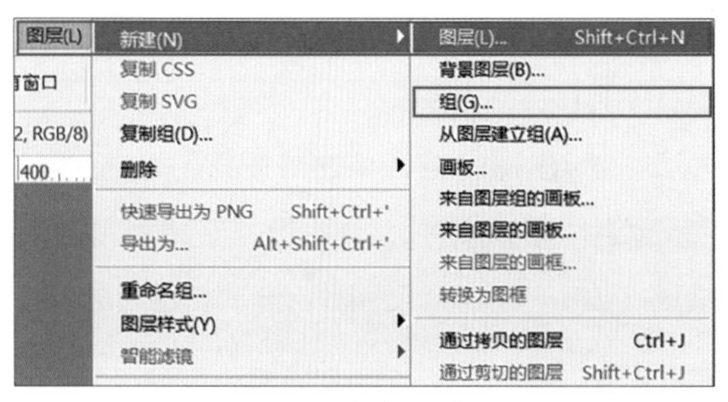


图5-9 新建图层/组

图5-10 创建新的填充或调整图层

## 5.1.2.2 复制图层

**复制图层：**将图层进行拷贝。

### ▼ 操作方法

**方法 01** 选中要复制的图层，执行“复制图层”的快捷键“Ctrl+J”，则会自动在该图层上方拷贝一个图层。

**方法 02** 在“图层”面板中，拖动要复制的图层到面板底部的“创建新图层”图标（⊞）上。

**方法 03** 按住“Alt”键拖动要复制的图层到目标位置。

**方法 04** 单击菜单栏的“图层>复制图层”选项或从“图层”面板菜单中选择“复制图层”选项，如图5-11所示。

图5-11 复制图层

## 5.1.2.3 删除图层

### ▼ 操作方法

**方法 01** 选中要删除的图层，单击“图层”面板底部的“删除图层”图标（🗑），在弹出的提示框中单击“是”选项确认即可。或者，将要删除的图层拖到该图标上即可。

**方法 02** 单击菜单栏的“图层>删除>图层”选项即可。若要删除隐藏的图层，则单击菜单栏的“图层>删除>隐藏图层”选项，如图5-12所示。

> △ 提示
>
> 及时删除不需要的图层可精简文件大小，以免占用磁盘空间。

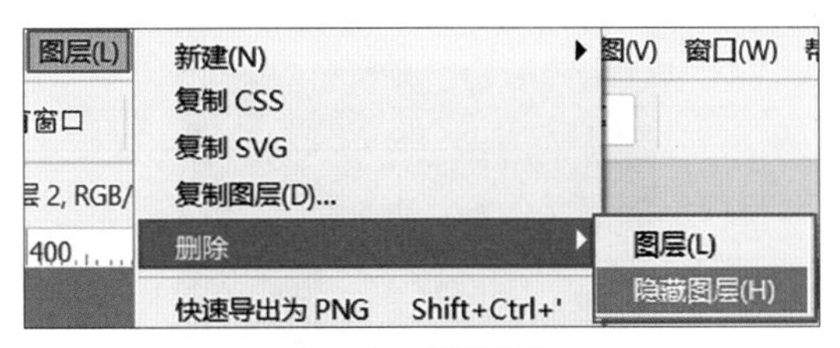


图5-12　删除图层

## 5.1.2.4　显示或隐藏图层

通过显示或隐藏图层、组或样式，可以隔离或只查看图像的特定部分，以便于编辑。

### ▼ 操作方法

**方法 01** 单击图层左边的眼睛图标（ ），可开启/关闭图层可见性。

**方法 02** 按住“Alt”键并单击一个眼睛图标，以只显示该图标对应的图层或组的内容。Photoshop 将在隐藏其他所有图层之前记住它们的可见性状态，再次按住“Alt”键的同时单击同一眼睛图标，即可恢复之前的可见性状态。

**方法 03** 在眼睛列中拖动，可改变“图层”面板中多个项目的可见性。

**图层可见性菜单：**在图层眼睛图标处点击鼠标右键，可在弹出的菜单中选择“隐藏本图层”或者“显示/隐藏所有其他图层”选项，也可以设置颜色标签，便于分类识别，如图5-13所示。

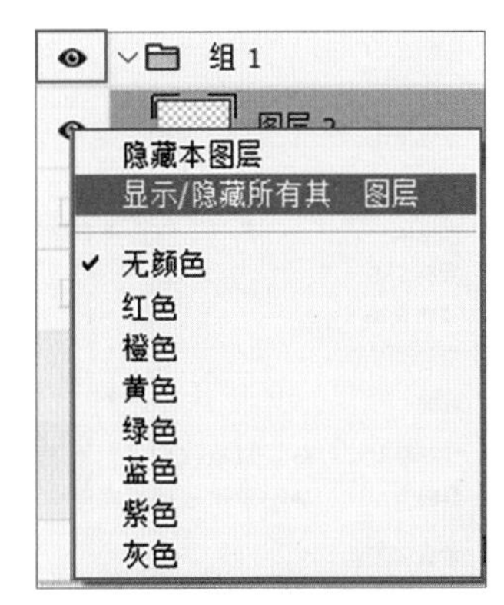


图5-13　图层可见性菜单

## 5.1.2.5　图层命名

### ▼ 操作方法

双击图层名称位置，即可编辑修改名称，如图5-14所示。

图5-14　图层命名

> △ 提示
>
> 要养成及时修改图层名的良好作图习惯，优化作图速度。

## 5.1.2.6　图层顺序

**图层顺序：**图层的上下顺序决定了其遮挡关系，犹如眼睛从上往下看，图层顺序也是上方遮挡下方。

### ▼ 操作方法

**方法 01** 在“图层”面板中，可直接将图层或图层组向上或向下拖动以改变图层顺序。在要放置选定图层或图层组的位置看到高亮线条时，松开鼠标按键即可。

**方法 02** 先选择图层或图层组，接着执行“图层 > 排列”指令，然后从子菜单中选取一个命令，如图5-15所示。

如果选定项目位于组中，该命令则会应用于图层组内的堆叠顺序。

如果选定项目不在组中，该命令则会应用于“图层”面板内的堆叠顺序。

**方法 03** 先选择要移动顺序的图层或图层组，接着执行快捷键“Ctrl+[”指令，可使图层向下移动一层；执行快捷键“Ctrl+]”指令，可使图层向上移动一层。

**方法 04** 若想将选中图层置于底层，可执行快捷键“Ctrl+Shift+[”;若想将选中图层置于顶层，可执行快捷键“Ctrl+Shift+]”。

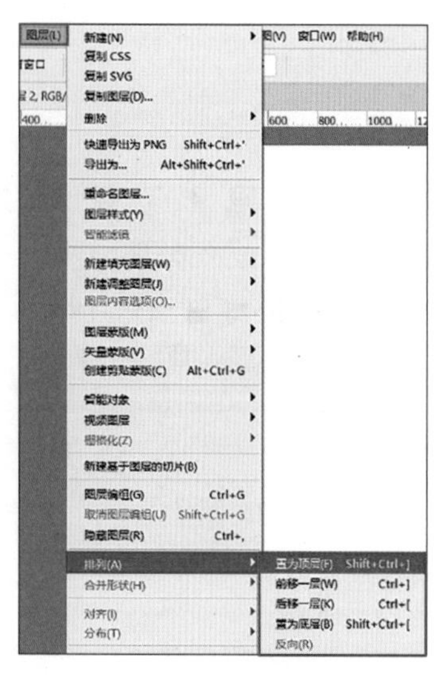


图5-15　图层顺序调整

## 5.1.2.7　图层不透明度

**图层不透明度：**可理解为图层的实体性，用于确定它遮蔽或显示其下方图层的程度。

100%代表完全实体，0%代表完全透明，50%代表一半实体，一半透明（即当前图层内容显示50%，下方图层内容显示50%），如图5-16～图5-18所示。

**▼ 操作方法**

**步骤01** 在“图层”面板中，选择一个或多个图层或组。

**步骤02** 更改不透明度值和填充值（如果选择了组，则只有不透明度可用）。

> △ 提示
>
> 背景图层或锁定图层的不透明度无法更改，要将其转换为支持透明度的常规图层。

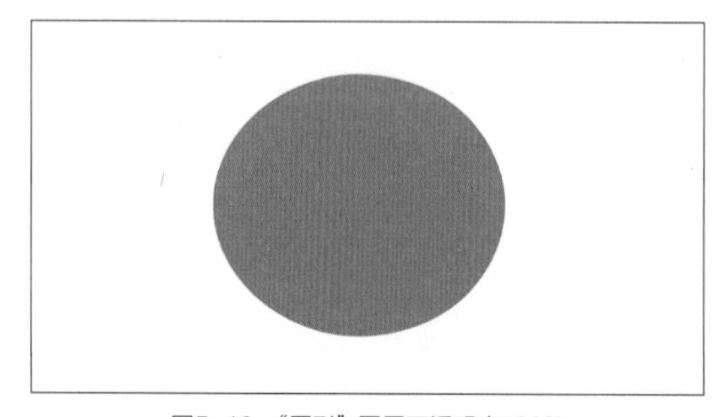

图5-16　“圆形”图层不透明度100%

图5-17　“圆形”图层不透明度0%

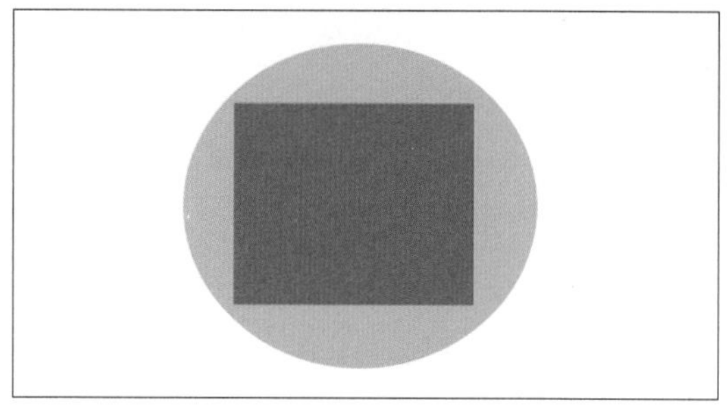

图5-18　“圆形”图层不透明度50%

## 5.1.2.8　图层填充

**图层填充：**图层填充指可以用纯色、渐变或图案填充图层，并不影响它们下面的图层。

**▼ 操作方法**

**方法 01** 单击菜单栏的“图层>新建填充图层”选项，然后从“纯色”“渐变”或“图案”中选取一个选项，接着命名图层，设置图层选项，然后单击“确定”按钮，如图5-19所示。

**方法 02** 单击“图层”面板底部的“新建填充图层”图标（◐），然后从“纯色”“渐变”或“图案”中选取一个填充图层类型。

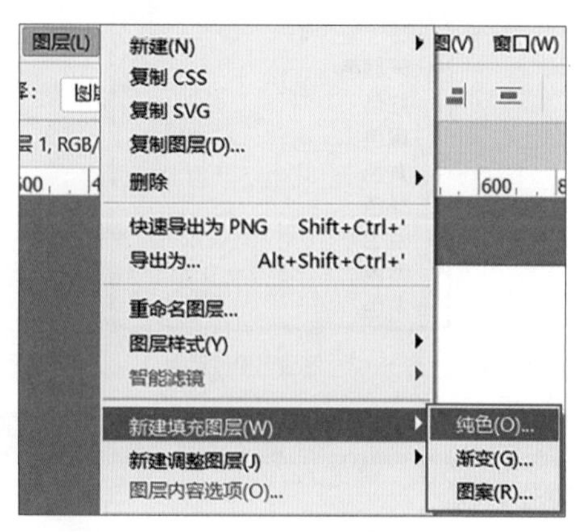


图5-19　新建填充图层

> △ 提示
>
> 除了设置整体不透明度（影响应用于图层的任何图层样式和混合模式）以外，还可以指定填充不透明度。填充不透明度仅影响图层中的像素、形状或文本，而不影响图层效果（例如投影）的不透明度。

#### 5.1.2.9 锁定图层

**锁定图层：** 可以完全或部分锁定图层以保护其内容。图层锁定后，图层名称的右边会出现一个锁定图标。当图层被完全锁定时，锁定图标呈现实心状态（🔒）；当图层被部分锁定时，锁定图标呈现空心状态（🔒）。

▼ **操作方法**

**方法 01** 选择一个或多个图层/组，单击“图层”面板中的“锁定全部”按钮，如图5-20所示。

**方法 02** 选择一个或多个图层/组，单击菜单栏的“图层>锁定图层”选项或单击“图层”面板处的菜单按钮，选择“锁定图层”选项。然后在弹出的“锁定图层”面板中勾选一个或多个锁定选项，如图5-21所示。

**锁定透明像素：** 将编辑范围限制在图层的不透明部分。此选项与 Photoshop 早期版本中的“保留透明区域”选项等效。

**锁定图像像素：** 防止使用绘画工具修改图层的像素。

**锁定位置：** 防止图层的像素移动。

> △ 提示
>
> 对于文字和形状图层，锁定透明度和锁定图像选项在默认情况下均处于选中状态，且不能取消选择。

图5-20 “图层”面板中的锁定选项

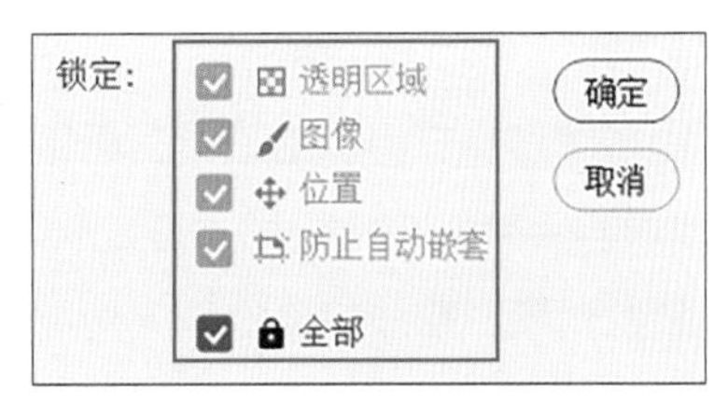


图5-21 “锁定图层”面板

## 5.1.3 图层进阶管理

#### 5.1.3.1 图层过滤器

**图层过滤器：** 可以设定图层类别过滤选取，快速查找图层。如名称过滤器，则可以搜索图层名来选取图层，如图5-22所示，一般常用“类型”过滤器。

图5-22 图层过滤器

#### 5.1.3.2 图层类型

Photoshop中有7种图层类型，如下所示。

① **背景图层：** 背景层总是在底部，不能调整图层的顺序，也不能调整不透明度和添加图层样式。

② **普通图层：** 即最常用的像素图层，可以进行一切操作。

③ **调整图层：** 在不破坏原始图像的情况下，图像可以通过色调、色调顺序、曲线等进行操作。

④ **填充图层：** 填充图层也是一个遮罩层。内容为纯色、渐变、图案，可转换为调整层。通过编辑遮罩可以产生融合效果。

⑤ **文字图层：** 可以创建文字，但是文字图

层不支持滤镜、图层样式等操作。

⑥ **形状图层：**它可以由形状工具和路径工具创建，内容保存在其遮罩中。

⑦ **智能对象：**智能对象实际上是指向其他Photoshop的指针，当更新源文件时，这个更改会自动反映在当前文件中。

可以通过“图层类型”过滤器来过滤图层，在“图层”面板上分别有像素（普通）图层、调整图层、文字图层、形状图层、智能对象几种图层的对应图标。点击图标即可打开对应开关，如点击“T”，则会过滤显示出全部的文字图层，如图5-23所示。

图5-23　图层类型

## 5.1.3.3　选择图层

**选择图层：**在进行一切操作时，必须要对图层进行选择，可以选择一个或多个图层以便工作。

### ▼ 操作方法

**方法 01** 在“图层”面板中单击想要选择的“图层”。

**方法 02** 要选择多个连续的图层，请单击第一个图层，然后按住“Shift”键单击最后一个图层。

**方法 03** 要选择多个不连续的图层，请按住“Ctrl”键，并在“图层”面板中单击这些图层。

**注意：**按住“Ctrl”键并单击图层缩览图会将图层的非透明区域进行选择。

**方法 04** 要选择所有图层，执行“选择>所有图层”指令，如图5-24所示。

**方法 05** 要取消选择某个图层，按住“Ctrl”键的同时单击该图层。

**方法 06** 如不选择任何图层，可在“图层”面板中的背景图层或底部任意位置单击，或者执行“选择>取消选择图层”指令，如图5-24所示。

> △ 提示
>
> 如果在使用工具或应用命令时没有看到所希望的结果，则可能没有选择正确的图层。检查“图层”面板，确保在正确的图层上操作。

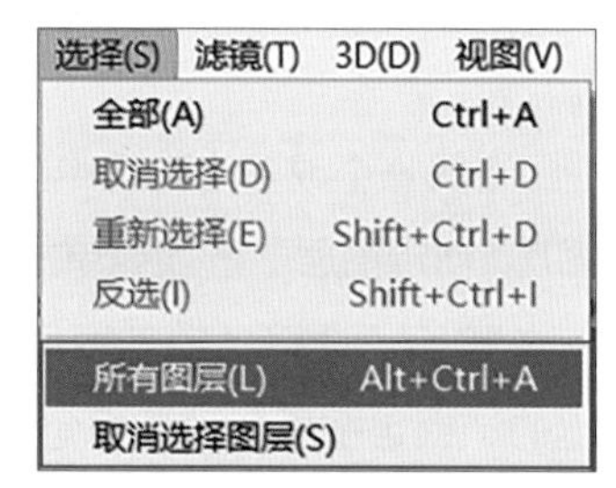


图5-24　选择所有图层

## 5.1.3.4　链接图层

**链接图层：**通过链接两个或更多个图层或组，与同时选定的多个图层不同，无论图层顺序是否相邻，链接的图层将保持关联，直至取消它们的链接为止，都可以对链接图层进行移动或应用变换。

### ▼ 操作方法

（1）链接图层

**步骤01** 在“图层”面板中选择要链接的多个图层或组。

**步骤02** 单击“图层”面板底部的链接图标（⚭）。

（2）取消图层链接

**步骤01** 选择一个链接的图层，然后单击链接图标（ ⚭ ）。

**步骤02** 要临时停用链接的图层，请按住“Shift”键并单击链接图层的链接图标。将出现一个红色的“X”，按住“Shift”键单击链接图标可再次启用链接，如图5-25所示。

图5-25　临时停用链接

### 5.1.3.5　图层编组

**图层编组：**图层编组有助于组织项目并保持“图层”面板整洁有序。

**▼ 操作方法**

（1）图层编组

**步骤01** 在“图层”面板中选择多个图层。

**步骤02** 执行“图层>图层编组”指令，或执行快捷键“Ctrl＋G”，或将选中图层拖动到“图层”面板底部的“文件夹”图标（ ⊞ ），以对这些图层进行编组。

> △ 提示
>
> 如果想在编组时进行图层参数设置，新建参数组，就在拖动的过程中按住“Alt”键。

（2）取消图层编组

**方法 01** 要取消图层编组，请选择相应的组并执行“图层>取消图层编组”指令。

**方法 02** 执行快捷键“Ctrl＋Shift＋G”。

### 5.1.3.6　合并图层

**合并图层：**最终确定了图层的内容后，可以合并图层以缩小图像文件的大小。在合并后的图层中，所有透明区域的交叠部分都会保持透明。

**▼ 操作方法**

**步骤01** 确保想要合并的图层和组处于可见状态。

**步骤02** 选择想要合并的图层和组。

**步骤03** 单击菜单栏的“图层>合并图层”选项，或在“图层”面板中对已选中图层点击鼠标右键，单击“合并可见图层”，或者执行快捷键“Ctrl＋E”。

> △ 提示
>
> ①存储合并的文档将不能恢复到未合并时的状态，如图5-26所示。
>
> ②调整图层或填充图层是不能进行合并的目标图层。

### 5.1.3.7　盖印图层

**盖印图层：**除了合并图层外，还可以盖印图层。盖印图层是指可以将所有可见图层的内容合并为一个新图层，同时保留其他图层，如图5-27所示。

**▼ 操作方法**

**步骤01** 确保想要合并的图层和组处于可见状态。

**步骤02** 选择想要合并的其中一个图层或组。

**步骤03** 执行快捷键“Ctrl＋Shift＋Alt＋E”。

图5-26　合并所有图层

图5-27　盖印图层

## 5.1.4　智能滤镜与调整图层

### 5.1.4.1　了解智能对象

**智能对象：**智能对象是指包含栅格或矢量图像（如 Photoshop 或 Illustrator 文件）中的图像数据的图层。它可以保留图像的源内容及其所有原始特性，从而使原图层像素在被编辑时不被破坏。在 Photoshop 中，将图片容嵌到文档中，此时的图片则为智能对象。

**智能对象的好处：**

① 可以对图层进行缩放、旋转、斜切、扭曲、透视变换或使图层变形，而不会丢失原始图像数据或降低品质，因为变换不会影响原始数据；

② 应用于智能对象的滤镜为智能滤镜，可随时取消可见性或者重复修改。

> △ 提示
>
> 无法对智能对象图层直接执行会改变像素数据的操作（如绘画、减淡、加深或仿制），除非先将该图层转换成常规图层（将进行栅格化）。要执行会改变像素数据的操作，对于编辑智能对象的内容，可以在智能对象图层的上方仿制一个新图层，编辑智能对象的副本或创建新图层。

### 5.1.4.2 栅格化智能对象

如果不再需要编辑智能对象数据，则可以将智能对象的内容栅格化为常规图层。在对某个智能对象进行栅格化之后，应用于该智能对象的变换、变形和滤镜将不再可编辑。

**▼ 操作方法**

步骤01 选择要栅格化的智能对象图层。

步骤02 在“图层”面板中对要栅格化的图层点击鼠标右键，单击“栅格化图层”选项，如图5-28所示。或者单击菜单栏的“图层>栅格化”选项，然后从子菜单中选取一个选项，包括文字、形状、矢量蒙版、所有图层等选项，如图5-29所示。

### 5.1.4.3 将常规图层转换为智能对象

**▼ 操作方法**

方法 01 在“图层”面板中，对要转换的常规图层点击鼠标右键，单击“转换为智能对象”选项，以将选定图层转换为智能对象，如图5-30所示。

方法 02 选择一个或多个图层，然后单击菜单栏的“图层>转换为智能对象>转换为智能对象”选项，这些图层将被绑定到一个智能对象中，如图5-31所示。

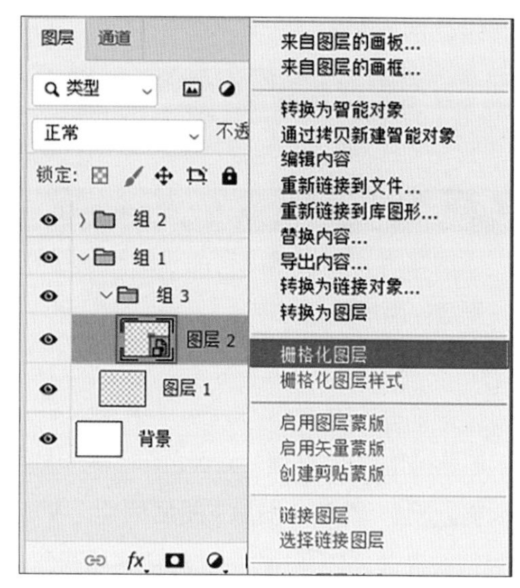


图5-28 栅格化智能对象

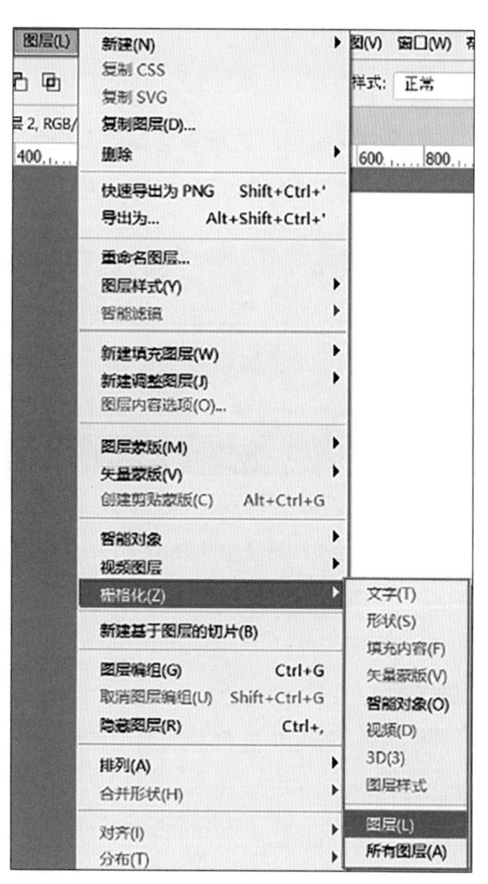


图5-29 栅格化菜单选项

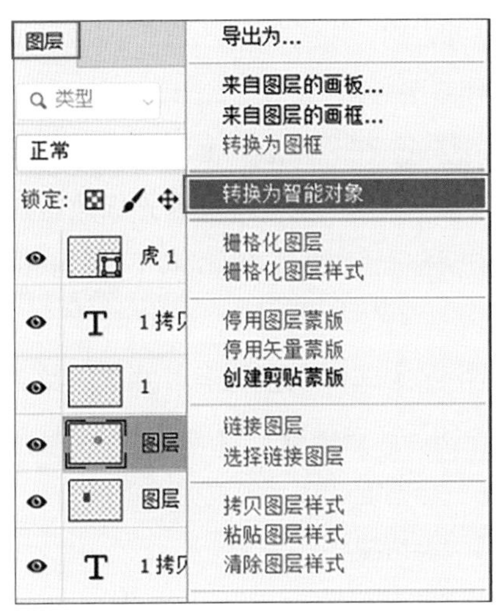


图5-30 将常规图层转换为智能对象

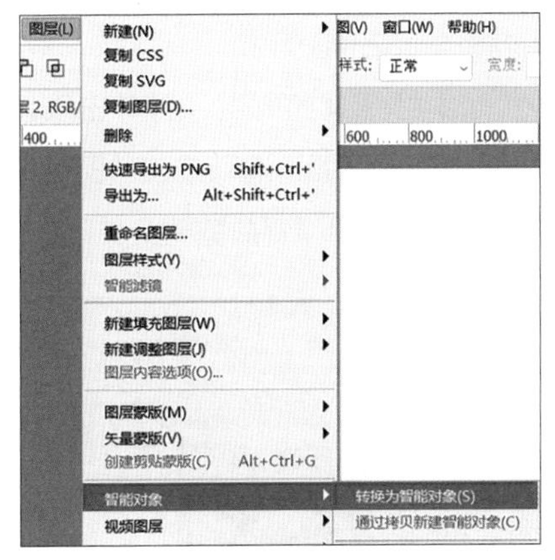


图5-31 转换为智能对象菜单选项

## 5.1.4.4 智能滤镜

**智能滤镜：**应用于智能对象的图像调整操作都是智能滤镜。要使用智能滤镜，应选择智能对象图层，选择一个滤镜，然后设置滤镜选项。应用智能滤镜之后，可以对其进行调整、重新排序或删除。由于可以调整、移去或隐藏智能滤镜，因此这些滤镜是非破坏性的。智能滤镜将出现在“图层”面板中应用这些智能滤镜的智能对象图层的下方，如图5-32所示（关于图像调整的操作方法详见第4章的相关内容）。

**▼ 操作方法**

① 若展开或折叠智能滤镜的视图，单击在“图层”面板中的智能对象图层的右侧显示的“智能滤镜”图标旁边的三角形（此方法还会显示或隐藏“图层样式”），如图5-32所示。

② 若将智能滤镜应用于整个智能对象图层，在“图层”面板中选择相应的图层即可。

③ 若将智能滤镜的效果限制在智能对象图层的选定区域，要建立选区。

④ 若将智能滤镜应用于常规图层，请选择相应的图层，然后单击菜单栏的“滤镜>转换为智能滤镜”选项，并单击“确定”按钮，如图5-33所示。

> **△ 提示**
>
> 智能滤镜将出现在智能对象图层下方“图层”面板中智能滤镜行的下面。如果在“图层”面板中的某个智能滤镜旁看到一个警告图标，则表示该滤镜不支持图像的颜色模式或深度。

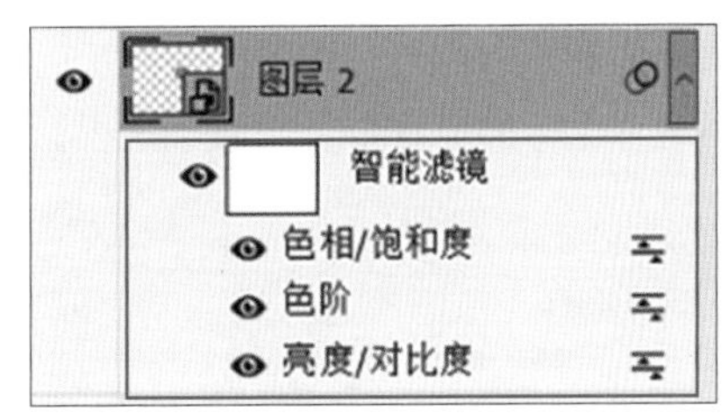


图5-32 智能滤镜

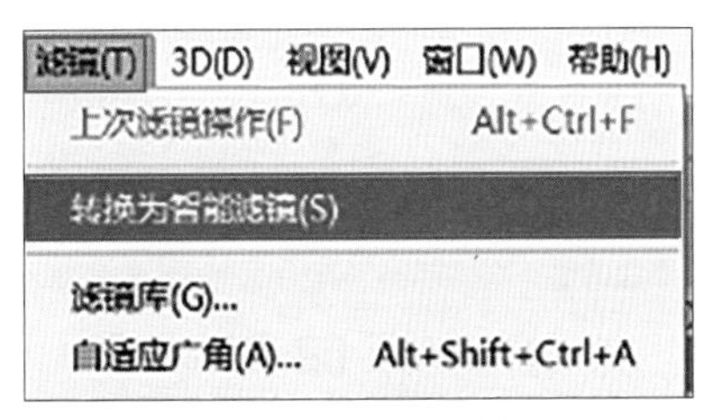


图5-33 智能滤镜菜单

## 5.1.4.5 调整图层

**调整图层：**调整图层可将图像调整操作应用于图像，而不会永久更改像素值。例如，可以创建一个“色阶”或“曲线”调整图层，而不是直接在图像上调整“色阶”或“曲线”。

图像调整操作将存储在调整图层中并应用于该图层下面的所有图层；可以通过一次调整来校正多个图层，而不用单独地对每个图层进行调整；可以尝试不同的设置并随时重新编辑调整图层或删除调整图层并恢复原始图像（关于图像调整的操作方法详见第4章的相关内容）。

**▼ 操作方法**

**方法 01** 单击“图层”面板底部的“新建调整图层”图标（◕），然后选择一个调整选项，如图5-34所示。

纯色…
渐变…
图案…

亮度/对比度…
色阶…
曲线…
曝光度…

自然饱和度…
色相/饱和度…
色彩平衡…
黑白…
照片滤镜…
通道混合器…
颜色查找…

反相
色调分离…
阈值…
渐变映射…
可选颜色…

图5-34 调整选项

**方法 02** 单击菜单栏的“图层>新建调整图层”选项，然后选择一个调整选项。在弹出的“新建图层”对话框中设置图层选项，单击“确定”按钮即可，如图5-35所示。

**方法 03** 单击菜单栏的“窗口>调整”选项，调出“调整”面板，如图5-36所示，单击其中的任意图标即可添加相应的调整图层。

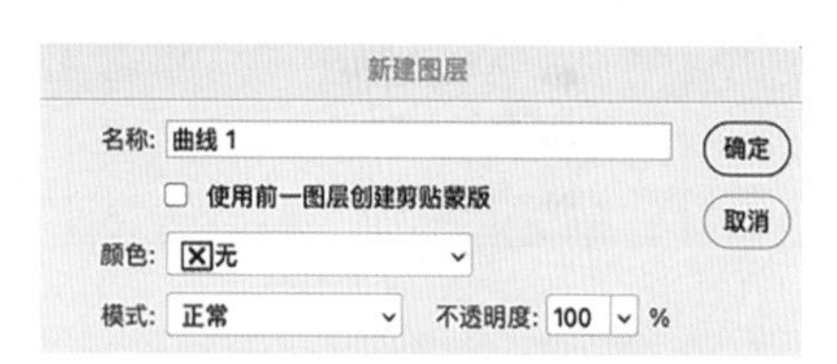


图5-35 “新建图层”对话框

图5-36 “调整”面板

## 5.1.4.6 剪切调整图层

**剪切调整图层：**对调整图层创建剪贴蒙版，使调整图层仅应用于下方第一个图层。剪切后的基底图层名称带下划线，上层调整图层的缩览图是缩进的，如图5-37～图5-39所示。

**▼ 操作方法**

**方法 01** 在“图层”面板中，选中调整图层，按住“Alt”键，将鼠标光标放置在目标图层和调整图层之间，出现向下小箭头时单击即可。

**方法 02** 选择调整图层，并单击菜单栏的“图层>创建剪贴蒙版”选项或在“图层”面板中点击鼠标右键选择“创建剪贴蒙版”。

**移除剪切图层：**

**方法 01** 在“图层”面板中选中调整图层，按住“Alt”键，将鼠标光标放置在需取消剪切图层和调整图层之间并单击；

**方法 02** 选择调整图层，并单击菜单栏的“图层>释放剪贴蒙版”选项或在“图层”面板中点击鼠标右键选择“释放剪贴蒙版”。

图5-37 原始图像

图5-38 创建“色彩平衡”调整图层

图5-39 创建“色彩平衡”调整图层的剪贴蒙版

# 5.2　图层蒙版

在Photoshop中，可以向图层添加蒙版，然后使用此蒙版隐藏图层的部分内容并显示下面的图层。蒙版图层对将多张照片合并成一张图像或将人物或对象从照片中移除非常有用，是使用率非常高的功能之一。

## 5.2.1　图层蒙版的工作原理

蒙版可以用来将图像的某部分分离开来，保护图像的某部分不被编辑。当基于一个选区创建蒙版时，没有选中的区域成为被蒙版蒙住的区域，也就是被保护的区域，可防止被编辑或修改，也可以将蒙版用于其他复杂的编辑工作，如对图像执行颜色变换或滤镜效果等。

蒙版最大的特点就是可以反复修改，却不会影响到本身图层的任何构造。如果对蒙版调整的图像不满意，可以去掉蒙版，原图像又会重现，也可以编辑图层蒙版，以便在蒙版处理的区域中添加或删减内容。

蒙版的作用和橡皮擦的作用类似，但是橡皮擦是直接将原图擦掉，是破坏性的操作，而蒙版可以保护原图不被破坏。蒙版是一种灰度图像，黑色区域将隐藏，白色区域将可见，而用灰度绘制的区域将以不同级别的透明度出现，如图5-40和图5-41所示。

## 5.2.2　创建图层蒙版

在创建图层蒙版时，可以隐藏或显示所有图层，或使蒙版基于选区或透明区域。随后可在蒙版上绘制以精确地隐藏部分图层并显示下面的图层。在“图层”面板中，蒙版显示为图层缩览图右边的附加缩览图。

图5-40　创建图层蒙版后的图像

图5-41　蒙版原理

### 5.2.2.1　创建显示或隐藏整个图层的蒙版

**▼ 操作方法**

**方法 01** 选中目标图层，在“图层”面板中单击“添加图层蒙版”图标（ ），即可创建显示整个图层的蒙版（即创建白色蒙版，图像全部可见）；按住“Alt”键并单击该图标，可创建隐藏整个图层的蒙版（即创建黑色蒙版，图像全部不可见）。

**方法 02** 执行“图层>图层蒙版>显示全部或隐藏全部”指令。

> **△ 提示**
>
> 若要在背景图层中创建图层或矢量蒙版，首先需将此图层转换为常规图层。

### 5.2.2.2　创建隐藏部分图层的图层蒙版

**▼ 操作方法**

**步骤01** 使用选择工具，在图像中“建立选区”。

**步骤02** 执行下列操作之一。

**方法 01** 单击“图层”面板中的“新建图层蒙版”图标（ ），以创建显示选区的蒙版（即选区内部为白色，选区以外为黑色，仅选区内部的图像可见），如图5-42和图5-43所示；按住“Alt”键并单击该图标，以创建用于隐藏选区的蒙版（即选区内部为黑色，选区以外为白色，选区内部的图像不可见）。

方法 02 执行“图层>图层蒙版>显示选区或隐藏选区”指令。

图5-42 原始图像

图5-43 创建显示部分的蒙版

## 5.2.3 编辑图层蒙版

### 5.2.3.1 替换图层蒙版

**替换图层蒙版：** 即直接应用另一个图层中的图层蒙版。

▼ **操作方法**

方法 01 若将想用的蒙版移到另一个图层上应用，可直接拖动蒙版到目标图层。

方法 02 若复制蒙版，可按住“Alt”键并将蒙版拖动到另一个图层，在保留原有图层蒙版的同时，还可替换目标图层的蒙版。

### 5.2.3.2 编辑图层蒙版

**编辑图层蒙版：** 为了更轻松地编辑图层蒙版，可以显示灰度蒙版自身，进入图层蒙版的视图。通过选区填色或“画笔工具”（快捷键“B”）绘制黑白两色，可控制图像的可见性，单独对蒙版进行编辑。

▼ **操作方法**

按住“Alt”键，并单击蒙版缩略图，可只查看灰度蒙版。要重新显示图层，请再次按住“Alt”键并单击图层蒙版缩览图，或单击“属性”面板中的眼睛图标。

△ 提示

一定要选中蒙版缩略图。

### 5.2.3.3 图层蒙版链接

**图层蒙版链接：** 创建蒙版后，图层默认与其蒙版链接，“图层”面板中图层缩览图与蒙版缩览图之间会出现链接图标（🔗），如图5-44所示。当使用移动工具移动图层或其蒙版时，它们将在图像中一起移动。通过取消图层和蒙版的链接，能够单独移动图层原图像或蒙版，并可独立于图层改变蒙版的边界。

▼ **操作方法**

单击“图层”面板中的链接图标（🔗），可取消图层与其蒙版的链接。要在图层及其蒙版之间重新建立链接，在“图层”面板中的图层和蒙版路径缩览图之间单击，如图5-45所示。

图5-44 图层蒙版链接（图层与蒙版一起移动）

图5-45 取消蒙版链接（单独移动蒙版）

### 5.2.3.4 停用或启用图层蒙版

**停用或启用图层蒙版：** 可临时停用蒙版，

查看蒙版前的全图。当蒙版处于停用状态时，“图层”面板中的蒙版缩览图上会出现一个红色的“X”，并且会显示出不带蒙版效果的图层内容，如图5-46所示。

▼ 操作方法

**方法 01** 按住“Shift”键并单击“图层”面板中的蒙版缩览图，可停用图层蒙版。再次单击蒙版缩览图，可启用图层蒙版。

**方法 02** 执行“窗口>属性”指令，调出属性面板，之后选择要停用或启用的图层蒙版，并单击“属性面板”中的“停用或启用蒙版”按钮。

**方法 03** 选择包含要停用或启用的图层蒙版的图层，执行“图层>图层蒙版>停用或启用”指令。

图5-46　停用图层蒙版

### 5.2.3.5　应用或删除图层蒙版

**应用或删除图层蒙版：** 可以应用图层蒙版以永久删除图层的隐藏部分 。图层蒙版是作为Alpha 通道存储的，因此应用或删除图层蒙版有助于减小文件大小，也可以删除图层蒙版，而不更改应用。

▼ 操作方法

① 若要在图层蒙版永久应用于图层后删除此图层蒙版，选中要应用的蒙版缩略图，单击鼠标右键并选择“应用图层蒙版”选项。

② 若要删除图层蒙版，而不将其应用于图层，选中要应用的蒙版缩略图，单击鼠标右键并选择“删除图层蒙版”选项即可，如图5-47所示。

应用图层蒙版后的图像如图5-48所示。

> △ 提示
>
> 当删除某个图层蒙版时，无法将此图层蒙版永久应用于智能对象图层。

图5-47　应用或删除图层蒙版

图5-48　应用图层蒙版后的图像

## 5.3　通道

通道是存储不同类型信息的灰度图像，通道所需的文件大小由通道中的像素信息决定，某些文件格式（包括TIFF和Photoshop格式）将压缩通道信息并且可以节约空间。一个图像最多可有56个通道。所有的新通道都具有与原图像相同的尺寸和像素数目。

**颜色信息通道：** 是在打开新图像时自动创建的。图像的颜色模式决定了所创建的颜色通道的数目。例如，RGB 图像的每种颜色（红色、绿色和蓝色）都有一个通道，并且还有一个用于编辑图像的复合通道。

**Alpha 通道：**将选区存储为灰度图像。可以添加Alpha通道来创建和存储蒙版，这些蒙版用于处理或保护图像的某些部分。

**专色通道：**指定用于专色油墨印刷的附加印版。

## 5.3.1 通道面板

“通道面板”列出图像中的所有通道，对于 RGB、CMYK 和 Lab 图像，将最先列出复合通道。通道内容的缩览图显示在通道名称的左侧；在编辑通道时会自动更新缩览图，如图5-49所示。

**显示通道面板：**执行“窗口>通道”菜单指令，可打开“通道面板”。

> △ 提示
>
> 从“通道面板”菜单中选取“面板选项”，可选择缩览图大小，或单击“无”关闭缩览图显示。查看缩览图是一种跟踪通道内容的简便方法，不过关闭缩览图显示可以提高性能。

图5-49 通道面板

## 5.3.2 选择通道

① **选择通道：**可以在“通道面板”中选择一个或多个通道，将突出显示所有选中或现用的通道的名称。

▼ **操作方法**

**方法 01** 要选择一个通道，请单击通道名称。

**方法 02** 按住“Shift”键单击可选择（或取消选择）多个通道。

② **选择通道信息：**会选中这个通道的亮度信息。

▼ **操作方法**

按住“Ctrl”键，并单击通道缩略图。

## 5.3.3 复制通道

**复制通道：**可以拷贝通道并在当前图像或另一个图像中使用该通道。例如，可以使用“复制通道”功能创建通道蒙版；或者想要在编辑通道之前备份通道的副本。

▼ **操作方法**

**步骤01** 在“通道面板”中，选择要复制的通道。

**步骤02** 从“通道面板”菜单中选取“复制通道”指令，如图5-50所示，或者执行快捷键“Ctrl+A”全选所有像素，然后执行快捷键“Ctrl+C”复制像素。

**步骤03** 回到“图层”面板执行快捷键Ctrl+V”进行粘贴编辑。

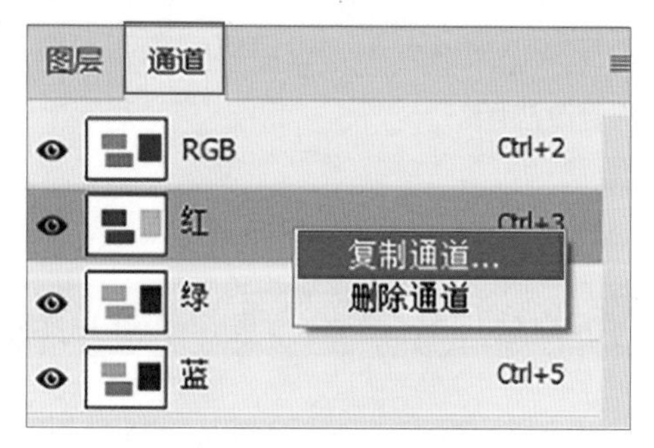


图5-50 复制通道

# 5.4　图层样式

图层样式是应用于一个图层或图层组的一种或多种效果，可以在单个图层样式中应用多个效果。Photoshop 提供了各种效果（如阴影、发光和斜面），这些效果能以非破坏性的方式更改图层内容的外观。

图层效果与图层内容链接。移动或编辑图层的内容时，修改的内容中会应用相同的效果。例如，如果对文本图层应用投影并添加新的文本，则将自动为新文本添加阴影。

## 5.4.1　图层样式面板

### 5.4.1.1　打开图层样式面板

**▼ 操作方法**

**方法 01** 执行“图层>图层样式>混合选项”指令，如图5-51所示。

**方法 02** 在“图层”面板下方，点击fx图标（fx），选择“混合选项”，如图5-52所示。

**方法 03** 在图层名称的右边空白区域，双击。

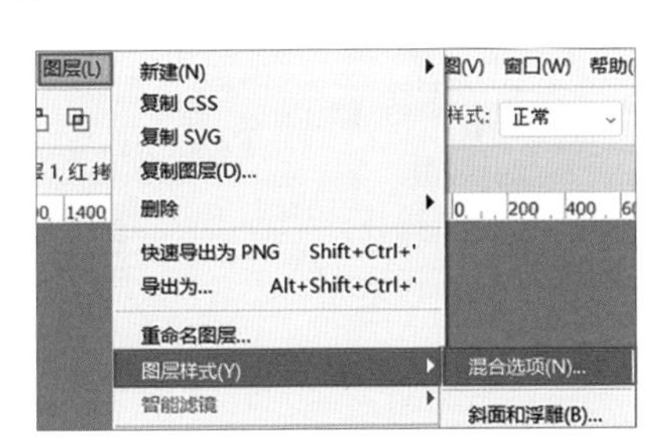


图5-51　图层样式菜单

图5-52　图层面板下方按钮

### 5.4.1.2　图层样式面板简介

“图层样式”面板如图5-53所示，左侧为各个图层样式选项，右侧为各样式的混合选项。

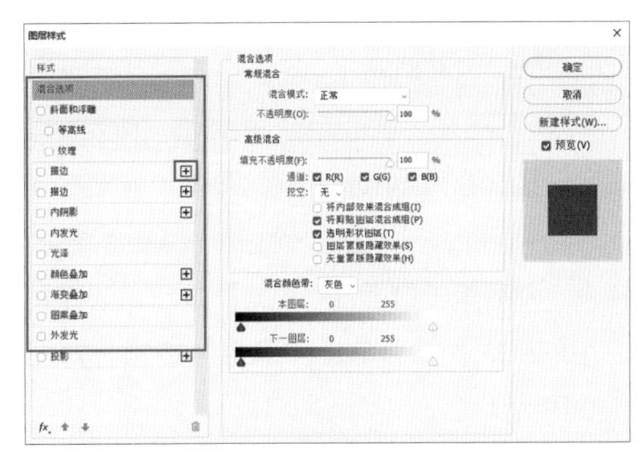


图5-53　“图层样式”面板

**混合选项：**主要是和混合模式有关。

**斜面和浮雕：**添加高光与阴影的各种组合，看起来具备立体感。

**描边：**使用颜色、渐变或图案，给对象添加轮廓，它对于硬边形状（如文字）特别有用。

**内阴影：**在元素的内边缘添加阴影，看起来有凹陷的感觉。

**外发光和内发光：**添加光照效果，从图层内容的外边缘或内边缘发光的效果。

**光泽：**在元素内部添加平滑的阴影。

**颜色、渐变和图案叠加：**用颜色、渐变或图案填充图层。

**投影：**在元素后面（背后）添加阴影。

> **△ 提示**
>
> 红色方框中的选项，是所有可用图层样式。后方显示图标（⊞）的样式可以重复使用多次，效果会叠加。

## 5.4.2 系统预设样式

**系统预设样式：** 打开“样式面板”，可以直接使用预设的很多样式，如图5-54所示。

### ▼ 操作方法

一般情况下，应用预设样式将会替换当前图层样式。但可以将第二种样式的属性添加到当前样式的属性中。

**方法 01** 将预设样式从“样式面板”拖动到“图层面板”中的图层上。

**方法 02** 在“样式面板”中单击一种预设样式以将其应用于当前选定的图层。

**方法 03** 执行“图层>图层样式>混合选项”指令，然后单击最上方“样式”按钮，选择要应用的样式，然后单击“确定”按钮，如图5-54所示。

△ 提示

①不能将图层样式应用于背景、锁定的图层或组。

②在单击或拖动的同时按住“Shift”键可将样式添加到（而不是替换）目标图层上的任何现有效果。

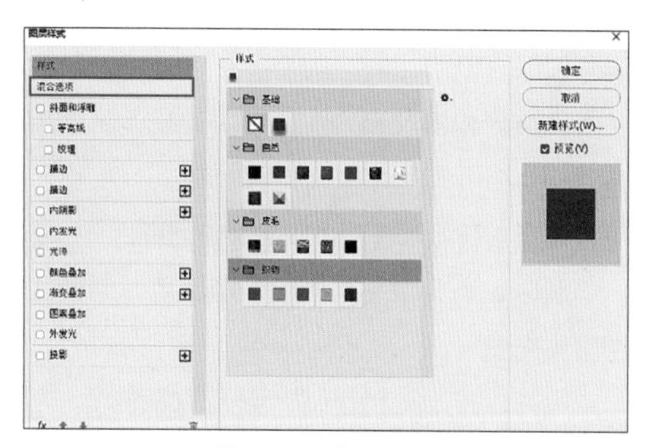

图5-54 系统预设样式

## 5.4.3 自定图层样式

**自定图层样式：** 可以将自己创建的样式保存在“样式面板”中，以后可以方便其他图像使用相同的样式，如图5-55所示。

### ▼ 操作方法

**步骤01** 在“样式面板”中，选择自己想要应用的图层样式，并设定其效果选项。

**步骤02** 单击“新建样式”，以将自己创建的样式添加至“样式面板”。

△ 提示

要编辑现有样式，双击在“图层”面板中的图层名称下方显示的效果（单击“fx”旁边的三角形可显示样式中包含的效果）。

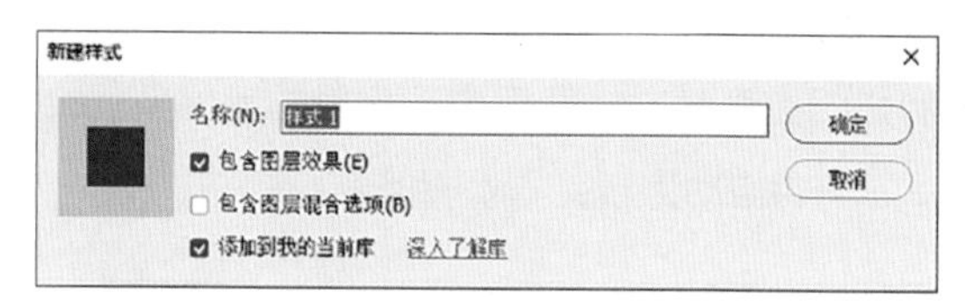


图5-55 新建样式选项

## 5.4.4 图层样式编辑

### 5.4.4.1 显示/隐藏图层样式

**显示/隐藏图层样式：** 图层样式是附加在图层上的，可以收起，也可以展开。展开后会看到“小眼睛”，“小眼睛”控制显示和隐藏，如图5-56所示。

图5-56 显示/隐藏图层样式

### 5.4.4.2 复制图层样式

**复制图层样式：** 需要对多个图层应用相同样式效果的时候，复制和粘贴样式是最便捷的方法。

### ▼ 操作方法

**方法 01** 在“图层”面板中，按住“Alt”键并从图层的效果列表处拖动样式，以将其复制到另一个图层。

**方法 02** 在图层的效果列表处点击鼠标右

键，或者在图层上的“fx”小图标处点击鼠标右键，单击“拷贝/粘贴图层样式”，如图5-57所示。

△ 提示

若想将图层样式进行移动，而不是复制一份，只需在“图层”面板中，从图层的效果列表中拖动该样式，将其移动到另一个图层。

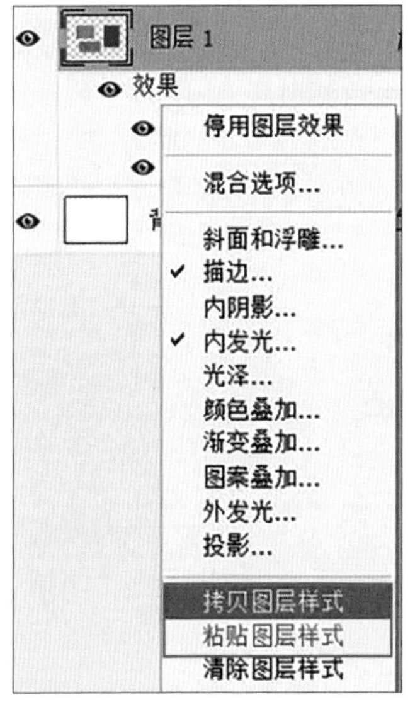


图5-57　复制图层样式

## 5.4.4.3　清除图层样式

**清除图层样式：**可以从应用于图层的样式中移去单一效果，也可以从图层中移去整个样式。

▼ **操作方法**

（1）从样式中移去效果

展开图层样式后，选中想要删除的某一效果，单击鼠标右键，进行删除，或者直接用鼠标拖动“fx”小图标到垃圾桶（“删除”图标处）。

（2）从图层中移去样式

在“图层”面板中，选择包含要删除的样式的图层，直接将“效果”栏拖动到“删除”图标处，或者选择图层后点击鼠标右键，单击“清除图层样式”，或者执行“图层>图层样式>清除图层样式”指令，如图5-58所示。

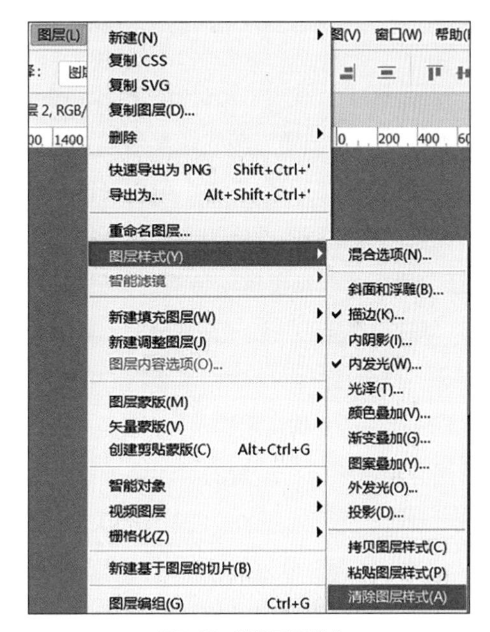


图5-58　清除图层样式

## 5.4.4.4　应用图层样式

**应用图层样式：**即把图层样式和图层合并。

▼ **操作方法**

在目标图层名称右侧空白处单击鼠标右键，然后在弹出的菜单中选择“栅格化图层样式”选项，如图5-59所示。

△ 提示

与其他图层合并的时候，图层样式也会自动被拼合。

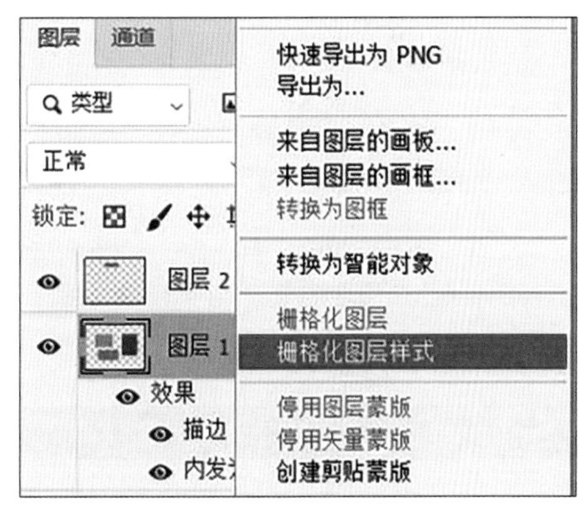


图5-59　栅格化图层样式

## 5.5 图层混合模式

“混合模式”是Photoshop中非常重要的功能，它决定了图像当前的像素与其下方的像素之间不同模式的混合方法，可以在产生各种特效的同时保护原始图像的像素不受损坏。在“图层”面板，修饰工具和绘画工具的选项栏，以及“填充”“描边”和“图层样式”等对话框中都有“混合模式”选项，本节将介绍与图层混合模式相关的操作及用法。

**图层混合模式：**图层的“混合模式”分为基础、变暗、变亮、叠加、色差和色彩6组，共27种模式，如图5-60所示。在“图层”面板中选择一个图层，单击“图层”面板顶部的“混合模式”后会弹出菜单，可以从中选择一种混合模式应用至选择的图层上。在显示混合模式的效果时，请依据以下几种颜色进行确定。

① **混合色：**为通过绘画或编辑工具应用的颜色（即上层图像）。

② **基色：**为图像中的原稿颜色（即下层图像）。

③ **结果色：**为上层图像与下层图像混合后得到的颜色（即最终图像）。

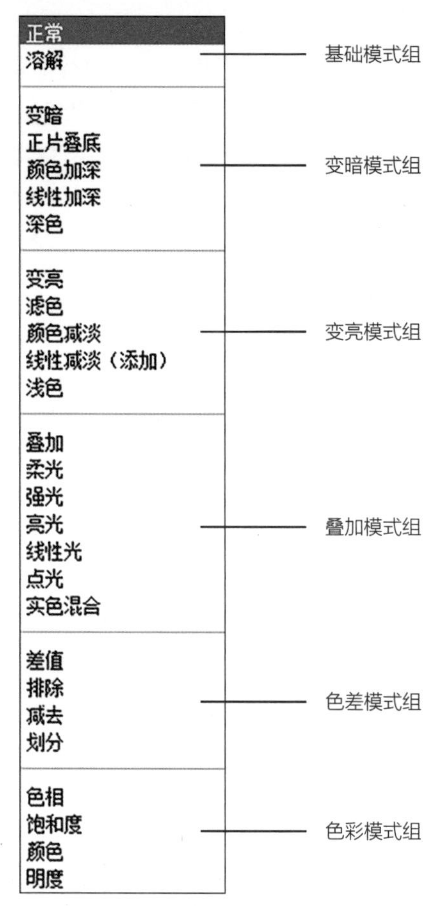


图5-60 27种“混合模式”

△ 提示

①在“混合模式”弹出菜单中，移动鼠标光标至各个选项上时，Photoshop 会在画布上显示混合模式的实时预览效果。

②仅“正常”“溶解”“变暗”“正片叠底”“变亮”“线性减淡（添加）”“差值”“色相”“饱和度”“颜色”“明度”“浅色”和“深色”混合模式适用于32位图像。

### 5.5.1 基础模式组

基础模式组中的混合模式需要搭配“不透明度”或“填充”选项一起使用，其中包括“正常”和“溶解”两种模式。

#### 5.5.1.1 正常模式

**“正常”模式：**该模式为默认模式，不能直接与下层图像产生混合，需要通过降低当前图层的“不透明度”或“填充”数值，才能和下层图像相混合，如图5-61～图5-64所示。

#### 5.5.1.2 溶解模式

**“溶解”模式：**该模式不能直接与下层图像产生混合，需要通过降低当前图层的“不透明度”或“填充”数值，使透明区域的像素随机消融，形成颗粒状的过渡效果，如图5-65～图5-68所示。

图5-61　原始图像（上层）

图5-62　原始图像（下层）

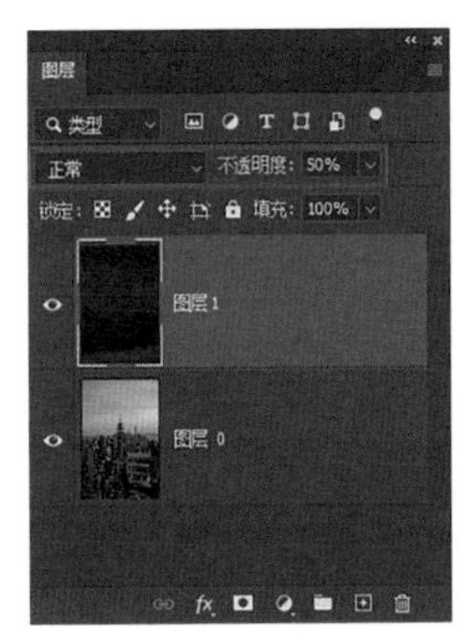

图5-63　“图层”面板

图5-64　最终图像（混合后）

图5-65　原始图像（上层）

图5-66　原始图像（下层）

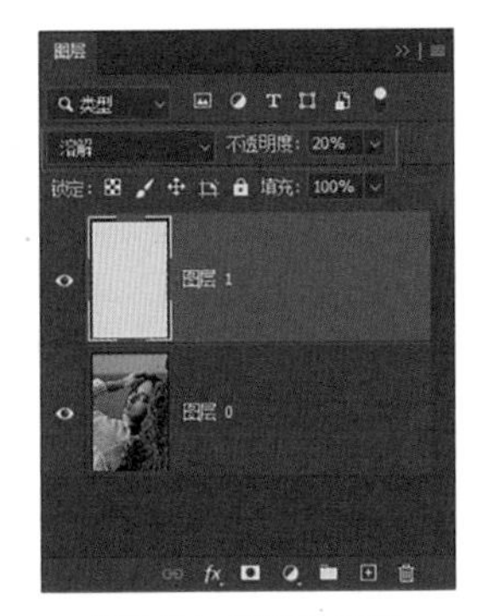

图5-67　“图层”面板

图5-68　最终图像（混合后）

## 5.5.2　变暗模式组

变暗模式组中的混合模式可使图像变暗，上层图像中较亮的像素将被下层图像中较暗的像素替代。变暗模式组包括“变暗”“正片叠底”“颜色加深”“线性加深”和“深色”5种模式。

### 5.5.2.1　变暗模式

**变暗模式：**比较每个通道中的颜色信息，选择基色或混合色中较暗的颜色作为结果色。将替换比混合色亮的像素，而比混合色暗的像素保持不变，如图5-69～图5-72所示。

图5-69　原始图像（上层）

图5-70　原始图像（下层）

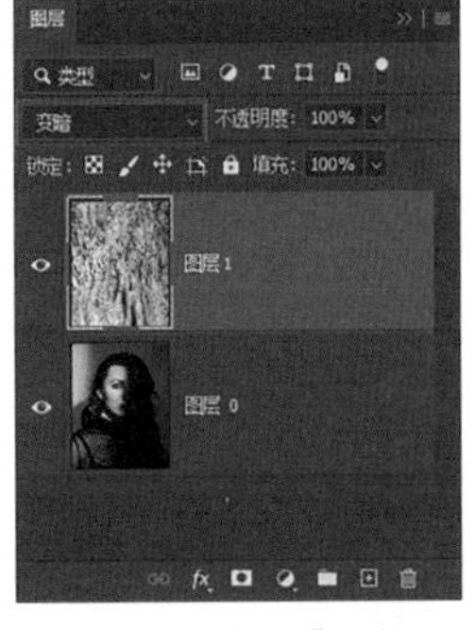

图5-71　“图层”面板

图5-72　最终图像（混合后）

### 5.5.2.2　正片叠底模式

**正片叠底模式：**将基色与混合色进行正片叠底，结果色总是较暗的颜色。任何颜色与黑色正片叠底都会产生黑色，任何颜色与白色正片叠底都会保持不变，产生“抠白留黑”的混合效果。通常使用“正片叠底”模式来叠加线稿，以增加效果图的细节及丰富度（可观察混合后的效果，适当降低线稿图层的“不透明度”），如图5-73～图5-76所示。

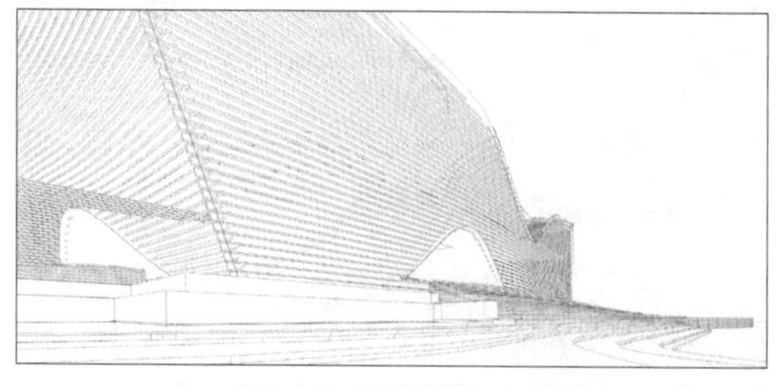
图5-73　原始图像（上层）

图5-74　原始图像（下层）

图5-75　“图层”面板

图5-76　最终图像（混合后）

## 5.5.2.3　颜色加深模式

**颜色加深模式：**比较每个通道中的颜色信息，通过增加上下层图像之间的对比度使基色变暗，以产生混合色，与白色混合后不产生变化，如图5-77～图5-80所示。

图5-77　原始图像（上层）

图5-78　原始图像（下层）

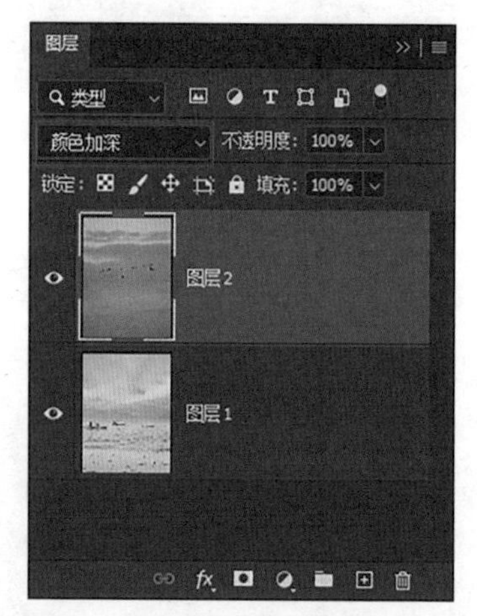

图5-79　“图层”面板

图5-80　最终图像（混合后）

#### 5.5.2.4　线性加深模式

**线性加深模式：**比较每个通道中的颜色信息，并通过减小亮度使基色变暗，以产生混合色，与白色混合后不产生变化。

#### 5.5.2.5　深色模式

**深色模式：**比较上下层图像的所有通道的数值总和，并显示数值较小的颜色，不会产生新的颜色。

### 5.5.3　变亮模式组

变亮模式组产生的混合效果与变暗模式组完全相反，该组中的混合模式可使图像变亮，上层图像中较暗的像素将被下层图像中较亮的像素替代，上层图像中任何比黑色亮的像素都有可能将下层图像提亮。变亮模式组包括“变亮”“滤色”“颜色减淡”“线性减淡（添加）”和“浅色”5种模式。

#### 5.5.3.1　变亮模式

**变亮模式：**比较每个通道中的颜色信息，并选择基色或混合色中较亮的颜色作为结果色。比混合色暗的像素被替换，比混合色亮的像素保持不变，如图5-81～图5-84所示。

图5-81　原始图像（上层）

图5-82　原始图像（下层）

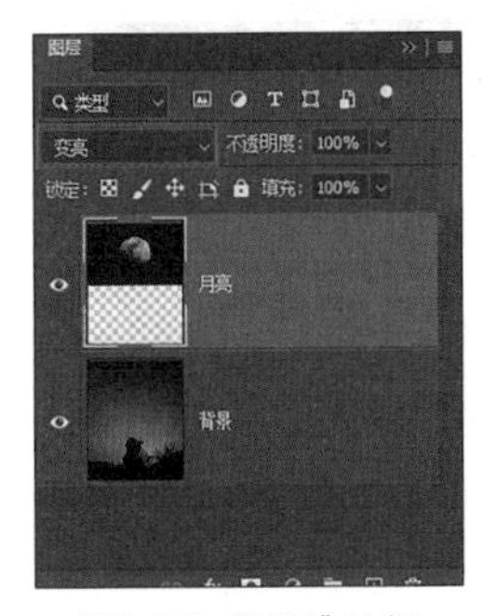


图5-83　“图层”面板

图5-84　最终图像（混合后）

#### 5.5.3.2　滤色模式

**滤色模式：**比较每个通道的颜色信息，并将混合色的互补色与基色进行正片叠底，结果色总是较亮的颜色。用黑色过滤时颜色保持不变，用白色过滤时将产生白色，形成“抠黑留白”的混合效果，如图5-85～图5-88所示。

图5-85　原始图像（上层）

图5-86　原始图像（下层）

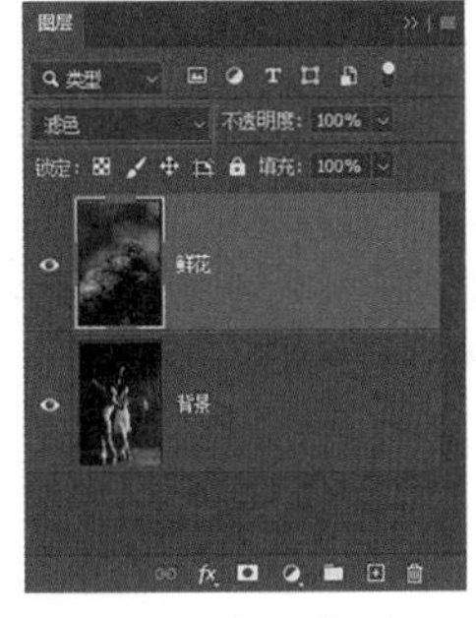


图5-87　“图层”面板

图5-88　最终图像（混合后）

**实用案例：**使用“滤色”模式制作“车灯拖影”效果。

**▼ 操作方法**

**步骤01**　在软件中打开如图5-89所示的“夜晚灯光”素材，使用“裁剪工具”（C）将画布拉宽至原来的2倍，如图5-90所示。

图5-89　“夜晚灯光”素材

图5-90　增加画布宽度

图5-91　将透明区域填充为黑色

**步骤02** 使用“魔棒工具”（W）选中画布中的透明区域，执行快捷键“Alt＋Delete”，以填充黑色的前景色，然后执行快捷键“Ctrl＋D”取消选择，如图5-91所示。

**步骤03** 单击菜单栏的“滤镜>模糊>动感模糊”选项，打开“动感模糊”对话框。在“动感模糊”对话框中，设置“角度”选项为180°，将“距离”选项滑块拖拽至最右端，如图5-92和图5-93所示。

**步骤04** 打开原始图像，将模糊后的“夜晚灯光”素材图像置入文档内，并将其图层混合模式改为“滤色”模式，如图5-94和图5-95所示。

**步骤05** 如果混合后光线效果不够明显，可选择“夜晚灯光”图层，执行快捷键“Ctrl＋J”拷贝该图层，可重复执行该操作直至光线效果明显为止。然后选择所有“夜晚灯光”素材图层，执行快捷键“Ctrl＋E”合并这些图层，并再次将图层混合模式改为“滤色”模式，如图5-96和图5-97所示。

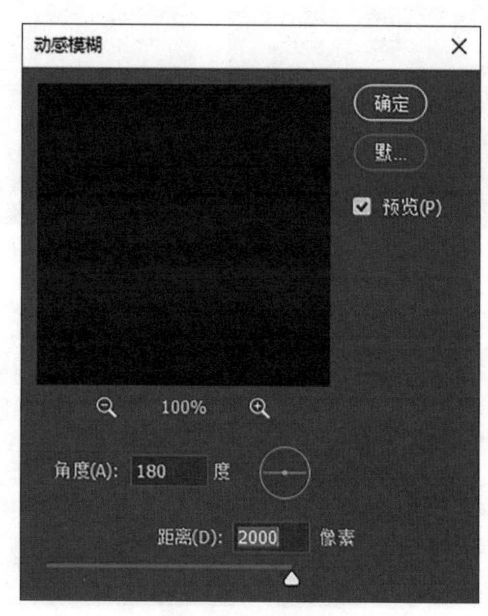


图5-92　“动感模糊”

图5-93　“动感模糊”后的“夜晚灯光”素材

图5-94　“图层”面板

图5-95　图层混合后的图像（“滤色”模式）

图5-96　“图层”面板（合并之后）

图5-97　合并图层之后，图层混合的图像（“滤色”模式）

**步骤06**　选择“夜晚灯光”素材图层，执行快捷键“Ctrl + T”并点击鼠标右键，在弹出式菜单中选择“顺时针旋转90° ”选项。将该素材旋转90° 后再次点击鼠标右键，并在弹出式菜单中选择“透视”选项，然后拖动四周的控制角点，将该素材的透视调整至与原始图像的透视一致即可，如图5-98和图5-99所示。

图5-98　原始图像

图5-99　最终图像

### 5.5.3.3　颜色减淡模式

**颜色减淡模式：**比较每个通道的颜色信息，并通过减小两者之间的对比度使基色变亮，以反映出混合色，与黑色混合则不发生变化，如图5-100～图5-103所示。

图5-100　原始图像（上层）

图5-101　原始图像（下层）

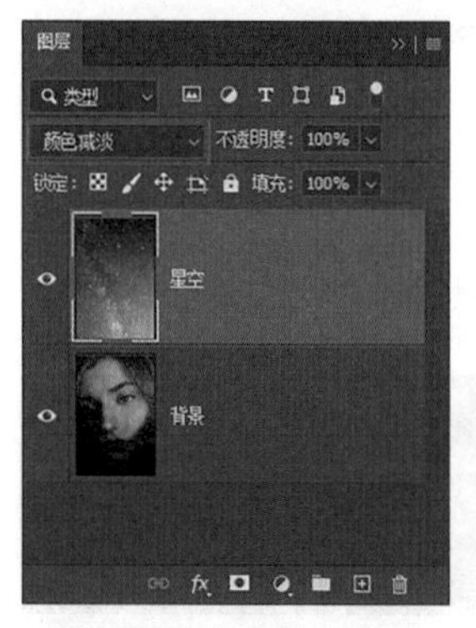

图5-102　“图层”面板

图5-103　最终图像（混合后）

#### 5.5.3.4　线性减淡（添加）模式

**线性减淡（添加）模式：**比较每个通道的颜色信息，并通过增加亮度使基色变亮，以反映混合色，与黑色混合则不发生变化。

#### 5.5.3.5　浅色模式

**浅色模式：**比较上下层图像的每个通道的颜色信息，并选取其中较浅的颜色作为结果色，使图像变亮，不会产生新的颜色。

### 5.5.4　叠加模式组

叠加模式组同时结合了“变暗”模式和“变亮”模式的特性，可以混合出更丰富的效果。在混合时，上层图像中明度值为50%的灰色像素会消失，任何明度值高于50%的像素都有可能将下层图像提亮，而任何明度值低于50%的像素都有可能使下层图像变暗。变亮模式组包括“叠加”“柔光”“强光”“亮光”“线性光”“点光”“实色混合”7种模式。

#### 5.5.4.1　叠加模式

**叠加模式：**对颜色进行正片叠底或过滤，具体取决于基色。图案或颜色在现有像素上叠加，同时保留基色的明暗对比，如图5-104～图5-107所示。

图5-104　原始图像（上层）

图5-105　原始图像（下层）

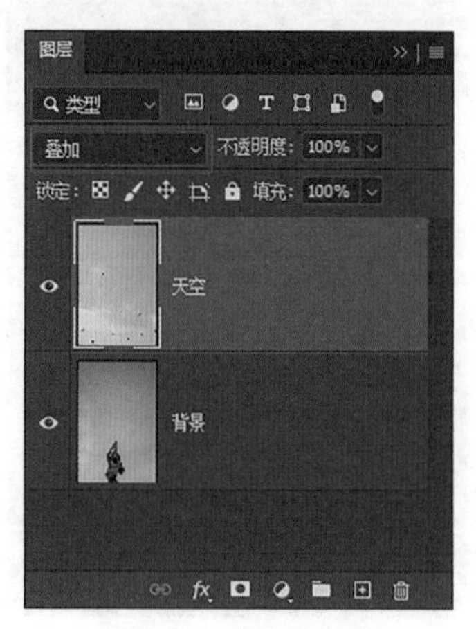

图5-106　“图层”面板

图5-107　最终图像（混合后）

### 5.5.4.2　柔光模式

**柔光模式：**可使颜色变暗或变亮，具体取决于混合色。如果混合色比50%灰色亮，则图像变亮，就像被减淡了一样。如果混合色比50%灰色暗，则图像变暗，就像被加深了一样。混合色中明度值为50%的灰色像素会消失，形成“抠中灰留黑白”的混合效果。使用纯黑色或纯白色上色，可以产生明显变暗或变亮的区域，但不能生成纯黑色或纯白色，如图5-108～图5-111所示。

图5-108　原始图像（上层）

图5-109　原始图像（下层）

图5-110　“图层”面板

图5-111　最终图像（混合后）

**实用案例：**使用“柔光”模式增强图像对比度，使画面更有立体感。

**▼ 操作方法**

**步骤01**　打开如图5-112所示的原始图像，执行快捷键“Ctrl+J”拷贝该图像。

**步骤02**　将拷贝出来的图层的图层混合模式改为“柔光”模式即可（可观察混合后的效果，适当降低上层图像的“不透明度”），如图5-113和图5-114所示。

图5-112　原始图像

图5-113　“图层”面板

图5-114　最终图像（混合后）

### 5.5.4.3　强光模式

**强光模式：**对颜色进行正片叠底或过滤，具体取决于混合色。如果混合色比50%灰色亮，则图像变亮，就像过滤后的效果，这对于向图像添加高光非常有用。如果混合色比50%灰色暗，则图像变暗，就像正片叠底后的效果，这对于向图像添加阴影非常有用。用纯黑色或纯白色上色会产生纯黑色或纯白色，如图5-115～图5-118所示。

图5-115　原始图像（上层）

图5-116　原始图像（下层）

图5-117　“图层”面板

图5-118　最终图像（混合后）

**实用案例：**使用“强光”模式添加“镜头光晕”效果。

**▼ 操作方法**

**步骤01**　打开原始图像，执行快捷键“Ctrl＋Shift＋Alt＋N”新建一个空图层。

**步骤02**　单击工具栏的前景色图标，打开“拾色器（前景色）”面板，将前景色设置为明度值为50%的灰色，并执行快捷键“Alt＋Delete”将该前景色填充至空图层内。

**步骤03**　将“灰色”图层的图层混合模式改为“强光”模式，“灰色”图层内的灰色像素将不可见，如图5-119所示。

**步骤04**　选择“灰色”图层，在其上添加“镜头光晕”滤镜效果即可，此时可对该滤镜效果进行移动、调整“色相/饱和度”等操作，如图5-120和图5-121所示（有关添加“镜头光晕”滤镜效果的操作，详见4.7.6.3小节的相关内容）。

图5-119　原始图像

图5-120　最终图像（添加“镜头光晕”后）

图5-121　最终图像（调整“色相”后）

#### 5.5.4.4　亮光模式

**亮光模式：**通过增加或减小对比度来加深或减淡颜色，具体取决于混合色。如果混合色比 50% 灰色亮，则通过减小对比度使图像变亮。如果混合色比 50% 灰色暗，则通过增加对比度使图像变暗。

#### 5.5.4.5　线性光模式

**线性光模式：**通过减小或增加亮度来加深或减淡颜色，具体取决于混合色。如果混合色比 50% 灰色亮，则通过增加亮度使图像变亮。如果混合色比 50% 灰色暗，则通过减小亮度使图像变暗。

#### 5.5.4.6　点光模式

**点光模式：**根据混合色替换颜色。如果混合色比 50% 灰色亮，则替换比混合色暗的像素，而不改变比混合色亮的像素。如果混合色比 50% 灰色暗，则替换比混合色亮的像素，而比混合色暗的像素保持不变。这对于向图像添加特殊效果非常有用。

#### 5.5.4.7　实色混合模式

**实色混合模式：**将混合色的红色、绿色和蓝色通道值添加到基色的 RGB 值。如果通道的结果总和大于或等于 255，则值为 255；如果小于 255，则值为 0。因此，所有混合像素的红色、绿色和蓝色通道值要么是 0，要么是 255。此模式会将所有像素更改为主要的加色（红色、绿色或蓝色）、白色或黑色。

### 5.5.5　色差模式组

色差模式组比较上下层图像的颜色信息，可能会从基色中减去混合色，或从混合色中减去基色。如果上层图像中存在白色，白色图层将会使下层图像产生“反相”效果，而黑色不会影响下层图像。色差模式组包括“差值”“排除”“减去”“划分”4种模式。

#### 5.5.5.1　差值模式

**差值模式：**比较每个通道中的颜色信息，并从基色中减去混合色，或从混合色中减去基色，具体取决于哪一个颜色的亮度值更大。与白色混合将反转基色值；与黑色混合则不产生变化。

#### 5.5.5.2　排除模式

**排除模式：**效果与差值模式相似但其对比度更低。与白色混合将反转基色值，与黑色混合则不发生变化。

#### 5.5.5.3　减去模式

**减去模式：**比较每个通道中的颜色信息，并从基色中减去混合色，任何生成的负值都会剪切为零。

#### 5.5.5.4　划分模式

**划分模式：**比较每个通道中的颜色信息，并从基色中划分混合色。

### 5.5.6　色彩模式组

色彩模式组将色彩三要素——“色相”“饱和度”“明度”中的一种或两种要素分别应用至混合的图像中，色彩模式组包括“色相”“饱和度”“颜色”和“明度”4种模式。

#### 5.5.6.1　色相模式

**色相模式：**用基色的明亮度和饱和度以及混合色的色相创建结果色，如图5-122～图5-125所示。

图5-122　原始图像（上层）

图5-123　原始图像（下层）

图5-124　“图层”面板

图5-125　最终图像（混合后）

### 5.5.6.2　饱和度模式

**饱和度模式：**用基色的明亮度和色相以及混合色的饱和度创建结果色，在无（0）饱和度（灰度）区域上用此模式，将不会产生任何变化。

### 5.5.6.3　颜色模式

**颜色模式：**用基色的明亮度以及混合色的色相与饱和度创建结果色。这样可以保留图像中的灰阶，并且对于给单色图像上色和给彩色图像着色都会非常有用，如图5-126～图5-129所示。

### 5.5.6.4　明度模式

**明度模式：**用基色的色相与饱和度以及混合色的明亮度创建结果色，此模式创建与颜色模式相反的效果。

图5-126　原始图像（上层）

图5-127　原始图像（下层）

图5-128　“图层”面板

图5-129　最终图像（混合后）

## 5.6 课后练习

为图5-130制作剖面纹理，最终效果如图5-131所示。本题主要练习去色、添加杂色、动感模糊、正片叠底、蒙版等操作，读者可以关注公众号“卓越软件官微”，回复“课后练习素材”获取相关素材文件。

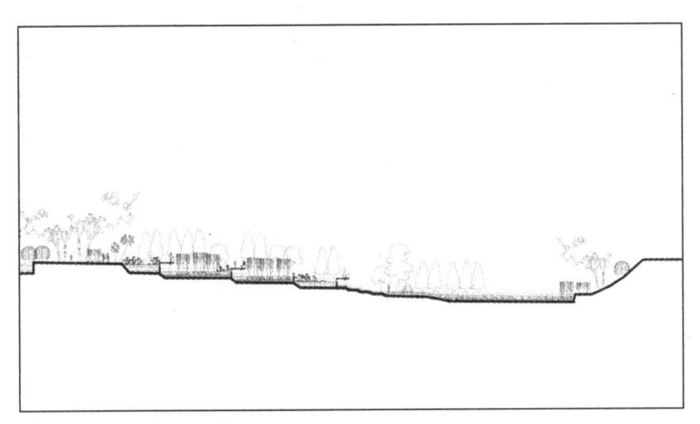

图5-130 原始图片

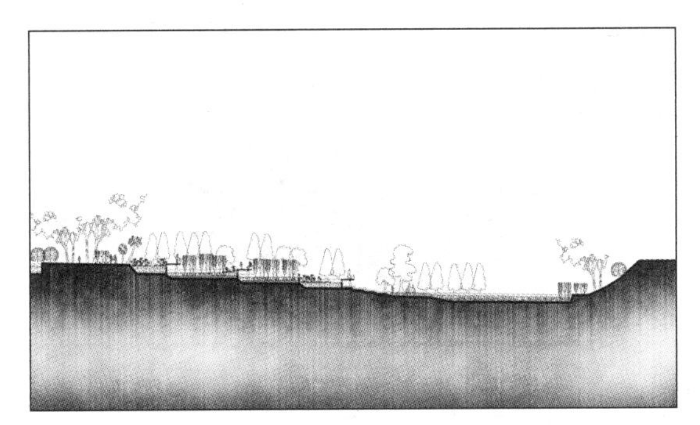

图5-131 制作剖面纹理后的效果

# 第6章　Photoshop技巧专题

6.1 抠图专题

6.2 去水印专题

6.3 阴影/倒影/光影制作专题

6.4 批处理专题

6.5 填充专题

6.6 课后练习

# 6.1　抠图专题

抠图是使用Photoshop制作效果图的重要技巧，在Photoshop 中有许多抠图的方法，本节将介绍几种常用的抠图方法。

## 6.1.1　一般抠图——选择工具

对于简单的图像（背景颜色单一、主体轮廓清晰的图像），可以使用“选框工具”和“套索工具”等进行抠图（有关“选择工具”的操作介绍详见3.2节的相关内容）。

## 6.1.2　边缘处理——调整边缘

对于复杂的图像（主体轮廓复杂，如毛发类图像），可以使用“选择并遮住”工作区中的“调整边缘画笔工具”进行抠图。

▼ **操作方法**

步骤01　启动“选择并遮住”工作区，在Photoshop 中打开图像并执行以下一种操作：

方法 01 执行快捷键“Ctrl + Alt + R”；

方法 02　点击菜单栏的“选择>选择并遮住”选项；

方法 03 启用选择工具，例如“快速选择工具”“魔棒工具”或“套索工具”，选择大致范围，然后单击选项栏中的“选择并遮住”按钮，如图6-1所示。

图6-1　“快速选择工具”选项栏的“选择并遮住”按钮

步骤02　将左上角的视图模式改为“叠加”，使用右侧工具栏的“调整边缘画笔工具”在主体轮廓上涂抹，要更改画笔大小和硬度，请按“Alt + 鼠标右键”滑动，如图6-2所示。

步骤03　可在“属性”面板中设置以下选项以调整选区。

（1）调整模式

① **颜色识别：** 若图像背景为简单或对比鲜明的图像时可选择此模式来优化边缘。

② **对象识别：** 若图像背景为复杂的头发或毛皮图像时可选择此模式来优化边缘。

（2）边缘检测设置

① **半径：** 确定发生边缘调整的选区边框的大小。

② **智能半径：** 允许选区边缘出现宽度可变的调整区域。

（3）全局调整设置

① **平滑：** 减少选区边界中的不规则区域（“山峰和低谷”）以创建较平滑的轮廓。

② **羽化：** 模糊选区与周围的像素之间的过渡效果。

③ **对比度：** 增大时，沿选区边框的柔和边缘的过渡会变得不连贯。

④ **移动边缘：** 使用负值向内移动柔化边缘的边框，或使用正值向外移动这些边框。向内移动这些边框有助于从选区边缘移去不想要的背景颜色。

（4）输出设置

① **净化颜色：** 将彩色边替换为附近完全选中的像素的颜色。

② **输出到：** 决定调整后的选区是变为当前图层上的选区或蒙版，还是生成一个新图层或文档。

**步骤04** 单击“确定”按钮或者按“回车”键确认，然后对其添加图层蒙版，如图6-3所示（有关添加图层蒙版的操作介绍，详见5.2节的相关内容）。

图6-2 “选择并遮住”工作区

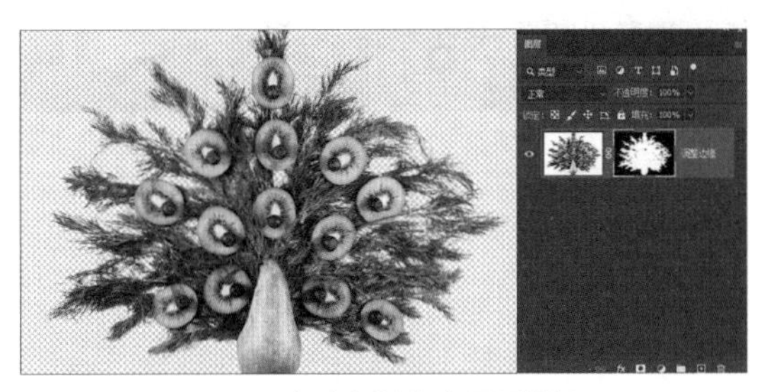

图6-3 抠出主体并添加图层蒙版

## 6.1.3 简单单色——魔棒工具/色彩范围

对于主体与背景颜色差异较大且边界清晰的图像，可以使用“魔棒工具”和“色彩范围”功能进行抠图。

### 6.1.3.1 魔棒工具

在制作效果图时，通常会使用“魔棒工具”搭配渲染元素类图像进行抠图（有关“魔棒工具”的操作介绍详见3.2.3.2小节的相关内容）。

### 6.1.3.2 色彩范围

使用“色彩范围”命令可选择现有选区或整个图像内指定的颜色或色彩范围。

▼ **操作方法**

**步骤01** 单击菜单栏的“选择>色彩范围”选项，调出“色彩范围”面板，如图6-4所示。

**步骤02** 将吸管指针放在图像或预览区域上，然后单击要选择的颜色区域以进行取样。若要添加颜色，应选择加色吸管工具，并在预览区域或图像中单击。若要移去颜色，请选择减色吸管工具并在预览区域或图像中单击，如图6-5所示。

**步骤03** 单击“确定”按钮或者按“回车”键确认，如有需要可执行快捷键“Ctrl + Shift + I”进行反选，然后对其添加图层蒙版，如图6-6所示（有关添加图层蒙版的操作介绍，详见5.2节的相关内容）。

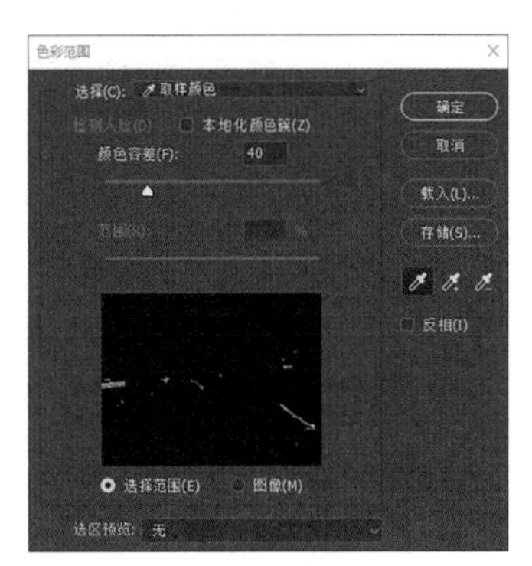


图6-4 “色彩范围”面板

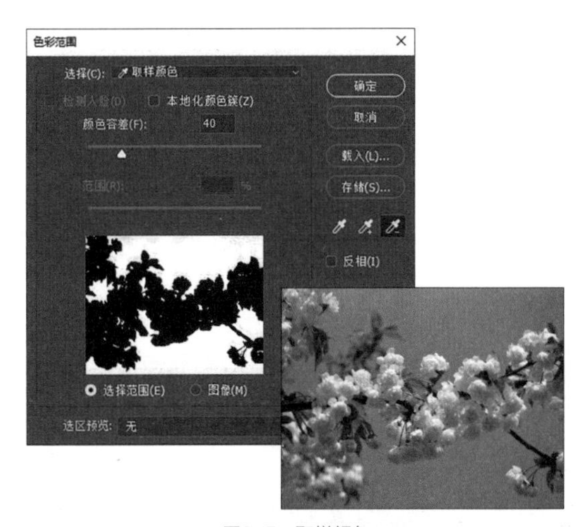


图6-5 取样颜色

图6-6 抠出主体并添加图层蒙版

## 6.1.4 强烈对比——通道抠图

对于主体与背景颜色对比度较大的复杂图像，可以使用“通道”进行抠图。此处以替换“山别墅”图像的天空为例，介绍通道抠图的方法。

### ▼ 操作方法

**步骤01** 在 Photoshop 中打开如图6-7所示的图像，并命名为“山别墅”。

**步骤02** 复制“通道”面板中天空与前景主体颜色对比较大的“蓝”通道，可执行以下一种操作。

**方法 01**

**步骤①：**选中“蓝”通道，执行快捷键“Ctrl＋A”以全选该通道的所有像素。

**步骤②：**执行快捷键“Ctrl＋C”进行复制，然后点击“RGB”复合通道以确保图像颜色正常显示。

**步骤③：**在“图层”面板中执行快捷键“Ctrl＋V”进行粘贴，并命名为“通道抠图”，如图6-8所示。

**方法 02** 拖动“蓝”通道至“通道”面板下方的图标（⊞）进行复制，如图6-9所示。

**步骤03** 选中复制出来的通道图，使用“色阶”命令（快捷键“Ctrl＋L”）将图像调整为黑白图像，如图6-10和图6-11所示。

图6-7 “山别墅”图像

图6-8 复制“蓝”通道（方法1）

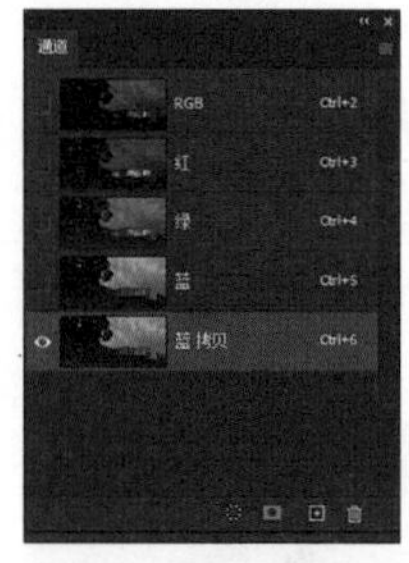


图6-9 复制“蓝”通道（方法2）

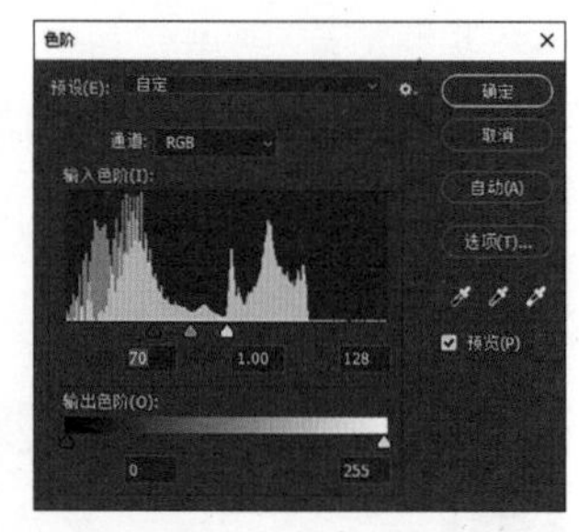


图6-10 “色阶”面板

图6-11 “山别墅”黑白图像

**步骤04** 选择天空区域，可执行以下一种操作。

**方法 01** 使用“魔棒工具”（快捷键“W”）单击天空区域，然后使用“多边形套索工具”（快捷键“L”），按住“Alt”键选择前景主体区域的白色区域（如有需要可搭配渲染元素“山别墅-Mareail ID”图像进行去选）。

**方法 02** 使用“画笔工具”（快捷键“B”）将前景主体区域涂抹成黑色，然后使用“魔棒工具”（快捷键“W”）单击天空区域。

**步骤05** 创建“图层蒙版”使天空区域不可见，如图6-12所示，可执行以下一种操作。

**方法 01** 选中“山别墅”图层，点击“图层”面板下方的图标（◘）以创建“图层蒙版”，然后执行快捷键“Ctrl＋I”进行反相。

**方法 02** 执行快捷键“Ctrl＋Shift＋I”进行反选，然后选中“山别墅”图层，点击“图层”面板下方的图标（◘）以创建“图层蒙版”。

**步骤06** 置入天空素材“星空”，将其移动至“山别墅”图层下方，并命名为“星空”。

**步骤07** 执行快捷键“Ctrl＋T”，然后点击鼠标右键，在弹出来的菜单中选择“水平翻转”。接着将其缩放至合适的大小，移动至合适的位置，如图6-13所示。

图6-12 添加“图层蒙版”

图6-13 替换天空素材“星空”

## 6.1.5 消除杂边——混合剪贴法

混合剪贴法可消除抠图后主体边界处残留的背景颜色，俗称杂边。利用图层混合模式中的“颜色”模式+“剪贴蒙版”+“画笔工具”，可达到去除杂边的效果。

### ▼ 操作方法

**步骤01** 在 Photoshop 中打开如图6-14所示的图像，并命名为“头发”。

图6-14 置入“头发”图像

**步骤02** 使用“调整边缘画笔工具”进行抠图，如图6-15所示（该操作可参考6.1.2小节的相关内容）。

**步骤03** 执行快捷键“Ctrl+Shift+Alt+N”新建空图层，将其图层混合模式改为“颜色”。

**步骤04** 为避免影响其他图像，需创建“剪贴蒙版”，可执行以下一种操作。

**方法 01** 按住“Alt”键，将鼠标光标置于这两个图层之间的线上，此时光标会变成“ ”图标，然后单击即可。

**方法 02** 选择该图层，并在其后方空白处点击鼠标右键，在弹出来的菜单中选择“创建剪贴蒙版”选项。

**步骤05** 选择“画笔工具”（快捷键“B”），按住“Alt”键吸取头发的颜色，然后在有残留背景颜色的区域进行涂抹即可，如图6-16所示。

图6-15 抠出主体

图6-16 使用混合剪切法消除杂边

# 6.2 去水印专题

在Photoshop 中有许多去水印的方法，本节将介绍几种常用的去水印小技巧。

## 6.2.1 修补工具去水印

“修补工具”可去除普通的水印（有关“修补工具”的操作介绍详见3.4.1.3小节的相关内容）。

**▼ 操作方法**

执行“修补工具”的快捷键“J”，拖动光标在水印周围建立选区（此处亦可用“选择工具”建立选区）。将鼠标光标移动至选区内部，然后单击鼠标左键并拖动光标将选区移至水印附近的区域，释放鼠标即可，如图6-17和图6-18所示。

图6-17 去水印前

图6-18 去水印后

## 6.2.2 内容识别填充去水印

通过“内容识别填充”可将附近的相似图像内容不留痕迹地填充选定部分，以达到快速去除水印的效果。

**▼ 操作方法**

**步骤01** 选择主体，可使用选择工具（如“选框工具”或“魔棒工具”等）选择要去除的水印。

**步骤02** 进行内容识别填充，可执行以下一种操作。

**方法 01** 在选区内单击鼠标右键，然后选择“内容识别填充…”选项，或者选择菜单栏的“编辑>内容识别填充…”选项，打开“内容识别填充”面板，如图6-19所示。可以在此面板中调整以下设置，当对填充结果满意时，单击“确定”即可。

（1）取样区域选项

① **自动：** 选择此选项可使用类似填充区域周围的内容。

② **矩形：** 选择此选项可使用填充区域周围的矩形区域。

③ **自定：** 选择此选项可手动定义取样区域。使用“取样画笔工具”添加到取样区域。

④ **对所有图层取样：** 选择此选项可从文档的所有可见图层对源像素进行取样。

（2）填充设置

① **颜色适应：** 允许调整对比度和亮度以取得更好的匹配度，此设置用于填充包含渐变颜色或纹理变化的内容。

② **旋转适应：** 允许旋转内容以取得更好的匹配度，此设置用于填充包含旋转或弯曲图案的内容。

③ **缩放：**选择此选项可允许调整内容大小以取得更好的匹配度，此选项非常适合填充包含具有不同大小或透视的重复图案的内容。

④ **镜像：**选择此选项可允许水平翻转内容以取得更好的匹配度。此选项用于水平对称的图像。

（3）输出设置

① **输出到：**将“内容识别填充”应用于当前图层、新图层或复制图层。

图6-19 “内容识别填充”面板

**方法 02** 执行快捷键“Shift＋F5”调出“填充”面板，将填充内容改为“内容识别”选项，如图6-20所示。然后单击“确定”按钮或者按“回车”键确认即可，此方法会随机填充并合成相似的图像内容，效果如图6-21和图6-22所示。

图6-20 “填充”面板

图6-21 去水印前

图6-22 去水印后

△ 提示

在给信息较为复杂的图像去水印时，为保证完全选中水印区域，可点击菜单栏的“选择-修改-扩展”选项进行选区扩展。适当扩展水印周围的选区边缘，可使去水印的效果更加完美。

## 6.2.3 图层混合模式去水印

对于图像中重复出现的简单半透明水印，可使用图层混合模式中的“颜色减淡”模式进行去除。此方法有一定的限制条件，需保证图像中有一处水印所在的区域周围颜色为白色。

▼ **操作方法**

**步骤01** 选择主体，可使用“矩形选框工具”（快捷键“M”）选择白色背景中的水印。

**步骤02** 执行快捷键“Ctrl＋J”复制水印，制作水印副本。

**步骤03** 选中副本，执行快捷键“Ctrl＋I”进行反相。

**步骤04** 将副本的图层混合模式改为“颜色减淡”。

**步骤05** 使用“移动工具”（快捷键“V”），按住“Alt”键移动并复制副本至其他水印位置。重复执行此步骤，直至所有水印去除，如图6-23和图6-24所示。

图6-23 去水印前

图6-24　去水印后

### 6.2.4　批量字体去水印

快速去除复杂的图像中的多个字体水印，可使用“文字工具”制作水印副本，通过移动并复制副本，达到一次性去除多个水印的效果。

**▼ 操作方法**

步骤01　制作水印副本，可使用“文字工具”（快捷键“T”）写出与水印相同的文字。尽量选择相似的字体，并调整好字体大小及旋转方向，能大致遮住水印即可。

步骤02　使用“移动工具”（快捷键“V”），按住“Alt”键移动并复制副本至其他水印位置。重复执行此步骤，直至覆盖所有水印。

步骤03　选中所有文字图层，执行快捷键“Ctrl+E”，将其合并至一个图层，并命名为“水印副本”。

步骤04　按住“Ctrl”键，并单击“水印副本”图层的缩览图，全选该图层的所有像素。

步骤05　选中原图，执行快捷键“Shift+F5”调出“填充”面板，将填充内容改为“内容识别”选项，然后单击“确定”按钮或者按“回车”键确认即可，效果如图6-25和图6-26所示。

图6-25　去水印前

图6-26　去水印后

## 6.3　阴影 / 倒影 / 光影制作专题

为了使效果图更加真实，需要在画面中增加各种阴影效果，如动植物阴影、水面倒影、人物光影和平面树光影等效果，本节将介绍此类阴影效果的制作技巧。

### 6.3.1　制作动植物阴影

在网上下载的各类配景素材（人物、植物等）大多数不会自带阴影，为了使画面更加真实，需手动制作此类素材的阴影。

**▼ 操作方法**

步骤01　置入“人物”素材，并将其命名为“人物”，如图6-27所示。

步骤02　选中“人物”图层，执行快捷键“Ctrl+J”进行复制，并命名为“阴影”。

**步骤03** 按住“Ctrl＋”键，单击“阴影”图层的缩览图，以全选所有像素。

**步骤04** 执行快捷键“Alt＋Delete”填充前景色（黑色/深蓝色），如图6-28所示。

**步骤05** 将“阴影”图层移动至“人物”图层下方，然后执行快捷键“Ctrl＋T”，按住“Ctrl”键并拖拽上方中心位置的控制点，按照正常的光照方向进行移动，并调整到合适的位置，如图6-29所示。

**步骤06** 将“阴影”图层的不透明度降低至合适的大小，如图6-30所示。

**步骤07** 如有必要，可进一步添加阴影细节，使用“模糊工具”涂抹“阴影”上端。

**步骤08** 对“阴影”图层添加“图层蒙版”，在蒙版内使用“渐变工具”（快捷键“G”）填充由白到黑的“径向渐变”颜色，如图6-31所示。

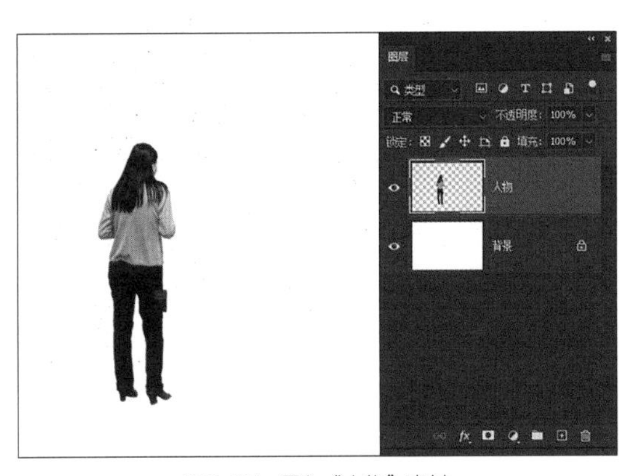


图6-27　置入“人物”素材

图6-28　填充“阴影”图层颜色

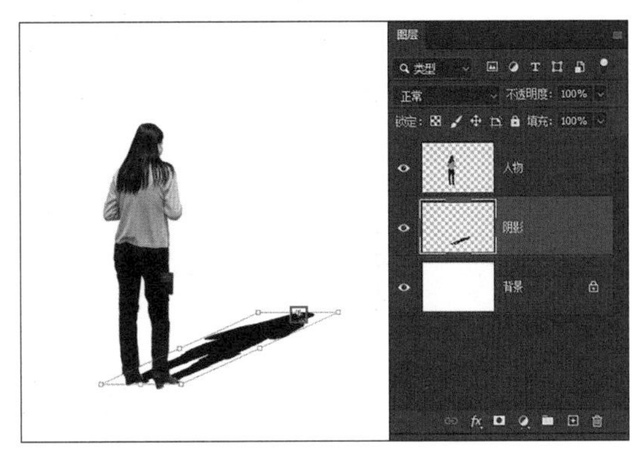


图6-29　变换“阴影”形状

图6-30　降低“阴影”图层不透明度

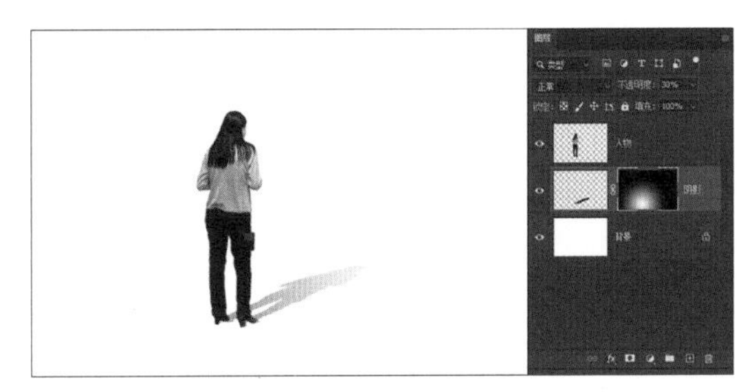

图6-31　添加细节后的最终图像

## 6.3.2　制作水面倒影

在制作有水面/海面的效果图时，为了使画面更加真实，需手动制作水面/海面上的倒影。

### ▼ 操作方法

**步骤01** 置入要添加水面倒影的图像，并将其命名为“底图”，如图6-32所示。

**步骤02** 使用“矩形选框工具”（快捷键“M”）选中海面以上的区域，然后执行快捷键“Ctrl＋J”将其复制出来，并将其命名为“建筑”。

**步骤03** 执行快捷键“Ctrl＋T”，按住“Ctrl”键并拖拽上方中心位置的控制点向下移动至合适的位置，如图6-33所示。

图6-32　置入图像

图6-33　制作水面倒影

步骤04　选择菜单栏的“滤镜>模糊>高斯模糊”，在“高斯模糊”面板中适当增加模糊半径，如图6-34所示。

步骤05　选择菜单栏的“滤镜>模糊>动感模糊”，在“动感模糊”面板中将“角度”设置为“0”，并适当增加模糊距离，如图6-35所示。

步骤06　将“建筑”图层的不透明度降低至合适的大小，如图6-36所示。

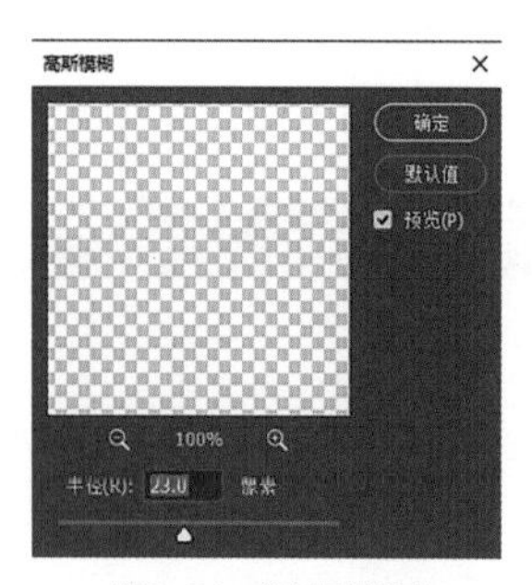

图6-34　“高斯模糊”

图6-35　“动感模糊”

图6-36　最终图像

## 6.3.3　绘制人物光影

当人物素材的光影效果与效果图的光影效果不匹配时，为了使画面更加真实，需手动绘制高光和阴影的效果。

### ▼ 操作方法

（1）绘制高光

步骤01　置入“人物”素材，并将其命名为“人物”，如图6-37所示。

步骤02　执行快捷键“Ctrl＋Shift＋Alt＋N”新建空图层，并命名为“高光”，然后执行快捷键“Alt＋Delete”填充前景色（黑色）。

步骤03　将“高光”图层的混合模式改为“颜色减淡”。

步骤04　执行快捷键“X”将前景色切换为白色，然后使用“画笔工具”（快捷键“B”）在人物的高光区域进行涂抹，如图6-38所示。

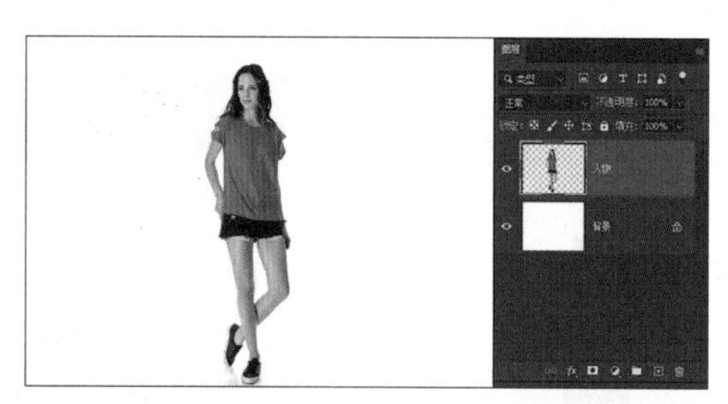
图6-37　置入“人物”素材

图6-38　绘制高光

△ 提示

为使高光效果更加自然，可在涂抹之前适当降低“画笔工具”的“不透明度”和“流量”，以及降低“高光”图层的“不透明度”。在涂抹过程中可按“X”键切换前景色和背景色进行修改。

（2）绘制阴影

**步骤01** 选中“人物”图层，并将其命名为“人物”，执行快捷键“Ctrl+Shift+Alt+N”新建空图层，并命名为“阴影”。

**步骤02** 将“阴影”图层的混合模式改为“正片叠底”。

**步骤03** 为避免影响其他图像，需创建“剪贴蒙版”，可执行以下一种操作。

**方法 01** 按住“Alt”键，将鼠标光标置于这两个图层之间的线上，此时光标会变成“ ”图标，然后单击即可。

**方法 02** 选择该图层，并在其后方空白处右击，在弹出来的菜单中选择“创建剪贴蒙版”选项。

**步骤04** 执行快捷键“X”将前景色切换为黑色，然后使用“画笔工具”（快捷键“B”）在人物的高光区域进行涂抹，如图6-39所示。

图6-39 绘制阴影

> **提示**
>
> 为使高光效果更加自然，可在涂抹之前适当降低“画笔工具”的“不透明度”和“流量”，以及降低“阴影”图层的“不透明度”。在涂抹过程中可按“X”键切换前景色和背景色进行修改。

## 6.3.4 绘制平面植物光影

在制作总平图时，当平面植物素材的光影效果与总平图的光影效果不匹配时，为了使画面更加真实，需手动绘制高光和阴影，以及增加投影效果。

### 操作方法

（1）绘制高光

**步骤01** 置入“平面树”素材，并将其命名为“平面树”，如图6-40所示。

**步骤02** 使用“减淡工具”（快捷键“O”）在树的高光区域进行涂抹，如图6-41所示。

（2）绘制阴影

使用“加深工具”（快捷键“O”）在树的阴影区域进行涂抹，如图6-42所示。

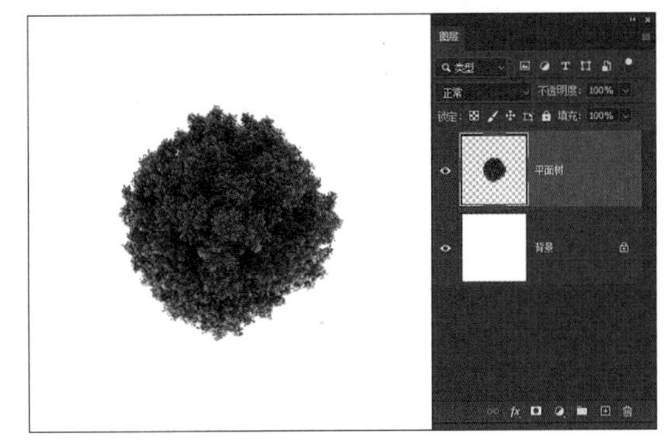

图6-40 置入“平面树”素材

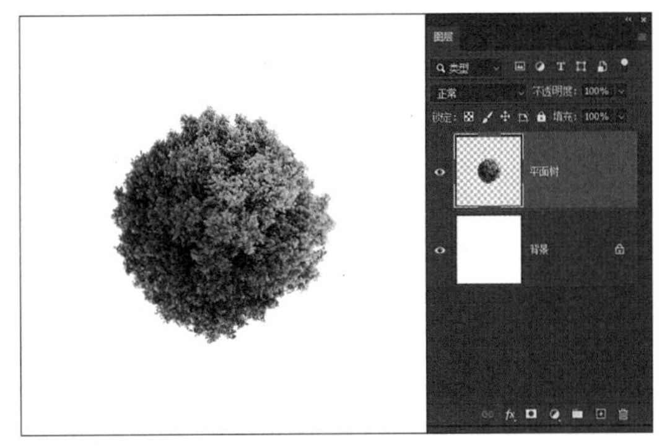

图6-41 绘制高光

图6-42 绘制阴影

△ 提示

为使高光和阴影的效果更加自然，可在涂抹前将“加深工具”和“减淡工具”的“范围”设置为“中间调”。

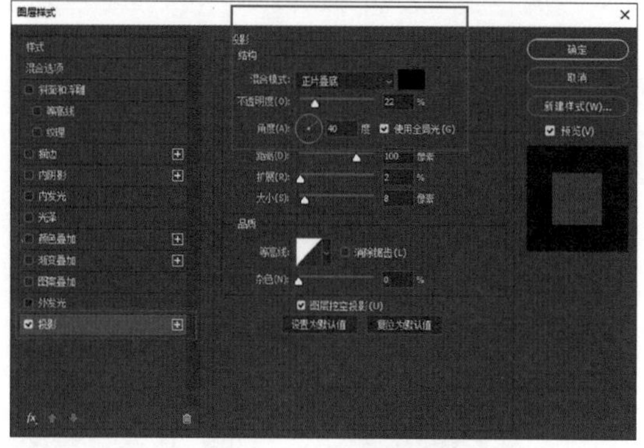

图6-43 “图层样式”面板

（3）增加投影

双击“平面树”图层右边空白处，调出“图层样式”面板，勾选“投影”选项，并设置合适的参数，如图6-43和图6-44所示。

图6-44 增加投影

# 6.4 批处理专题

在Photoshop 中有许多批量处理文件的方法，如批量载入文件、批量转换文件格式以及全景图制作等方法，本节将介绍几种常用的批量处理文件的方法。

## 6.4.1 批量载入文件

**将文件载入堆栈：**可将多张图片一次性置入同一文档内，组合成一个多图层图像。

**▼ 操作方法**

步骤01 单击菜单栏的“文件>脚本>将文件载入堆栈”选项，调出“载入图层”面板，如图6-45所示。

步骤02 单击“浏览”选项，选择需要置入的多张图片，然后单击“确定”按钮或者按“回车”键确认即可。

## 6.4.2 批量转换文件格式

**图像处理器：**可以将一组文件转换为JPEG、PSD 或 TIFF 格式之一，或者将文件同时转换为所有三种格式。

**▼ 操作方法**

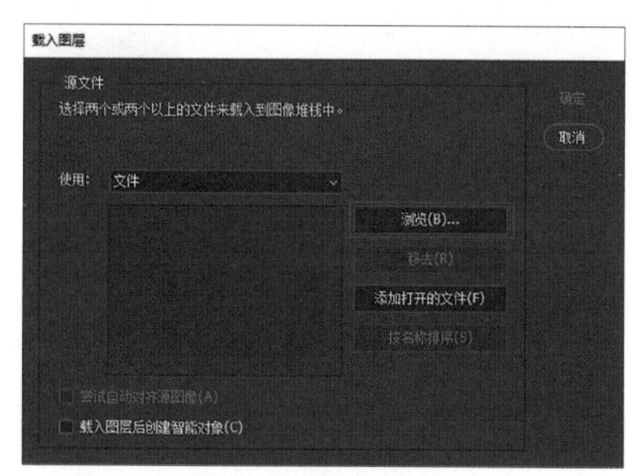


图6-45 “载入图层”面板

步骤01 单击菜单栏的“文件>脚本>图像处理器”选项，调出“图像处理器”面板，如图6-46所示。

步骤02 选择要处理的图像。可以选择处理任何打开的文件，也可以选择处理一个文件夹中的文件。

步骤03 选择要存储处理后的文件的位置。如果多次处理相同文件并将其存储到同一目标，每个文件都将以其自己的文件名存储，而不进行覆盖。

**步骤04** 选择要存储的文件类型和选项，可以选择储存为以下三种文件类型。

① **存储为 JPEG：**将图像以 JPEG 格式存储在目标文件夹内名为 JPEG 的文件夹中，可设置 JPEG 图像品质（0～12，12为品质最佳）。

② **存储为 PSD：**将图像以 Photoshop 格式存储在目标文件夹内名为“PSD”的文件夹中。

③ **存储为 TIFF：**将图像以 TIFF 格式存储在目标文件夹内名为“TIFF”的文件夹中。

**步骤05** 单击“运行”选项按钮即可。

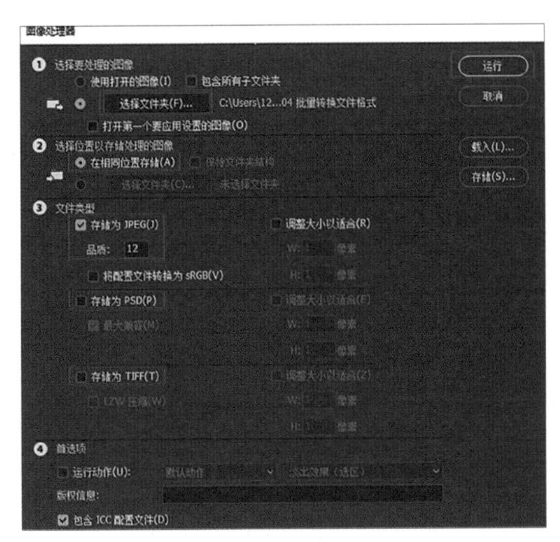

图6-46 “图像处理器”面板

## 6.4.3　全景图制作

**Photomerge：**将多幅照片组合成一个连续的图像。例如，可以拍摄五张连续且重叠的照片，利用“Photomerge”命令能够将它们合并到一张全景图中。

### ▼ 操作方法

**步骤01** 单击菜单栏的“文件 > 自动 > Photomerge”选项，调出“Photomerge”面板，如图6-47所示。

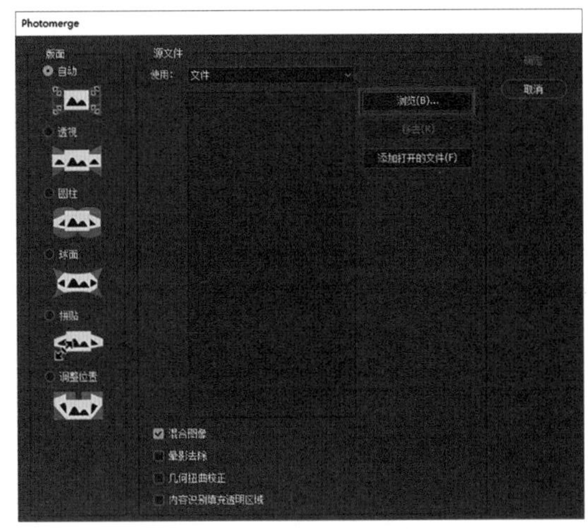

图6-47 “Photomerge”面板

**步骤02** 在“Photomerge”面板的“源文件”下，从“使用”菜单中选取下列选项之一。

① **文件：**使用个别文件生成 Photomerge 合成图像。

② **文件夹：**使用存储在一个文件夹中的所有图像来创建 Photomerge 合成图像。

**步骤03** 通过执行下列操作之一来选择要使用的图像。

① 若选择图像文件或图像所在的文件夹，请单击“浏览”按钮并浏览到文件或文件夹。

② 若使用目前在 Photoshop 中打开的图像，请单击“添加打开的文件”按钮。

③ 若从“源文件”列表中删除图像，请选择文件并单击“移去”按钮。

**步骤04** 选择一个版面选项。

① **自动：**Photoshop 分析源图像并应用“透视”或“圆柱”和“球面”版面，具体取决于哪一种版面能够生成更好的 Photomerge。

② **透视：**通过将源图像中的一个图像（默认情况下为中间的图像）指定为参考图像来创建一致的复合图像。然后将变换其他图像（必要时，进行位置调整、伸展或斜切），以便匹配图层的重叠内容。

③ **圆柱：**通过在展开的圆柱上显示各个图像来减少在“透视”版面中会出现的“领结”

扭曲。文件的重叠内容仍匹配。将参考图像居中放置。最适合于创建宽全景图。

④ **球面：**将图像对齐并变换，效果类似于映射球体内部，模拟观看360° 全景的视觉体验。如果拍摄了一组环绕360° 的图像，使用此选项可创建360° 全景图。

⑤ **拼贴：**对齐图层并匹配重叠内容，同时变换（旋转或缩放）任何源图层。

⑥ **调整位置：**对齐图层并匹配重叠内容，但不会变换（伸展或斜切）任何源图层。

步骤05 选择以下任意选项。

① **混合图像：**找出图像间的最佳边界并根据这些边界创建接缝，匹配图像的颜色。关闭“混合图像”时，将执行简单的矩形混合。如果要手动修饰混合蒙版，此操作将更为可取。

② **晕影去除：**在由于镜头瑕疵或镜头遮光处理不当而导致边缘较暗的图像中去除晕影并执行曝光度补偿。

③ **几何扭曲校正：**补偿桶形、枕形或鱼眼失真。

④ **内容识别填充透明区域：**使用附近的相似图像内容无缝填充透明区域。

步骤06 单击“确定”按钮或者按“回车”键确认即可，如图6-48和图6-49所示。

步骤07 使用“裁剪工具”（快捷键“C”）裁剪掉图像周围的空白区域，最终的全景图像如图6-50所示。

图6-48 拍摄的多张源照片

图6-49 完成的 Photomerge 合成图像

图6-50 最终的全景图像

△ 提示

源照片在全景图合成图像中起着重要的作用，为了避免出现问题，请在拍摄照片时应注意充分重叠图像，图像之间的重叠区域应约为40%。

# 6.5　填充专题

Photoshop的“填充”命令可以使用颜色、内容识别或图案填充选区、路径或图层内部，本节将介绍几种常用的填充方法。

## 6.5.1　定义图案

图案是一种图像，当使用这种图像来填充图层或选区时，将会重复或拼贴图像。Photoshop 自带多种预设图案，也可以创建新图案并将它们存储在库中，以便供不同的工具和命令使用。预设图案显示在油漆桶、图案图章、修复画笔和修补工具选项栏的弹出式面板中，以及“图层样式”和“填充”对话框中。

**▼ 操作方法**

步骤01　在任何打开的图像上使用“矩形选框工具”（快捷键“M”），以选择要用作图案的区域，必须将“羽化”设置为 0 像素。

步骤02　单击菜单栏的“编辑>定义图案”选项，将弹出“图案名称”对话框。

步骤03　在“图案名称”对话框中输入图案的名称，然后单击“确定”按钮或者按“回车”键确认即可。

## 6.5.2　填充内容识别

**内容识别：**使用附近的相似图像内容不留痕迹地填充选区。为获得最佳结果，请让创建的选区略微扩展到要复制的区域之中。常用于去除水印或处理素材，该操作可参考6.2.2小节的相关内容。

## 6.5.3　填充图案

可以使用自定图案中的任何一个图案进行填充，可以选择多种填充脚本类型。

**▼ 操作方法**

步骤01　在打开的图像或空图层上使用“矩形选框工具”（快捷键“M”），以选择要填充的区域。

步骤02　执行快捷键“Shift + F5”或单击菜单栏的“编辑>填充”选项，调出“填充”面板。

步骤03　将填充内容改为“图案”选项，然后单击图案样本旁边的倒箭头，并从弹出式面板中选择一种图案，然后单击“确定”按钮或者按“回车”键确认即可。如有需要可勾选“脚本”选项，然后从脚本弹出菜单中选择填充花样类型，如图6-51所示。

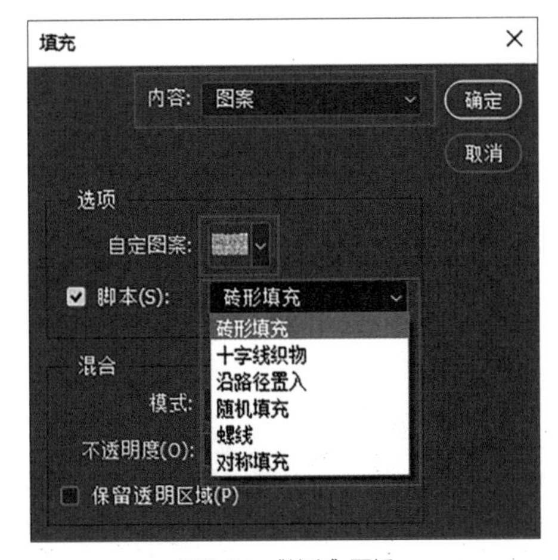


图6-51　“填充”面板

## 6.6 课后练习

在图6-52中添加人物素材，并制作人物阴影，最终效果如图6-53所示。读者可以关注公众号“卓越软件官微”，回复“课后练习素材”获取相关素材文件。

图6-52 原始图片

图6-53 添加人物素材及阴影后的效果

# 第7章　Photoshop实例操作

# 7.1 彩平图制作——西哈莱姆公园

本书的彩平图制作以“西哈莱姆公园”为例，如图7-1所示。读者可以关注公众号“卓越软件官微”，回复“西哈莱姆公园彩平图”获取作图所需的素材文件，如图7-2所示，文件素材包括“西哈莱姆公园彩平图”“合成素材”和“渲染元素”文件。Photoshop作图思路和技巧不计其数，本章节在编写过程中，仅提供部分作图思路和技巧，供读者参考。

图7-1　西哈莱姆公园彩平图

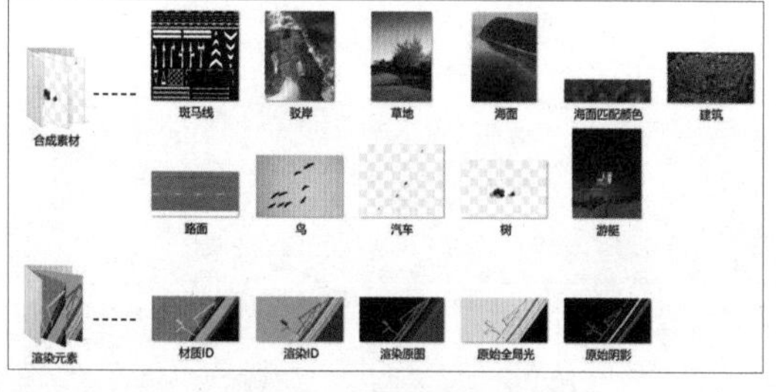


图7-2　作图素材文件预览

## 7.1.1 分离像素（抠图）

分离像素通常为作图的第一步，也就是利用“渲染元素”将图像中需要进行处理的各个区域的像素分离开来，分别放在单独图层中并调整图层顺序，也就是我们常说的“抠图”。这样既可以帮助我们理清作图思路，也可以方便单独选中图像不同区域的像素对其进行替换和调整等操作，提高作图效率。

### 7.1.1.1 渲染元素辅助抠图

（1）置入图片

**方法 01**

**步骤01** 打开Photoshop软件，将“渲染元素”文件内的“渲染原图”图片拖拽至软件内，将其解锁，并将图层名称改为“底图”。

**步骤02** 将“渲染元素”文件内的“材质ID”“渲染ID”和“原始阴影”图片全选，并一次性将其拖拽至软件内。

**步骤03** 单击选项栏的“确认”按钮或按“回车”键确认即可（拖入几张图片便需要按几次“回车”键）。

**步骤04** 按住“Shift”键并单击“材质ID”“渲染ID”和“原始阴影”图层，以将其全选。然后执行快捷键“Ctrl + G”，以创建图层组，并将该组名称改为“渲染元素”，“图层”面板显示如图7-3所示。

**方法 02**

**步骤01** 打开Photoshop软件，单击菜单栏的“文件>脚本>将文件载入堆栈”，以打开“载入图层”对话框，如图7-4所示。

**步骤02** 单击“载入图层”对话框中的“浏览”选项，并全选“渲染元素”文件内的所有图片，单击“确定”按钮或者按“回车”键确认即可一次性置入所有图片。

**步骤03** 将“渲染原图”图层名称改为“底图”，并将其置于最底层。按住“Shift”键并单击“材质ID”“渲染ID”和“原始阴影”图层，以将其全选。然后执行快捷键“Ctrl + G”，以创建图层组，并将该组名称改为“渲染元素”，“图层”面板显示如图7-5所示。

图7-3　“图层”面板显示（方法01）

图7-4　“载入图层”对话框

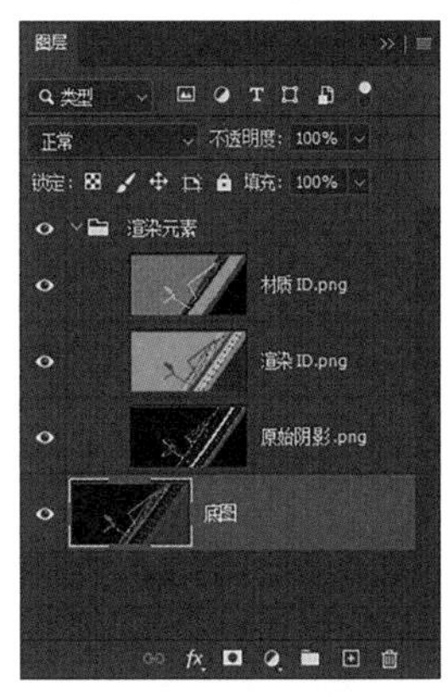


图7-5　“图层”面板显示（方法02）

△ 提示

两种方法的不同之处在于用方法01置入图片会将除“底图”外的其他图片以“智能对象”图层置入，而用方法02置入的图片全部为普通的像素图层。

（2）保存文件

执行快捷键“Ctrl＋S”，将文件保存，并命名为“西哈莱姆公园彩平图”。

（3）备份底图

选中“底图”图层，执行快捷键“Ctrl＋J”，复制“底图”图层，并关闭其图层可见性，留作备份。

（4）分离元素（抠图）

**步骤01**　将“材质ID”图层置于顶层，并确保其图层可见（可单击图层“眼睛”图标，关闭“渲染元素”图层组内的其他图层的可见性）。

**步骤02**　选中“底图”图层，执行快捷键“W”，以选择“魔棒工具”。然后取消勾选选项栏的“连续”选项，将“容差”值设置为20，以及勾选“对所有图层取样”选项。

**步骤03**　在“材质ID”图层的海面区域上单击，然后执行快捷键“Ctrl＋J”，将“底图”图层海面区域上的像素单独复制出来，并命名为“海面”，如图7-6所示。

**步骤04**　在“材质ID”图层的草地区域上单击，然后执行快捷键“Ctrl＋J”，将“底图”图层草地区域上的像素单独复制出来，并命名为“草地”，如图7-7所示。

**步骤05**　勾选选项栏的“连续”选项，在“材质ID”图层的马路区域上单击，然后执行快捷键“Ctrl＋J”，将“底图”图层马路区域上的像素单独复制出来，并命名为“马路”，如图7-8所示。

**步骤06**　在“材质ID”图层的高架桥路面区域上单击（可按住“Shift”键进行加选），然后执行快捷键“Ctrl＋J”，将“底图”图层的高架桥路面区域上的像素单独复制出来，并命名为“高架桥”，如图7-9所示。

**步骤07**　取消勾选选项栏的“连续”选项，在“材质ID”图层的高架桥路缘石区域上单击，此时可使用“多边形套索工具”（快捷键“L”），按住“Alt”键，去选多余的选区。然后执行快捷键“Ctrl＋J”，将“底图”图层的高架桥路缘石区域上的像素单独复制出来，并命名为“路缘石”，如图7-10所示。

**步骤08**　勾选选项栏的“连续”选项，在“材质ID”图层的周边建筑区域上单击（可按住“Shift”键进行加选），然后执行快捷键“Ctrl＋J”，将“底图”图层的周边建筑区域上的像素单独复制出来，并命名为“周边建筑”，如图7-11所示。

步骤09 执行快捷键“Ctrl＋A”，全选“底图”图层的所有像素。按住“Ctrl＋Alt”键，依次在“海面”“草地”“马路”“高架桥”“路缘石”和“周边建筑”图层的缩览图上单击，去选这6个图层的像素区域。然后执行快捷键“Ctrl＋J”，将“底图”图层的其他区域上的像素单独复制出来，并命名为“其他”，如图7-12所示。

图7-6 “海面”区域

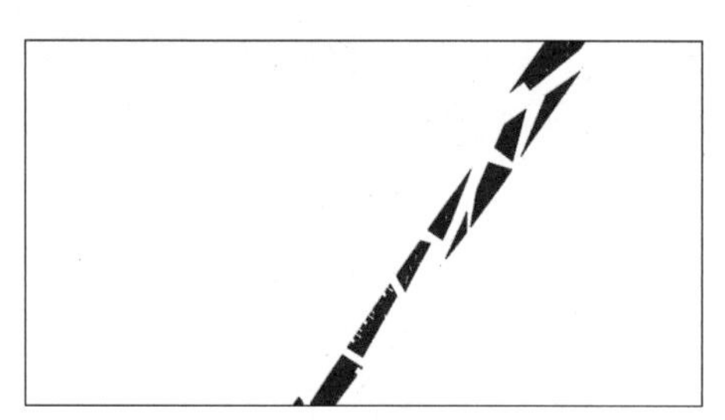
图7-7 “草地”区域

图7-8 “马路”区域

图7-9 “高架桥”区域

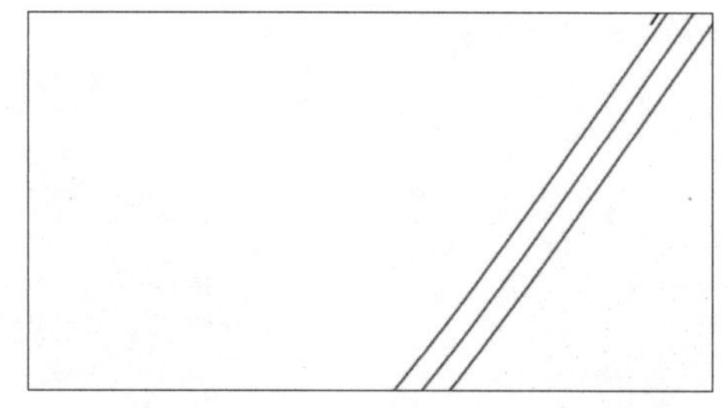
图7-10 “路缘石”区域

图7-11 “周边建筑”区域

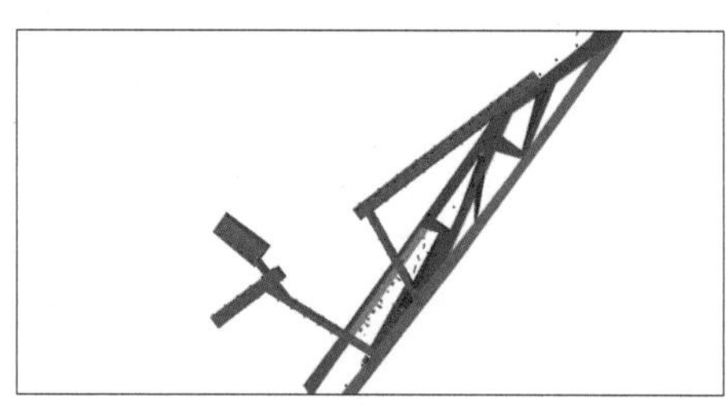
图7-12 “其他”区域

△ 提示

为确保分离出来的图层之间不会出现“白边”（由于“材质ID”中的各个颜色之间存在过渡区域，使用“魔棒工具”创建选区时会有一定的像素缺失，而导致出现“白边”），在使用“魔棒工具”创建选区后，可单击菜单栏的“选择>修改>扩展”，在弹出的“扩展选区”对话框中输入“1”，以将选区向外扩展1个像素，此时再执行快捷键“Ctrl＋J”时便不会出现“白边”。

### 7.1.1.2 整理图层

**调整图层顺序：**

步骤01 单击“材质ID”图层的“眼睛”图标，关闭该图层的可见性；

步骤02 在“图层”面板中上下拖拽各图层，按各图层按照由上到下的顺序将图层调整为“其他”-“周边建筑”-“路缘石”-“高架桥”-“马路”-“草地”-“海面”-“底图”,“图层”面板显示如图7-13所示。

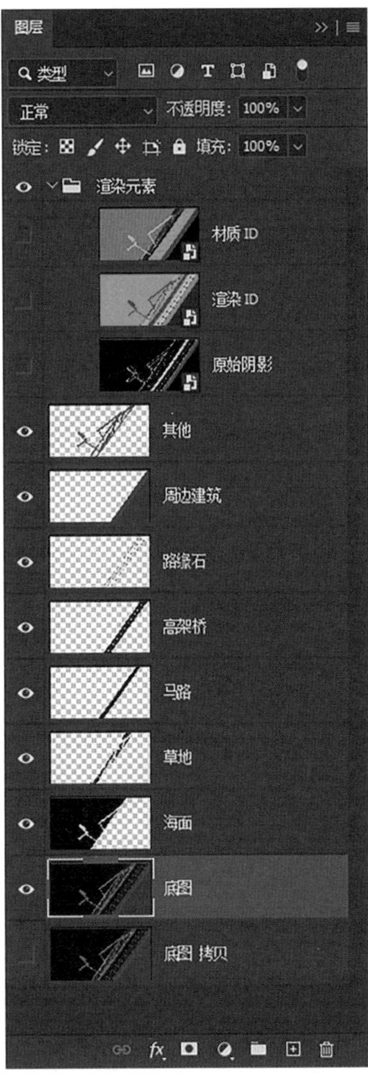


图7-13 “图层”面板显示

## 7.1.2 替换像素（素材替换）

作图的第二步便是将图像中效果欠佳的区域替换成更合适的素材，以达到理想中的效果。替换顺序可以从最下层开始，从下往上依次进行替换，可使作图思路更清晰，操作更顺畅。

### 7.1.2.1 替换海面素材

**步骤01** 选中“海面”图层，将“合成素材”文件夹内的“驳岸”素材拖拽至文档内，对其进行移动、旋转和缩放操作，将其调整为如图7-14所示的状态。

**步骤02** 使用“移动工具”（快捷键“V”），按住“Alt”键单击并拖动“驳岸”素材，将其移动并复制到如图7-15所示的位置。

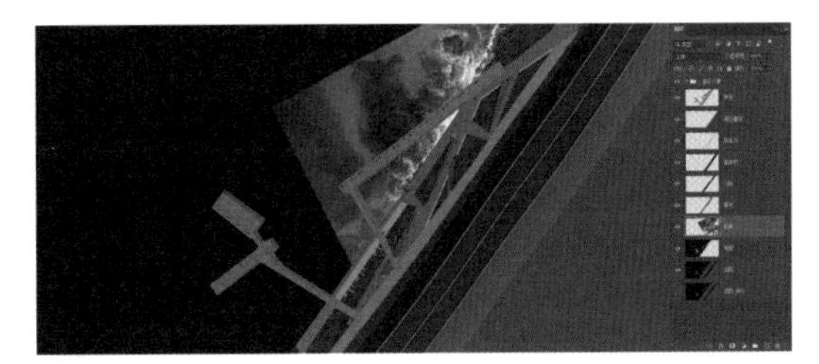

图7-14 置入并调整“驳岸”素材

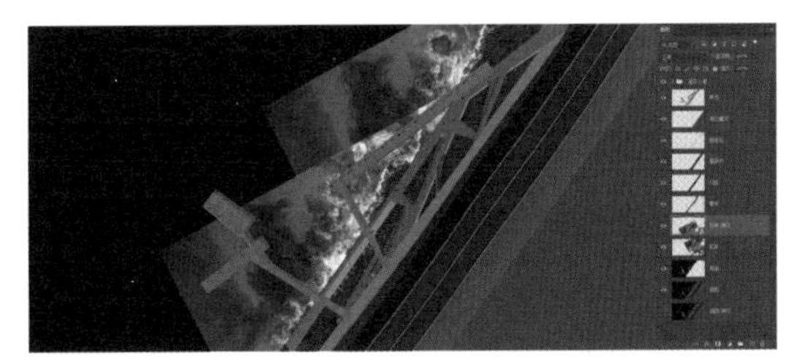

图7-15 移动并复制“驳岸”素材

**步骤03** 选中“驳岸 拷贝”图层，单击“图层”面板下方的图标（◘），为其添加图层蒙版。

**步骤04** 选中“驳岸 拷贝”图层的蒙版缩览图，使用“画笔工具”（快捷键“B”）在图像边界处画黑色，可遮住图像边界线，使其与下方图层融为一体，如图7-16所示。

**步骤05** 选中“海面”图层，将“合成素材”文件夹内的“海面”素材拖拽至文档内，对其进行移动、旋转和缩放操作，将其调整为如图7-17所示的状态，并将其图层名称改为“海面”素材。

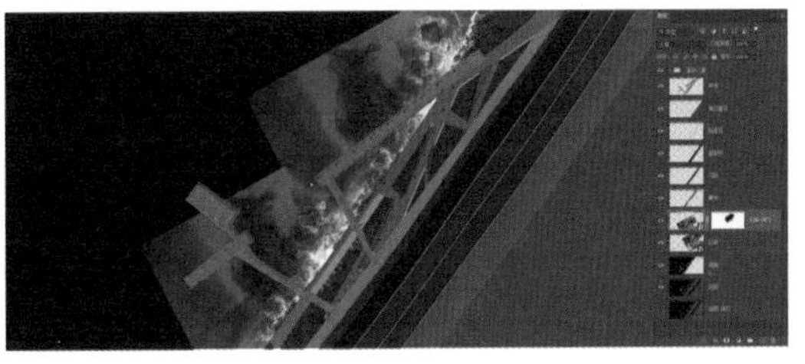

图7-16 使用“图层蒙版”遮住“驳岸”边界线

图7-17　置入并调整“海面”素材

**步骤06**　在“海面”图层面板中右侧空白处点击鼠标右键，选择“栅格化图层”选项，将“海面”图层由智能对象图层转换为像素图层。

**步骤07**　使用“多边形套索工具”（快捷键“L”），选中“海面”素材中的小船，执行快捷键“Shift＋F5”，在弹出的“填充”面板中选择“内容识别”选项，单击“确定”按钮或者按“回车”键确认即可将小船“去除”，如图7-18所示。

**步骤08**　使用“仿制图章工具”（快捷键“S”），按住“Alt”键，在“海面”图像中单击，以定义“仿制图章工具”的源。然后在缺少“海面”像素的区域及左上角较亮的区域进行涂抹，将海面区域的像素补满并将左上角较亮的区域替换为较暗的像素，如图7-19所示。

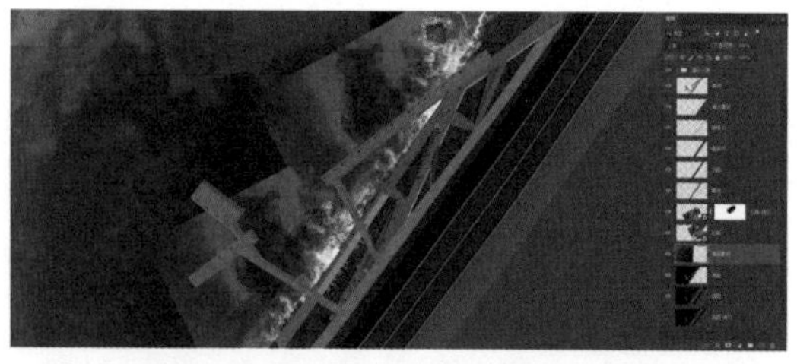

图7-18　使用“内容识别”填充去除小船

图7-19　使用“仿制图章工具”补满海面及替换较亮的区域

**步骤09**　选中“驳岸”图层，单击“图层”面板下方的图标（◘），为其添加图层蒙版。分别在“驳岸”图层和“驳岸 拷贝”图层的蒙版缩览图中，使用“画笔工具”（快捷键“B”）在图像边界处画黑色，以遮住图像边界线，使其与下方图层融为一体，如图7-20所示。

**步骤10**　在新文档中打开“合成素材”文件夹内的“海面匹配颜色”图片，选中“西哈莱姆公园彩平图”文档中的“海面”图层，然后单击菜单栏的“图像>调整>匹配颜色”，在弹出的“匹配颜色”对话框中，将图像统计的源更改为“海面匹配颜色.png”选项，将“海面”素材的颜色与“驳岸”素材的颜色相匹配，如图7-21和图7-22所示。

图7-20　使用“图层蒙版”遮住“驳岸”边界线

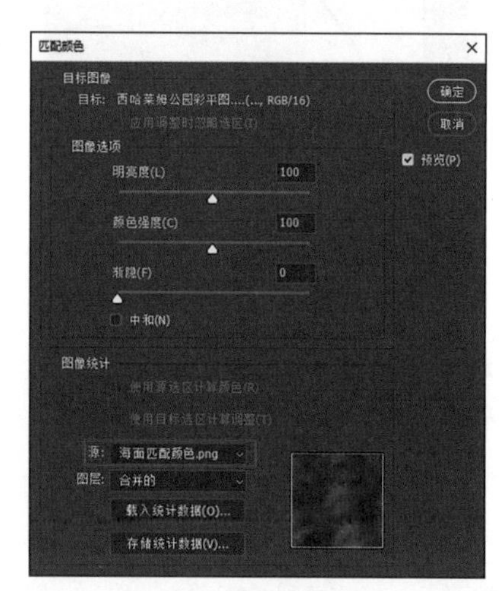


图7-21　“匹配颜色”对话框

图7-22　进行“匹配颜色”调整后的海面

**步骤11** 选中“海面”图层，按住“Shift”键并单击“驳岸 拷贝”，将“海面”“海面素材”“驳岸”和“驳岸 拷贝”图层一起选中。然后执行快捷键“Ctrl + G”，以创建图层组，并将该组名称改为“海面”，“图层”面板显示如图7-23所示。

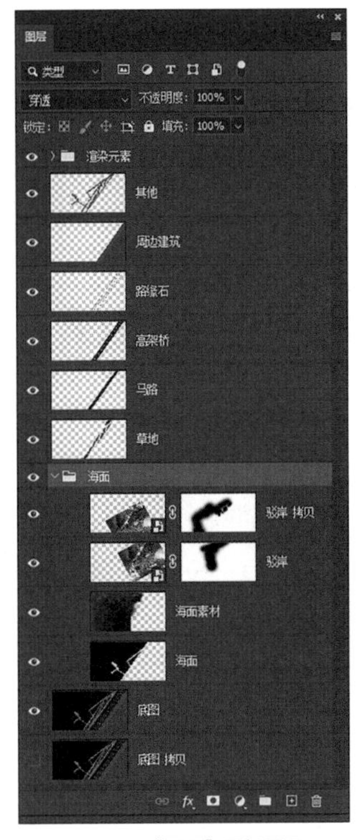

图7-23 “图层”面板显示

### 7.1.2.2 替换草地素材

**步骤01** 选中“草地”图层，在新文档中打开“合成素材”文件夹内的“草地”图片，使用“矩形选框工具”（快捷键“M”）选取图片下方草地区域的像素。然后执行快捷键“V”将其拖入“西哈莱姆公园彩平图”文档中，执行快捷键“Ctrl + T”，对其进行移动、旋转和缩放等操作，将其调整为如图7-24所示的状态。

**步骤02** 使用“移动工具”（快捷键“V”），按住“Alt”键单击并拖动“草地”素材，将其移动并复制到如图7-25所示的位置。然后选中这两个图层，执行快捷键“Ctrl + E”将其合并为一个图层，并命名为“草地素材”。

图7-24 置入并调整“草地”素材

图7-25 移动并复制“草地”素材

**步骤03** 选中“草地素材”图层，按住“Ctrl”键单击“草地”图层的缩览图，建立草地区域的选区，然后单击“图层”面板下方的图标（◘），为其添加图层蒙版，如图7-26所示。

图7-26 为“草地素材”图层添加“图层蒙版”

**步骤04** 选中“草地”图层，按住“Shift”键并单击“草地素材”图层，将这两个图层一起选中。然后执行快捷键“Ctrl + G”，以创建图层组，并将该组名称改为“草地”，“图层”面板显示如图7-27所示。

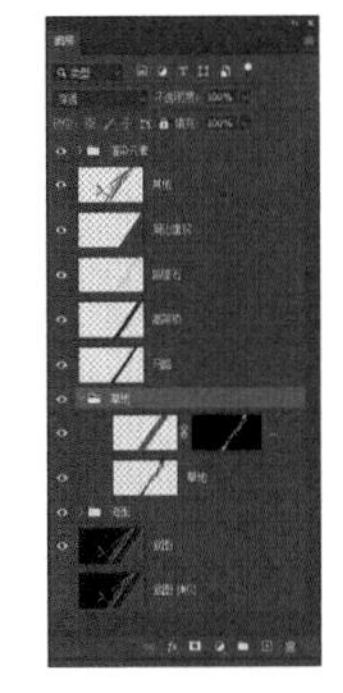

图7-27 “图层”面板

### 7.1.2.3 替换周边建筑素材

**步骤01** 选中“周边建筑”图层，在新文档中打开“合成素材”文件夹内的“建筑”图片，使用“矩形选框工具”（快捷键“M”）选取图片中心建筑区域的像素。然后执行快捷键“V”将其拖入“西哈莱姆公园彩平图”文档中，执行快捷键“Ctrl＋T”，对其进行移动、旋转和缩放等操作，将其调整为如图7-28所示的状态，并命名为“建筑素材”。

图7-28　置入并调整“建筑素材”

步骤02　选中“建筑素材”图层，按住“Ctrl”键单击“建筑”图层的缩览图，建立建筑区域的选区，然后单击“图层”面板下方的图标（■），为其添加图层蒙版，如图7-29所示。

图7-29　为“建筑素材”图层添加“图层蒙版”

步骤03　选中“周边建筑”图层，按住“Shift”键并单击“建筑素材”图层，将这两个图层一起选中。然后执行快捷键“Ctrl＋G”，以创建图层组，并将该组名称改为“建筑”，“图层”面板显示如图7-30所示。

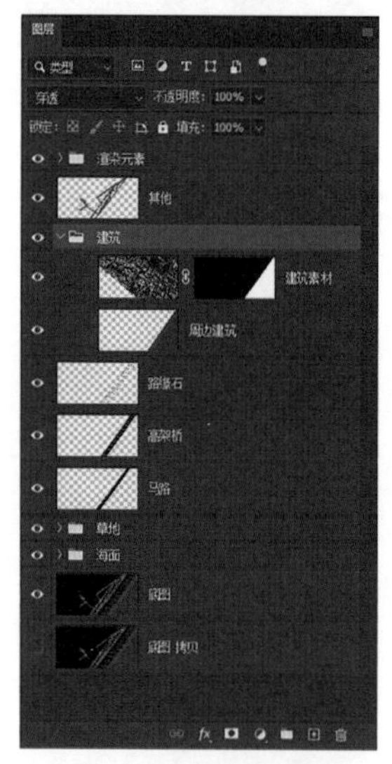


图7-30　“图层”面板显示

## 7.1.3　调整像素（色彩调整）

将所需素材替换好后，需对这些素材进行色彩调整，使画面更加自然、和谐，进一步美化图像。

### 7.1.3.1　调整海面的色调

▼ 操作方法

选中“海面素材”图层，执行快捷键“Ctrl＋Shift＋A”，或单击菜单栏的“滤镜>Camera Raw滤镜”选项，在弹出的“Camera Raw”面板中，设置如图7-31所示的参数，使海面效果更加自然，图7-32所示。

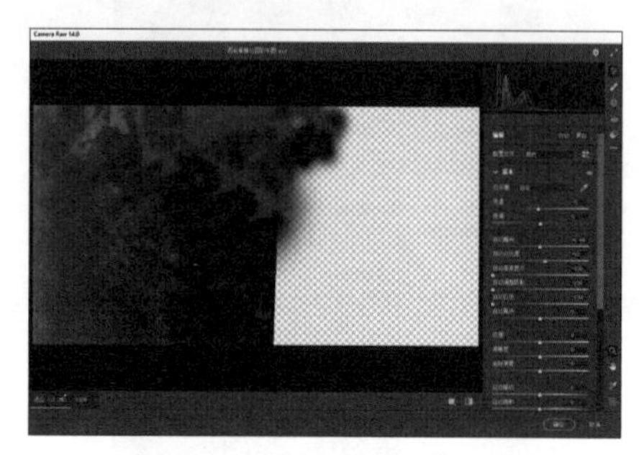

图7-31　“Camera Raw”面板

图7-32　调整“海面素材”的色调

### 7.1.3.2　调整草地的饱和度

▼ 操作方法

选中“草地素材”图层，执行快捷键“Ctrl＋U”，或单击菜单栏的“图像>调整>色相/饱和度”选项，在弹出的“色相/饱和度”对话框中，降低“饱和度”选项的数值，如图7-33和图7-34所示。

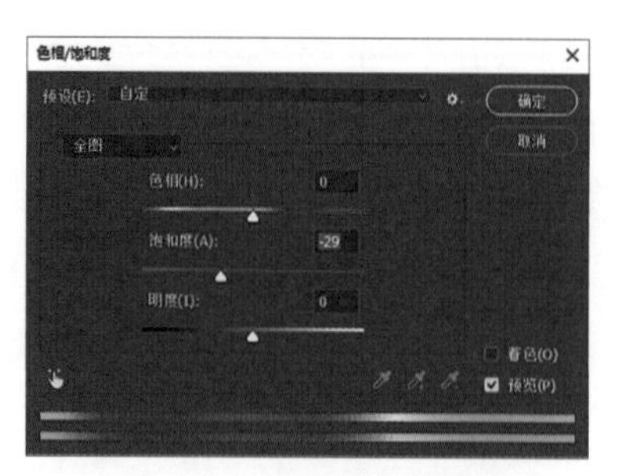


图7-33　“色相/饱和度”对话框

图7-34　降低“草地素材”的饱和度

### 7.1.3.3　调整周边建筑的曝光度

**▼ 操作方法**

选中“建筑素材”图层，单击菜单栏的“图像>调整>曝光度”选项，在弹出的“曝光度”对话框中，降低“曝光度”选项的数值，如图7-35和图7-36所示。

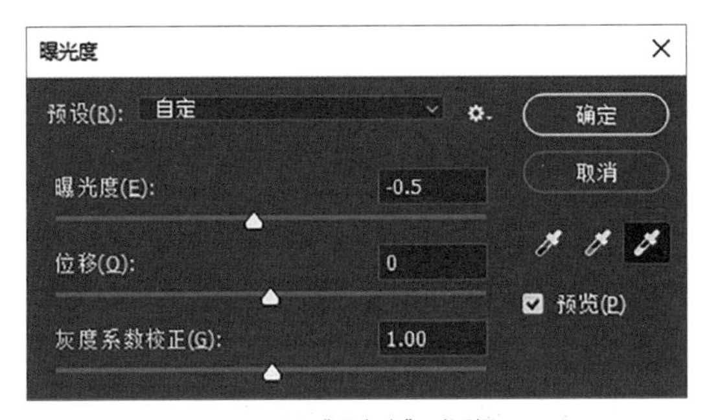


图7-35　“曝光度”对话框

图7-36　降低“建筑素材”的曝光度

### 7.1.3.4　调整高架路缘石的亮度

**▼ 操作方法**

选中“路缘石”图层，执行快捷键“Ctrl+M”，或单击菜单栏的“图像>调整>曲线”选项，在弹出的“曲线”对话框中，向上拖动曲线，提高图像的亮度，如图7-37和图7-38所示。

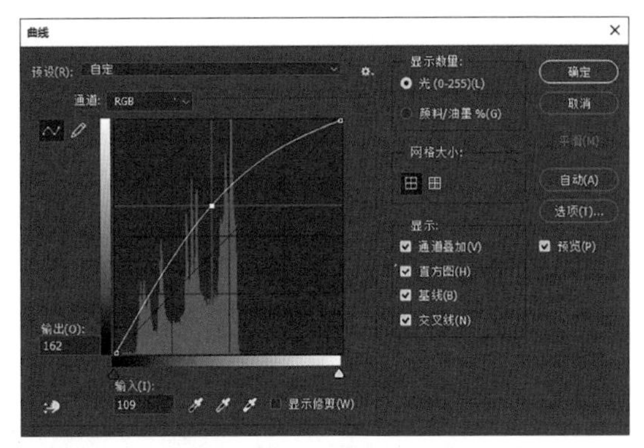


图7-37　“曲线”对话框

图7-38　提高“路缘石”的亮度

## 7.1.4　添加像素（素材置入）

向图像中添加其他缺少的元素，如纹理、阴影、植物、汽车、鸟类和游艇等素材，使画面更加丰富、饱满。

### 7.1.4.1　添加车行道路面纹理

**步骤01**　选中“高架桥”图层，在新文档中打开“合成素材”文件夹内的“路面”图片，使用“矩形选框工具”（快捷键“M”）选取图片中心的路面区域的像素，然后执行快捷键“V”将其拖至“西哈莱姆公园彩平图”文档中，并命名为“路面纹理”，如图7-39所示。

**步骤02**　使用“移动工具”（快捷键“V”），按住“Alt”键单击并拖动“路面纹理”素材，将“路面纹理”素材的长度增加为原来的两倍。重复此操作，直至“路面纹理”素材的长度大于“高架桥”的长度即可。然后选中这些图层，执行快捷键“Ctrl+E”，将其合并为一个图层，并命名为“路面纹理”，如图7-40所示。

图7-39　置入“路面纹理”素材

图7-40　移动并复制“路面纹理”素材

步骤03　选中“路面纹理”图层，按住“Alt”键单击并拖动“路面纹理”素材，将其复制一层，留作备份。

步骤04　选中“路面纹理 拷贝”图层，执行快捷键“Ctrl＋T”，对其进行移动、旋转和缩放等操作，将其调整为如图7-41所示的状态。

图7-41　调整“路面纹理”素材

步骤05　单击菜单栏的“编辑>操控变形”选项，在“路面纹理 拷贝”素材上单击，以创建第一颗“图钉”。继续在高架桥路面拐弯处单击，以创建第二颗“图钉”，拖动“图钉”可调整“路面纹理 拷贝”素材的形状。重复此操作，将其形状调整为与高架桥路面形状一致即可，如图7-42所示（在“图钉”处点击鼠标右键，可选择“删除图钉”选项）。

步骤06　选中“路面纹理 拷贝”图层，将其图层混合模式改为“颜色减淡”，图层不透明度值改为“50%”，如图7-43所示。

图7-42　使用“操控变形”调整形状

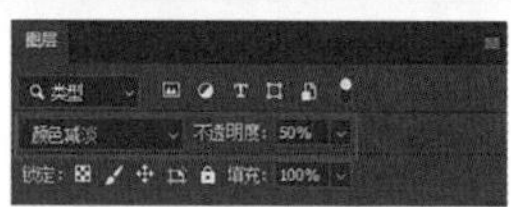


图7-43　使用“颜色减淡”叠加高架桥路面纹理

步骤07　重复执行步骤03～步骤06的操作，将高架桥的另一半区域调整为如图7-44所示的状态。

图7-44　使用“颜色减淡”叠加高架桥路面纹理

步骤08　将“路面纹理”图层下移至“马路”图层上方，选中“路面纹理”图层，重复执行步骤04～步骤06 的操作，将马路区域调整为如图7-45所示的状态。

步骤09　选中“高架桥”图层，按住“Shift”键并单击“路缘石”图层，将“路缘石”“路面纹理 拷贝”“路面纹理 拷贝2”和“高架桥”图层一起选中。然后执行快捷键

图7-45　使用“颜色减淡”叠加马路路面纹理

“Ctrl + G”，以创建图层组，并将该组名称改为“高架桥”；选中“马路”图层，按住“Shift”键并单击“路面纹理”图层，将这两个图层一起选中。然后执行快捷键“Ctrl + G”，以创建图层组，并将该组名称改为“马路”，“图层”面板显示如图7-46所示。

图7-46　“图层”面板显示

### 7.1.4.2　添加全图阴影

**步骤01**　选中“原始阴影”图层，点击图层“眼睛”图标，打开其图层可见性。执行快捷键“Ctrl + I”，将其反相，如图7-47所示。

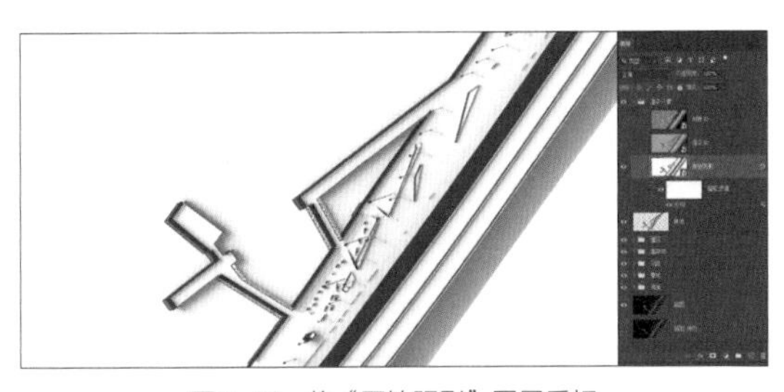

图7-47　将“原始阴影”图层反相

**步骤02**　使用“魔棒工具”（快捷键“W”）选中图像中的深色阴影区域，执行快捷键“Ctrl + J”，将阴影区域复制为一个新图层，并命名为“阴影”。然后点击“原始阴影”图层的“眼睛”图标，关闭其图层可见性，如图7-48所示。

图7-48　复制阴影区域

**步骤03**　将“阴影”图层下移至“其他”图层上方，将其图层混合模式改为“正片叠底”，图层不透明度值改为“60%”，如图7-49所示。

图7-49　使用“正片叠底”叠加阴影

**步骤04**　使用“橡皮擦工具”（快捷键“E”），将高架桥下方的阴影区域擦除。

**步骤05**　单击菜单栏的“滤镜>模糊>高斯模糊”选项，在弹出的“高斯模糊”对话框中，设置模糊半径的像素值，如图7-50和图7-51所示。

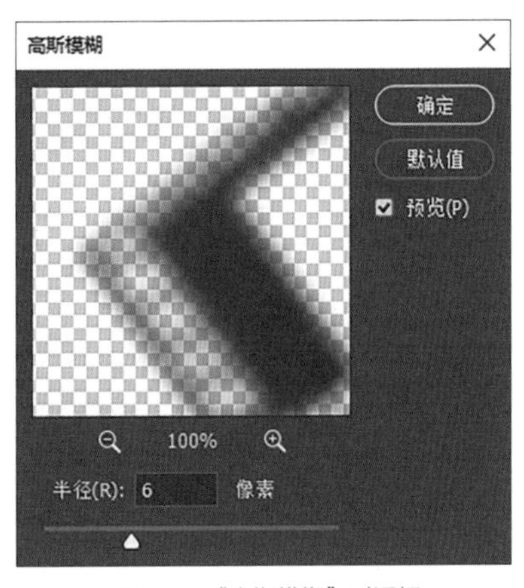


图7-50　“高斯模糊”对话框

图7-51 对“阴影”图层添加“高斯模糊”滤镜

#### 7.1.4.3 添加植物素材

步骤01 打开“合成素材”文件夹内的“树”.psd文件，将其中的“树”和“树群”图层拖入“西哈莱姆公园彩平图”文档中。

步骤02 使用“色彩平衡”（快捷键“Ctrl+B”）和“色相/饱和度”（快捷键“Ctrl+U”）等色彩调整功能，调整“树”和“树群”素材的色相、饱和度和亮度。

步骤03 按住“Alt”键，单击并拖动“树”或“树群”图层，将其移动并复制到合适的位置。然后执行快捷键“Ctrl+T”，对其进行移动、旋转和缩放等操作，将其调整为合适的大小。

步骤04 重复进行以上操作，将图像调整为如图7-52所示的状态。然后将所有复制的“树”和“树群”图层选中，执行快捷键“Ctrl+G”，以创建图层组，并将其置于顶层，命名为“植物”。

图7-52 添加植物素材

#### 7.1.4.4 添加斑马线素材

步骤01 选中“马路”图层，在新文档中打开“合成素材”文件夹内的“斑马线”图片，点击图层右侧的“锁”图标将图层解锁。然后使用“魔棒工具”（快捷键“W”）选中图像中的黑色背景区域，按“Delete”键将其删除。

步骤02 使用“矩形选框工具”（快捷键“M”），选中所需的斑马线素材，将其拖入“西哈莱姆公园彩平图”文档中，并移动至“路面纹理”图层上方，命名为“斑马线”。

步骤03 按住“Alt”键单击并拖动“斑马线”图层，将“斑马线”素材的宽度增加为原来的两倍。重复此操作，直至“斑马线”素材的宽度大于“路面”的宽度即可。然后选中这些图层，执行快捷键“Ctrl+E”，将其合并为一个图层，并命名为“斑马线”。

步骤04 执行快捷键“Ctrl+T”，对其进行移动、旋转和缩放等操作，将其调整为合适的大小。按住“Alt”键单击并拖动“斑马线”素材，可将其移动并复制到对应的位置。

步骤05 重复执行以上四步操作，在图像中添加如图7-53所示的斑马线素材。

图7-53 添加斑马线素材

步骤06 选中所有斑马线素材图层，执行快捷键“Ctrl+E”，将其合并为一个图层，并命名为“斑马线”。使用“多边形套索工具”（快捷键“L”），选中位于阴影区域的像素。然后单击菜单栏的“图像>调整>曝光度”选项，在弹出的“曝光度”对话框中，降低“曝光度”选项的数值，如图7-54和图7-55所示。

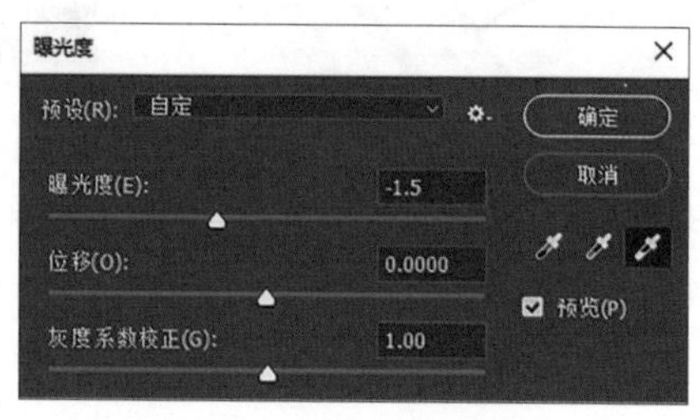


图7-54 “曝光度”对话框

图7-55　调整斑马线素材阴影区域的曝光度

### 7.1.4.5　添加汽车素材

步骤01　打开“合成素材”文件夹内的“汽车”.psd文件，将其中的四个汽车素材拖入“西哈莱姆公园彩平图”文档中，并将其图层移动至“高架桥”图层组的上方。然后选中这些图层，执行快捷键“Ctrl＋G”，以创建图层组，并命名为“汽车”。

步骤02　分别选中这四个汽车素材，执行快捷键“Ctrl＋T”，对其进行移动、旋转和缩放等操作，将其移动至合适的位置，并调整为合适的大小。

步骤03　双击“图层”面板中“汽车”图层右侧的空白处，以打开“图层样式”面板。在打开的“图层样式”面板中勾选“投影”选项，并设置其参数，为四个汽车素材统一添加阴影，如图7-56和图7-57所示。

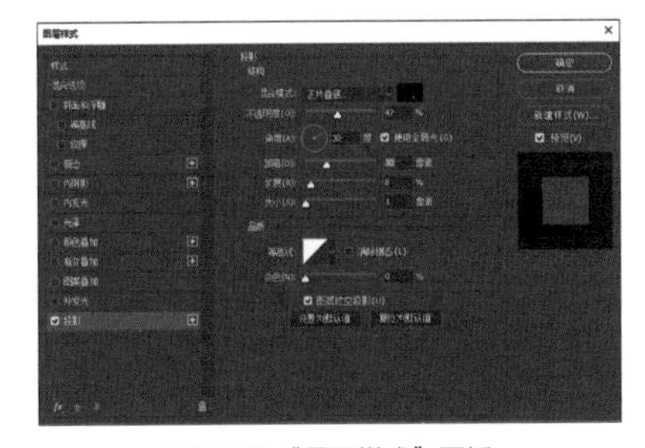

图7-56　“图层样式”面板

图7-57　添加汽车素材

### 7.1.4.6　添加鸟类素材

步骤01　选中“植物”图层组，在新文档中打开“合成素材”文件夹内的“鸟”图片，使用“魔棒工具”（快捷键“W”）选中图像中的天空区域，执行快捷键“Ctrl＋Shift＋I”进行反选，以选中黑色的鸟。

步骤02　使用“移动工具”（快捷键“V”），将选中的鸟拖入“西哈莱姆公园彩平图”文档中，命名为“鸟”。然后执行快捷键“Ctrl＋I”进行反相，将黑色的鸟变成白色。

步骤03　执行快捷键“Ctrl＋T”，对其进行移动、旋转和缩放等操作，将其调整为合适的大小。按住“Alt”键单击并拖动“鸟”素材，可将其移动并复制到合适的位置。然后选中这些图层，执行快捷键“Ctrl＋G”，以创建图层组，并命名为“鸟”，如图7-58所示。

图7-58　添加鸟类素材

### 7.1.4.7　添加游艇素材

步骤01　选中“海面”图层组，在新文档中打开“合成素材”文件夹内的“游艇”图片，使用“快速选择工具”（快捷键“W”）选中图像中的游艇区域。然后使用“移动工具”（快捷键“V”），将选中的游艇区域拖入“西哈莱姆公园彩平图”文档中，命名为“游艇”。

步骤02　执行快捷键“Ctrl＋T”，对其进行移动、旋转和缩放等操作，将其移动至合适的位置，并调整为合适的大小（适当降低“游艇”图层的不透明度值，可使游艇素材的颜色更加自然）。

步骤03　执行快捷键“Ctrl＋Shift＋Alt＋

N”，新建一个空图层，将其下移至“游艇”图层下方，命名为“游艇阴影”。

步骤04 使用“画笔工具”（快捷键“B”），按住“Alt”键在海面中吸取较深的蓝色，然后在“游艇阴影”图层中，游艇的左下方位置，绘制游艇的阴影（如果阴影颜色太深，可降低其图层不透明度值）。

步骤05 选中“游艇”和“游艇阴影”图层，执行快捷键“Ctrl＋G”，以创建图层组，并命名为“游艇”，如图7-59所示。

图7-59 添加游艇素材

## 7.1.5 合并像素（整体调整）

**将所有素材处理好之后，便可进行作图的最后一步：**将文档中所有可见图层合并为一个新的图层，然后进行全图的颜色调整，使画面更加自然美观、和谐统一。

### 7.1.5.1 盖印全图

步骤01 在“图层”面板中，先选中第一个图层，然后按住“Shift”键单击最后一个图层，将所有图层选中。

步骤02 执行快捷键“Ctrl＋Shift＋Alt＋E”，将其中可见的区域合并为一个新的图层，并命名为“最终图像”。

### 7.1.5.2 全图调整（Camera Raw）

选中“最终图像”图层，执行快捷键“Ctrl＋Shift＋A”，或单击菜单栏的“滤镜>Camera Raw滤镜”选项，在弹出的“Camera Raw”面板中，设置如图7-60所示的参数，使全图效果更加美观，最终图像如图7-61所示。

图7-60 “Camera Raw”面板

图7-61 最终图像

# 7.2 效果图制作——西哈莱姆公园

本书的效果图制作以“西哈莱姆公园”为例，如图7-62所示。读者可以关注公众号“卓越软件官微”，回复“西哈莱姆公园效果图”获取作图所需的素材文件，如图7-63所示，文件素材包括“西哈莱姆公园效果图”“合成素材”和“渲染元素”文件。Photoshop作图思路和技巧不计其数，本节在编写过程中，仅提供部

图7-62 西哈莱姆公园效果图

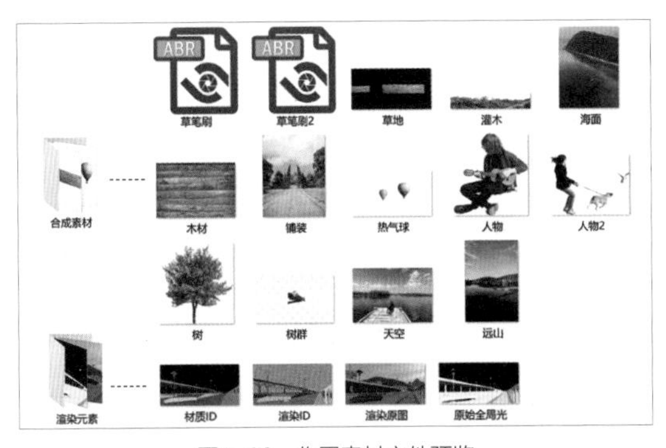


图7-63　作图素材文件预览

分作图思路和技巧，供读者参考。

## 7.2.1　分离像素（抠图）

分离像素通常为作图的第一步，也就是利用“渲染元素”将图像中需要进行处理的各个区域的像素分离开来，分别放在单独图层中并调整图层顺序，也就是我们常说的“抠图”。这样可以帮助我们理清作图思路，还可以方便单独选中图像不同区域的像素对其进行替换和调整等操作，提高作图效率。

### 7.2.1.1　渲染元素辅助抠图

（1）置入图片

**方法 01**

**步骤01**　打开Photoshop软件，将“渲染元素”文件内的“渲染原图”图片拖拽至软件内，将其解锁，并将图层名称改为“底图”。

**步骤02**　将“渲染元素”文件内的“材质ID”“渲染ID”和“原始全局光”图片全选，并一次性将其拖拽至软件内。

**步骤03**　单击选项栏的“确认”按钮或按“回车”键确认即可（拖入几张图片便需要按几次“回车”键）。

**步骤04**　按住“Shift”键并单击“材质ID”“渲染ID”和“原始全局光”图层，以将其全选。然后执行快捷键“Ctrl + G”，以创建图层组，并将该组名称改为“渲染元素”，“图层”面板显示如图7-64所示。

图7-64　“图层”面板显示（方法01）

**方法 02**

**步骤01**　打开Photoshop软件，单击菜单栏的“文件>脚本>将文件载入堆栈”，以打开“载入图层”对话框，如图7-65所示。

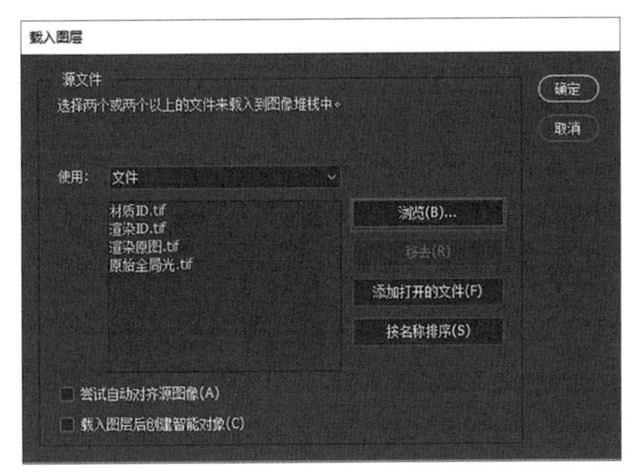


图7-65　“载入图层”对话框

**步骤02**　单击“载入图层”对话框中的“浏览”选项，并全选“渲染元素”文件内的所有图片，单击“确定”按钮或者按“回车”键确认即可一次性置入所有图片。

**步骤03**　将“渲染原图”图层名称改为“底图”，并将其置于最底层。按住“Shift”键并单击“材质ID”“渲染ID”和“原始全局光”图层，以将其全选。然后执行快捷键“Ctrl + G”，以创建图层组，并将该组名称改为“渲染元素”，“图层”面板显示如图7-66所示。

图7-66 “图层”面板显示（方法02）

△ 提示

两种方法的不同之处在于用方法01置入图片会将除“底图”外的其他图片以“智能对象”图层置入，而用方法02置入的图片全部为普通的像素图层。

（2）保存文件

执行快捷键“Ctrl+Shift+S”，将文件另存为PSD格式文件，并命名为“西哈莱姆公园效果图”。

（3）备份底图

选中“底图”图层，执行快捷键“Ctrl+J”，复制“底图”图层，并关闭其图层可见性，留作备份。

（4）分离元素（抠图）

**步骤01** 将“材质ID”图层置于顶层，并确保其图层可见（可单击图层“眼睛”图标，关闭“渲染元素”图层组内的其他图层的可见性）。

**步骤02** 选中“底图”图层，执行快捷键“W”，以选择“魔棒工具”。然后取消勾选选项栏的“连续”选项，将“容差”值设置为20，以及勾选“对所有图层取样”选项。

**步骤03** 在“材质ID”图层的天空区域上单击，此时可使用“多边形套索工具”（快捷键“L”），按住“Alt”键，去选多余的选区。然后执行快捷键“Ctrl+J”，将“底图”图层天空区域上的像素单独复制出来，并命名为“天空”，如图7-67所示。

图7-67 “天空”区域

**步骤04** 在“材质ID”图层的草地区域上单击，然后执行快捷键“Ctrl+J”，将“底图”图层草地区域上的像素单独复制出来，并命名为“草地”，如图7-68所示。

**步骤05** 在“材质ID”图层的铺装区域上单击，然后执行快捷键“Ctrl+J”，将“底图”图层铺装区域上的像素单独复制出来，并命名为“铺装”，如图7-69所示。

图7-68 “草地”区域

图7-69 “铺装”区域

**步骤06** 在“材质ID”图层的海面区域上单击，此时可使用“多边形套索工具”（快捷键“L”），按住“Alt”键，去选多余的选区。然后执行快捷键“Ctrl+J”，将“底图”图层的海面区域上的像素单独复制出来，并命名为“海面”，如图7-70所示。

步骤07　在“材质ID”图层的座椅区域上单击，然后执行快捷键“Ctrl＋J”，将“底图”图层的座椅区域上的像素单独复制出来，并命名为“座椅”，如图7-71所示。

图7-70　“海面”区域

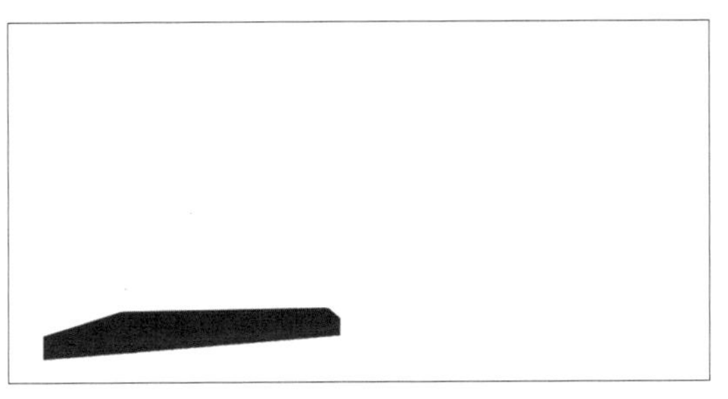

图7-71　“座椅”区域

步骤08　执行快捷键“Ctrl＋A”，全选“底图”图层的所有像素。按住“Ctrl＋Alt”键，依次在“天空”“草地”“铺装”“海面”和“座椅”图层的缩览图上单击，去选这5个图层的像素区域。然后执行快捷键“Ctrl＋J”，将“底图”图层的其他区域上的像素单独复制出来，并命名为“其他”，如图7-72所示。

图7-72　“其他”区域

△ 提示

为确保分离出来的图层之间不会出现“白边”（由于“材质ID”中的各个颜色之间存在过渡区域，因此使用“魔棒工具”创建选区时会有一定的像素缺失，而导致出现“白边”），在使用“魔棒工具”创建选区后，可单击菜单栏的“选择>修改>扩展”，在弹出的“扩展选区”对话框中输入“1”，以将选区向外扩展1个像素，此时再执行快捷键“Ctrl＋J”时便不会出现“白边”。

## 7.2.1.2　整理图层

**调整图层顺序：**

步骤01　单击“材质ID”图层的“眼睛”图标，关闭该图层的可见性；

步骤02　在“图层”面板中上下拖拽各图层，将各图层按照由上到下的顺序调整为“座椅”-“草地”-“其他”-“铺装”-“海面”-“天空”-“底图”，“图层”面板显示如图7-73所示。

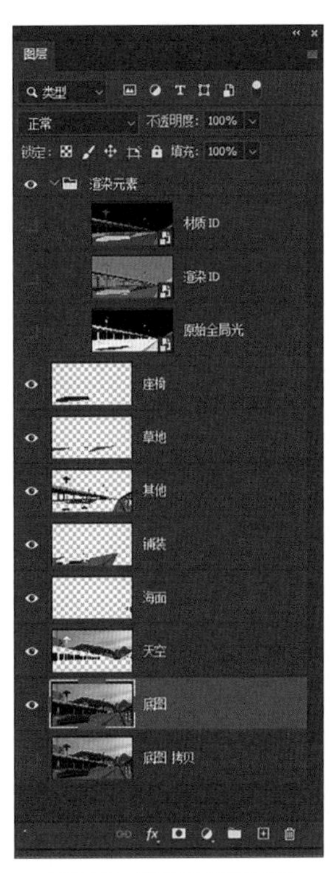


图7-73　“图层”面板显示

## 7.2.2 替换像素（素材替换）

作图的第二步便是将图像中效果欠佳的区域替换成更合适的素材，以达到理想中的效果。替换顺序可以从最下层开始，从下往上依次进行替换，可使作图思路更清晰，操作更顺畅。

### 7.2.2.1 替换天空素材

步骤01 选中“天空”图层，将“合成素材”文件夹内的“天空”图片拖拽至文档内，对其进行移动和缩放操作，将其移动至合适的位置，调整为合适的大小，并命名为“天空素材”。

步骤02 选中“天空”图层，按住“Shift”键并单击“天空素材”图层，将这两个图层一起选中。然后执行快捷键“Ctrl＋G”，以创建图层组，并命名为“天空”，如图7-74所示。

图7-74 置入并调整“天空”素材

### 7.2.2.2 替换海面素材

步骤01 选中“海面”图层，将“合成素材”文件夹内的“海面”图片拖拽至文档内，对其进行移动和缩放操作，将其移动至合适的位置，调整为合适的大小，并命名为“海面素材”。

步骤02 选中“海面素材”图层，按住“Ctrl”键单击“海面”图层的缩览图，建立海面区域的选区。然后单击“图层”面板下方的图标（◘），为其添加图层蒙版。

步骤03 选中“海面”图层，按住“Shift”键并单击“海面素材”图层，将这两个图层一起选中。然后执行快捷键“Ctrl＋G”，以创建图层组，并命名为“海面”，如图7-75所示。

图7-75 置入并调整“海面”素材

### 7.2.2.3 替换铺装素材

步骤01 在新文档中打开“合成素材”文件夹内的“铺装”图片，使用“多边形套索工具”（快捷键“L”）选取图片下方铺装区域的像素。然后执行快捷键“V”将其拖入“西哈莱姆公园效果图”文档中，命名为“铺装素材”，如图7-76所示。

图7-76 置入“铺装”素材

步骤02 执行快捷键“Ctrl＋T”，然后点击鼠标右键，在弹出的“变换”列表中选择“斜切”选项。拖动下方的两个控制点，将“铺装素材”的透视调整为与原图的透视一致。

步骤03 按住“Ctrl”键单击“铺装”图层的缩览图，建立铺装区域的选区。然后单击“图层”面板下方的图标（◘），为其添加图层蒙版，并将其下移至“铺装”图层上方，如图7-77所示。

图7-77 调整“铺装”素材

步骤04 重复执行以上四步操作，替换铺装区域的剩余部分，如图7-78所示。

图7-78　替换全部铺装区域

步骤05 分别将“铺装素材”图层和“铺装素材2”图层的混合模式改为“点光”，然后执行快捷键“Ctrl+Shift+U”，分别将这两个图层去色（适当降低图层的不透明度值，可使素材的颜色更加自然）。

步骤06 将所有铺装部分的图层一起选中，然后执行快捷键“Ctrl+G”，以创建图层组，并命名为“铺装”，如图7-79所示。

图7-79　调整图层混合模式为“点光”并去色

### 7.2.2.4　替换草地素材

步骤01 选中“草地”图层，将“合成素材”文件夹内的“草地”图片拖拽至文档内，对其进行移动和缩放操作，将其移动至合适的位置，调整为合适的大小，并命名为“草地素材”。

步骤02 选中“草地素材”图层，按住“Ctrl”键单击“草地”图层的缩览图，建立草地区域的选区。然后单击“图层”面板下方的图标（◘），为其添加图层蒙版。

步骤03 选中“草地”图层，按住“Shift”键并单击“草地素材”图层，将这两个图层一起选中。然后执行快捷键“Ctrl+G”，以创建图层组，并命名为“草地”，如图7-80所示。

图7-80　置入并调整“草地”素材

### 7.2.2.5　替换座椅素材

步骤01 选中“座椅”图层，将“合成素材”文件夹内的“木材”图片拖拽至文档内，按住“Ctrl”键拖动四个控制角点，将其透视调整为与座椅顶面的透视相一致，并命名为“木材 顶部”。

步骤02 按住“Ctrl”键单击“座椅”图层的缩览图，建立座椅区域的选区。然后使用“多边形套索工具”（快捷键“L”），按住“Alt”键，去选座椅侧面的区域。接着单击“图层”面板下方的图标（◘），为其添加图层蒙版，如图7-81所示。

图7-81　置入并调整“座椅”顶面素材

步骤03 再次将“合成素材”文件夹内的“木材”图片拖拽至文档内，移动至座椅区域位置。按住“Ctrl”键单击“座椅”图层的缩览图，建立座椅区域的选区。然后按住“Ctrl+Alt”键单击“木材 顶部”图层的缩览图，去选座椅顶面的区域。接着单击“图层”面板下方的图标（◘），为其添加图层蒙版。

步骤04 将所有座椅部分的图层一起选中，然后执行快捷键“Ctrl+G”，以创建图层组，并命名为“座椅”，如图7-82所示。

图7-82　置入并调整“座椅”侧面素材

## 7.2.3　调整像素（色彩调整）

将所需素材替换好后，需对这些素材进行色彩调整，使画面更加自然、和谐，进一步美化图像。

### 7.2.3.1　调整天空的饱和度

**▼ 操作方法**

选中“天空素材”图层，执行快捷键“Ctrl+U”，或单击菜单栏的“图像>调整>色相/饱和度”选项，在弹出的“色相/饱和度”对话框中，降低“饱和度”选项的数值，如图7-83和图7-84所示。

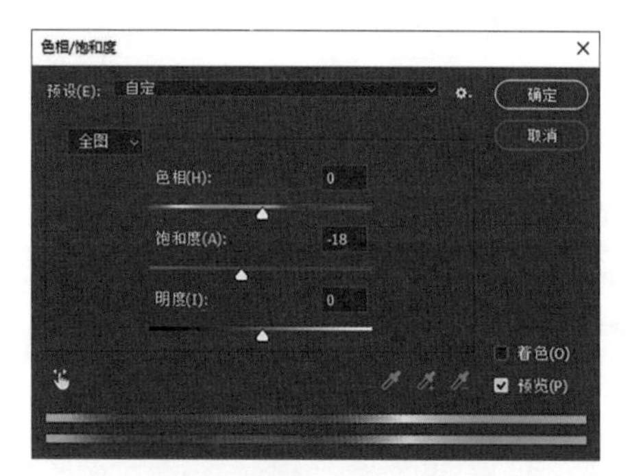

图7-83　“色相/饱和度”对话框

图7-84　降低“天空素材”的饱和度

### 7.2.3.2　调整海面的色相 / 饱和度

**▼ 操作方法**

选中“海面素材”图层，执行快捷键“Ctrl+U”，或单击菜单栏的“图像>调整>色相/饱和度”选项，在弹出的“色相/饱和度”对话框中，调整“色相”值、降低“饱和度”值，如图7-85和图7-86所示。

### 7.2.3.3　调整草地的饱和度

**▼ 操作方法**

选中“草地素材”图层，执行快捷键“Ctrl+U”，或单击菜单栏的“图像>调整>色相/饱和度”选项，在弹出的“色相/饱和度”对话框中，降低“饱和度”选项的数值，如图7-87和图7-88所示。

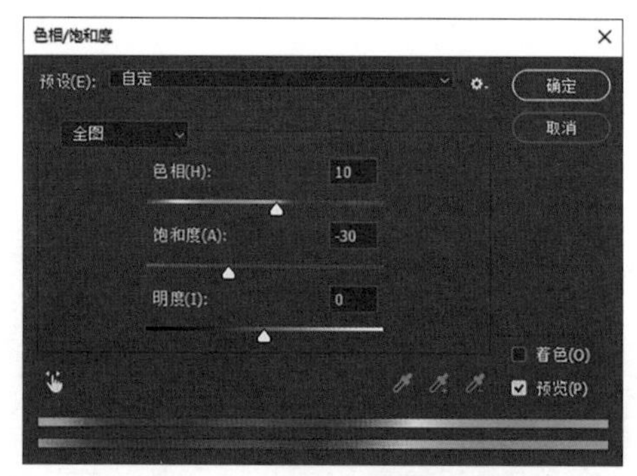

图7-85　“色相/饱和度”对话框

图7-86　调整“海面素材”的色相/饱和度

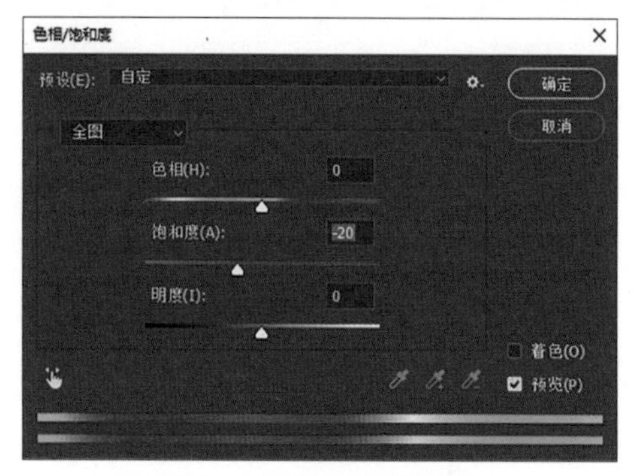

图7-87　“色相/饱和度”对话框

图7-88　降低“草地素材”的饱和度

#### 7.2.3.4　调整座椅的饱和度

**▼ 操作方法**

分别选中“木材 顶面”图层和“木材 侧面”图层，执行快捷键“Ctrl+U”，或单击菜单栏的“图像>调整>色相/饱和度”选项，在弹出的“色相/饱和度”对话框中，降低“饱和度”选项的数值，如图7-89和图7-90所示。

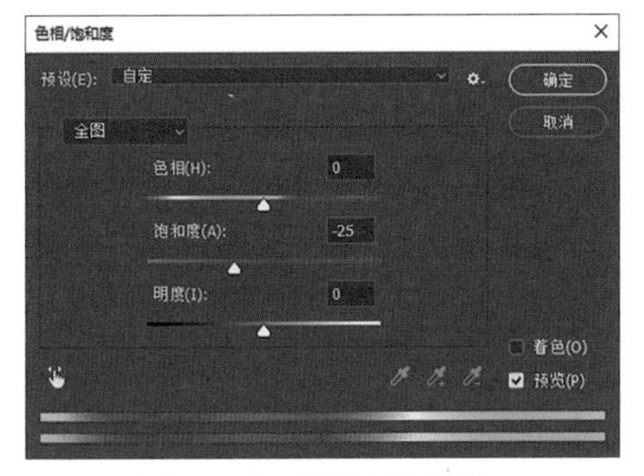


图7-89　“色相/饱和度”对话框

图7-90　降低“草地素材”的饱和度

### 7.2.4　添加像素（素材置入）

向图像中添加其他缺少的元素，如阴影、植物、人物和热气球等素材，使画面更加丰富、饱满。

#### 7.2.4.1　添加远山素材

**步骤01**　选中“天空素材”图层，在新文档中打开“合成素材”文件夹内的“远山”图片，使用“快速选择工具”（快捷键“W”）选取图片中心的山体区域的像素。然后执行快捷键“V”，将其拖入“西哈莱姆公园效果图”文档中，并命名为“远山”，如图7-91所示。

**步骤02**　执行快捷键“Ctrl+T”，然后点击鼠标右键，在弹出的“变换”列表中选择“水平翻转”选项。然后拖动控制点，对其进行移动和缩放操作，将其移动至合适的位置，调整为合适的大小，如图7-92所示。

图7-91　置入“远山”素材

图7-92　调整“远山”素材

**步骤03**　使用“仿制图章工具”（快捷键“S”），按住“Alt”键，在“远山”图像中的绿色树林处单击，以定义“仿制图章工具”的源。然后在黄色的建筑区域进行涂抹，将较为显眼的建筑区域替换为绿色树林区域的像素，如图7-93所示。

图7-93　使用“仿制图章工具”处理“远山”素材上的建筑区域

**步骤04**　执行快捷键“Ctrl+U”，或单击菜单栏的“图像>调整>色相/饱和度”选项，在弹出的“色相/饱和度”对话框中，降低“饱和度”选项的数值，如图7-94和图7-95所示。

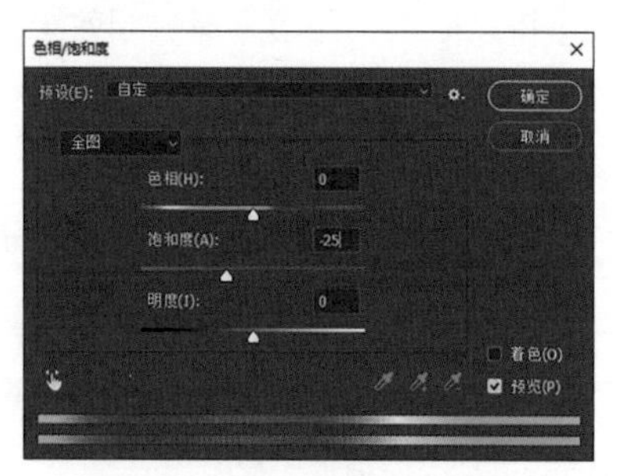


图7-94 “色相/饱和度”对话框

图7-95 降低“远山”素材的饱和度

### 7.2.4.2 添加铺装阴影

**步骤01** 选中“原始全局光”图层，点击图层“眼睛”图标，打开其图层可见性。

**步骤02** 执按住“Ctrl”键单击“铺装”图层的缩览图，建立铺装区域的选区。

**步骤03** 执行快捷键“Ctrl + J”，将“原始全局光”图层中的铺装阴影区域复制为一个新图层，并命名为“阴影”。然后点击“原始全局光”图层的“眼睛”图标，关闭其图层可见性，如图7-96所示。

图7-96 复制铺装阴影区域

**步骤04** 将“阴影”图层下移至“铺装素材”图层上方，将其图层混合模式改为“正片叠底”，如图7-97所示。

图7-97 使用“正片叠底”叠加铺装阴影

### 7.2.4.3 添加植物素材

（1）添加乔木素材

**步骤01** 将“合成素材”文件夹内的“树”图片拖入“西哈莱姆公园效果图”文档中，在“图层”面板中将其置于顶层。

**步骤02** 执行快捷键“Ctrl + T”，对其进行移动、旋转和缩放等操作，将其移动至合适的位置，调整为合适的大小。

**步骤03** 使用“曲线”（快捷键“Ctrl + M”）和“色相/饱和度”（快捷键“Ctrl + U”）等色彩调整功能，降低该素材的饱和度和亮度，如图7-98～图7-100所示。

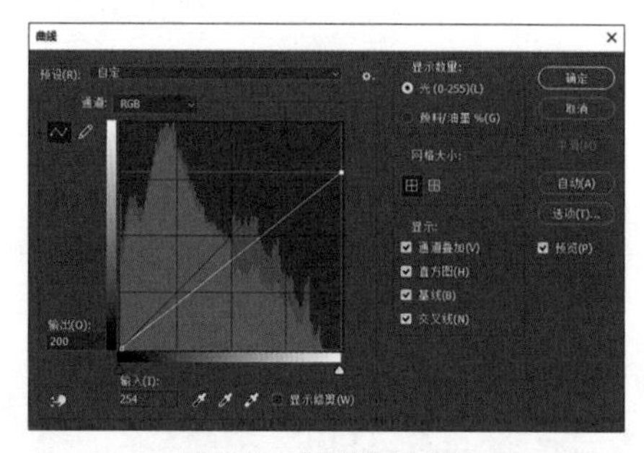


图7-98 “曲线”对话框

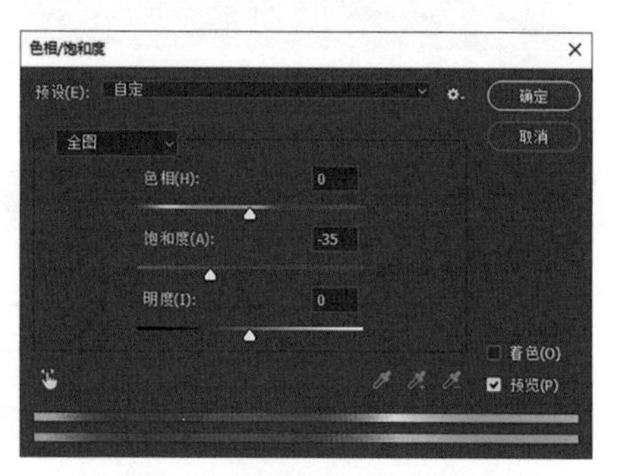


图7-99 “色相/饱和度”对话框

图7-100　置入并调整“树”素材

**步骤04**　使用“移动工具”（快捷键“V”），按住“Alt”键，将其移动并复制出两棵树到合适的位置。

**步骤05**　执行快捷键“Ctrl＋T”，分别对其进行移动、旋转和缩放等操作，将其移动至合适的位置，调整为合适的大小，图7-101所示。

图7-101　移动复制并调整多棵“树”素材

**步骤06**　打开“合成素材”文件夹内的“树群”.psd文件，将其中的“树群”图层拖入“西哈莱姆公园效果图”文档中，在“图层”面板中将其置于“树”图层的下方。

**步骤07**　执行快捷键“Ctrl＋T”，对其进行移动、旋转和缩放等操作，将其移动至合适的位置，调整为合适的大小。

**步骤08**　使用“色相/饱和度”（快捷键“Ctrl＋U”），降低该素材的饱和度，图7-102和图7-103所示。

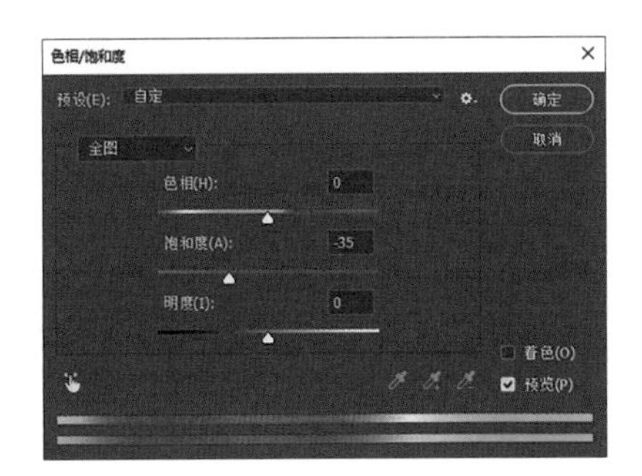


图7-102　“色相/饱和度”对话框

图7-103　置入并调整“树群”素材

**步骤09**　单击“图层”面板下方的图标（◘），为其添加图层蒙版。选中“树群”图层的蒙版缩览图，使用“画笔工具”（快捷键“B”）在素材的边界处涂抹黑色，将多余的区域遮住，使素材与周围图像融合得更加自然，如图7-104所示。

图7-104　使用“图层蒙版”优化素材边缘

**步骤10**　继续使用“画笔工具”在素材下方的过道处涂抹黑色，将过道区域遮住。然后执行快捷键“X”，将前景色切换为白色，使用“画笔工具”在素材的树干区域涂抹白色，将树干区域显示出来，如图7-105所示。

图7-105　使用“图层蒙版”显示过道区域

**步骤11**　执行快捷键“Ctrl＋Shift＋Alt＋N”，创建一个空图层。将其下移至“树群”图层下方，命名为“树阴影”。

**步骤12**　使用“画笔工具”（快捷键“B”）在“树阴影”图层中涂抹黑色，以绘制树群下方的阴影，如图7-106所示（绘制时，可降低画笔的“不透明度”值和“流量”值，或降低图层“不透明度”值，使阴影更加自然）。

图7-106　添加树群的阴影

（2）添加草素材

步骤01　选中“树”图层，执行快捷键“Ctrl + Shift + Alt + N”，创建一个空图层，命名为“草”。

步骤02　使用“画笔工具”（快捷键“B”），导入“合成素材”文件夹中的“草笔刷”文件，在其中选择一种或多种笔刷样式，在“草”图层中绘制小草，如图7-107所示。

图7-107　添加草素材

（3）添加灌木素材

步骤01　将“合成素材”文件夹内的“灌木”图片拖入“西哈莱姆公园效果图”文档中，对其进行移动、旋转和缩放等操作，将其移动至花坛区域上方位置，并调整为合适的大小。

步骤02　在“图层”面板中将其置于顶层，然后单击图层“眼睛”图标，关闭其图层的可见性。

步骤03　使用“多边形套索工具”（快捷键“L”），选择灌木的大致区域。然后单击图层“眼睛”图标，打开其图层的可见性。再单击“图层”面板下方的图标（◘），为其添加图层蒙版，如图7-108所示。

图7-108　置入“灌木”素材，并对其添加图层蒙版

步骤04　使用“画笔工具”（快捷键“B”），导入“合成素材”文件夹中的“草笔刷2”文件，在其中选择“2500”笔刷，在“灌木”图层的蒙版缩览图中绘制灌木的边界，如图7-109所示（绘制时，可执行快捷键“F5”，在打开的“画笔设置”面板中勾选或取消勾选“翻转X”，以切换笔刷的水平翻转方向）。

图7-109　在图层蒙版缩览图中绘制灌木边界

步骤05　选中“灌木”图层缩览图，使用“色相/饱和度”（快捷键“Ctrl + U”），降低该素材的饱和度。然后选中所有植物图层，执行快捷键“Ctrl + G”，以创建图层组，并命名为“植物”，如图7-110和图7-111所示。

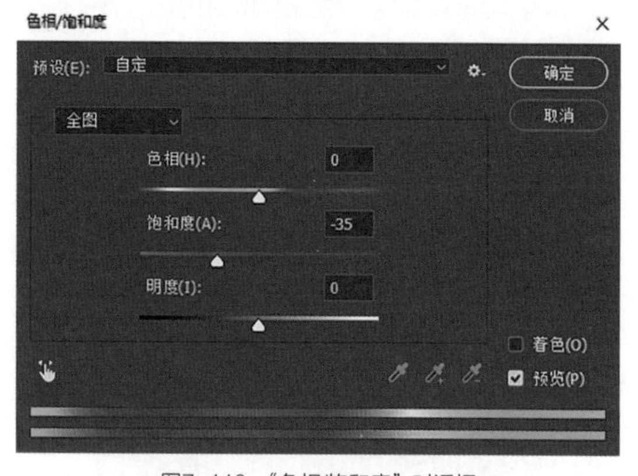

图7-110　“色相/饱和度”对话框

图7-111　降低“灌木”素材的饱和度

## 7.2.4.4　添加人物素材

**步骤01** 将“合成素材”文件夹内的“人物”图片拖入“西哈莱姆公园效果图”文档中，对其进行移动、旋转和缩放等操作，将其移动至合适位置，调整为合适的大小。

**步骤02** 使用“色相/饱和度”（快捷键“Ctrl+U”），降低该素材的饱和度，如图7-112和图7-113所示。

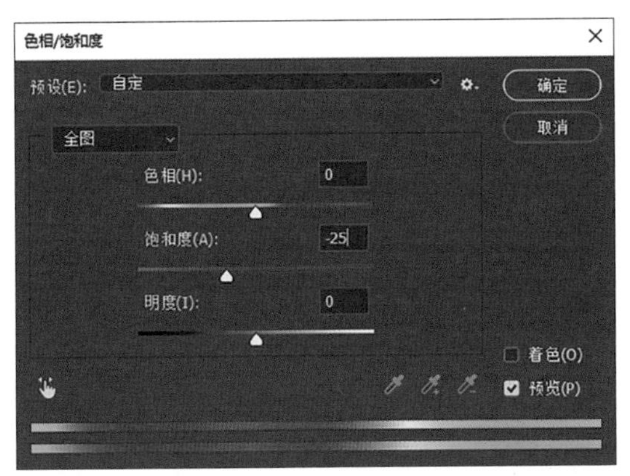


图7-112　“色相/饱和度”对话框

图7-113　添加“人物”素材

**步骤03** 执行快捷键“Ctrl+Shift+Alt+N”，创建一个空图层，将其下移至“人物”图层下方，并命名为“人物　阴影”。

**步骤04** 使用“画笔工具”（快捷键“B”），在“人物　阴影”图层中绘制人物阴影，如图7-114所示。

图7-114　添加“人物”素材阴影

**步骤05** 选中“人物”图层，将“合成素材”文件夹内的“人物2”图片拖入“西哈莱姆公园效果图”文档中，对其进行移动、旋转和缩放等操作，将其移动至合适位置，调整为合适的大小，如图7-115所示。

图7-115　添加“人物2”素材

**步骤06** 使用“多边形套索工具”（快捷键“L”），选中女人区域的像素，执行快捷键“Ctrl+J”，将其复制为一个新图层。然后将其下移至“人物2”图层下方，命名为“女人 阴影”。

**步骤07** 按住“Ctrl”键单击“女人 阴影”图层的缩览图，以选中“女人 阴影”图层中的所有像素。

**步骤08** 将前景色设置为深蓝色，执行快捷键“Alt+Delete”，填充前景色。然后执行快捷键“Ctrl+D”，取消选择选区。

**步骤09** 执行快捷键“Ctrl+T”，按住“Ctrl”键拖动控制点，将“女人 阴影”按图像中的阴影方向调整到合适的位置，并降低其图层“不透明度”，如图7-116所示。

图7-116　添加“人物2”素材中女人的阴影

步骤10　单击菜单栏的“滤镜>模糊>高斯模糊”选项，在弹出的“高斯模糊”对话框中，设置模糊半径的像素值，如图7-117和图7-118所示。

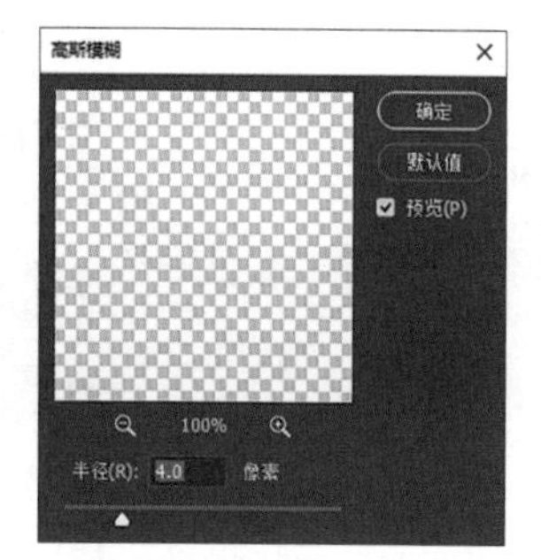


图7-117　“高斯模糊”对话框

图7-118　对“女人 阴影”图层添加“高斯模糊”滤镜

步骤11　按照以上相同的操作方法，添加小狗的阴影，将其命名为“小狗 阴影”。然后选中所有人物图层，执行快捷键“Ctrl+G”，以创建图层组，并命名为“人物”如图7-119所示。

图7-119　添加“人物2”素材

### 7.2.4.5　添加热气球素材

步骤01　打开“合成素材”文件夹内的“热气球”.psd文件，将其中的“热气球”和“热气球2”图层拖入“西哈莱姆公园效果图”文档中。

步骤02　执行快捷键“Ctrl+T”，对其进行移动、旋转和缩放等操作，将其移动至合适的位置，调整为合适的大小，并降低其图层“不透明度”。

步骤03　选中“热气球”和“热气球2”图层，执行快捷键“Ctrl+G”，以创建图层组，并命名为“热气球”，如图7-120所示。

图7-120　添加“热气球”素材

## 7.2.5　合并像素（整体调整）

**将所有素材处理好之后，便可进行作图的最后一步：**将文档中所有可见图层合并为一个新的图层，然后进行全图的颜色调整，使画面更加自然美观、和谐统一。

### 7.2.5.1　盖印全图

步骤01　在“图层”面板中，先选中第一个图层，然后按住“Shift”键单击最后一个图层，将所有图层选中。

步骤02　执行快捷键“Ctrl+Shift+Alt+

E”，将其中可见的区域合并为一个新的图层，并命名为“最终图像”。

#### 7.2.5.2　全图调整（Camera Raw）

选中“最终图像”图层，执行快捷键“Ctrl+Shift+A”，或单击菜单栏的“滤镜>Camera Raw滤镜”选项，在弹出的“Camera Raw”面板中，设置如图7-121所示的参数，使全图效果更加美观。最终图像效果及图层整理如图7-122所示。

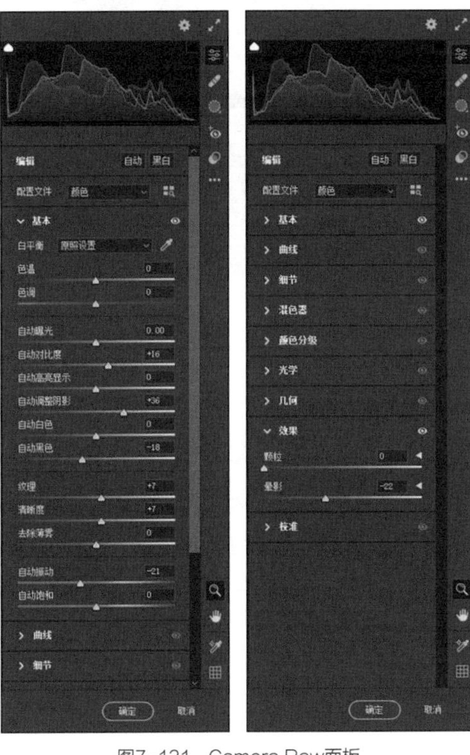

图7-121　Camera Raw面板

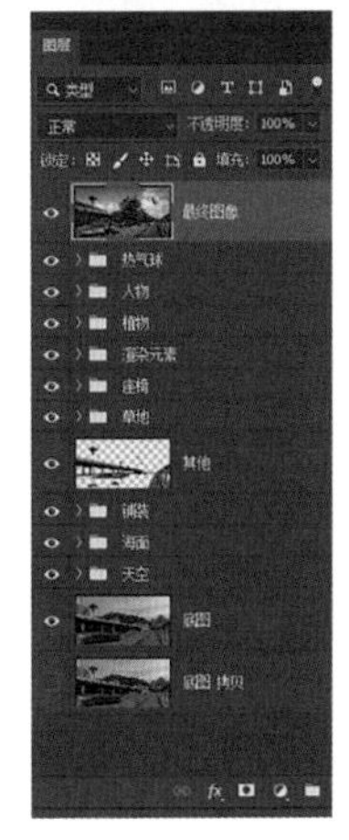

图7-122　最终图像效果及图层整理

## 7.3　效果图制作——福田记忆广场

本书的拼贴风效果图制作以“福田记忆广场”为例，如图7-123所示。拼贴风效果图的制作过程较为简便快速，近年来深受广大学生群体的喜爱。与超写实效果图不同之处在于，其无需渲染，建好模型后可利用“一键通道”等插件导出通道图，直接用Photoshop进行后期制作。读者可以关注公众号“卓越软件官微”，回复“福田记忆广场效果图”获取作图所需的素材文件，如图7-124所示，文件素材包括“福田记忆广场效果图”“合成素材”和“元素通道”文件。Photoshop作图思路和技巧不计其数，本节在编写过程中，仅提供部分作图思路和技巧，供读者参考。

图7-123　福田记忆广场效果图

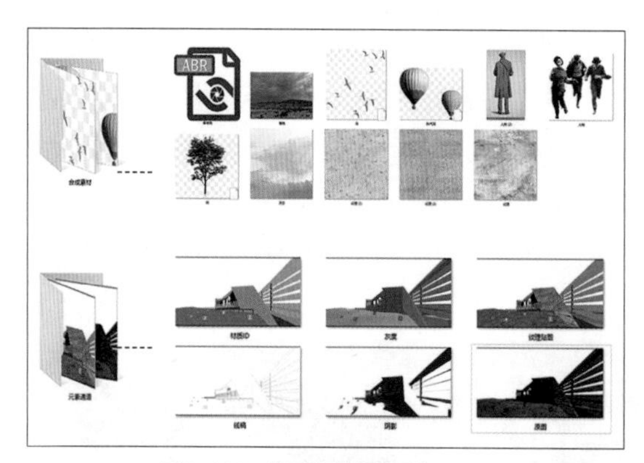

图7-124　作图素材文件预览

## 7.3.1　分离像素（抠图）

分离像素通常为作图的第一步，也就是利用“渲染元素”将图像中需要进行处理的各个区域的像素分离开来，分别放在单独图层中并调整图层顺序，也就是我们常说的“抠图”。这样可以帮助我们理清作图思路，还可以方便单独选中图像不同区域的像素对其进行替换和调整等操作，提高作图效率。

### 7.3.1.1　元素通道辅助抠图

（1）置入图片

**方法 01**

**步骤01** 打开Photoshop软件，将“元素通道”文件内的“原图”图片拖拽至软件内，将其解锁，并将图层名称改为“底图”。

**步骤02** 将“元素通道”文件内的“材质ID”“灰度”“纹理贴图”“线稿”和“阴影”图片全选，并一次性将其拖拽至软件内。

**步骤03** 单击选项栏的“确认”按钮或按“回车”键确认即可（拖入几张图片便需要按几次“回车”键）。

**步骤04** 按住“Shift”键并单击“材质ID”“灰度”“纹理贴图”“线稿”和“阴影”图层，以将其全选。然后执行快捷键“Ctrl + G”，以创建图层组，并将该组名称改为“元素通道”，“图层”面板显示如图7-125所示。

图7-125　“图层”面板显示（方法01）

**方法 02**

**步骤01** 打开Photoshop软件，单击菜单栏的“文件>脚本>将文件载入堆栈”，以打开“载入图层”对话框，如图7-126所示。

**步骤02** 单击“载入图层”对话框中的“浏览”选项，并全选“元素通道”文件内的所有图片，单击“确定”按钮或者按“回车”键确认即可一次性置入所有图片。

**步骤03** 将“原图”图层名称改为“底图”，并将其置于最底层。按住“Shift”键并单击“材质ID”“灰度”“纹理贴图”“线稿”和“阴影”图层，以将其全选。然后执行快捷键“Ctrl + G”，以创建图层组，并将该组名称改为“元素通道”，“图层”面板显示如图7-127所示。

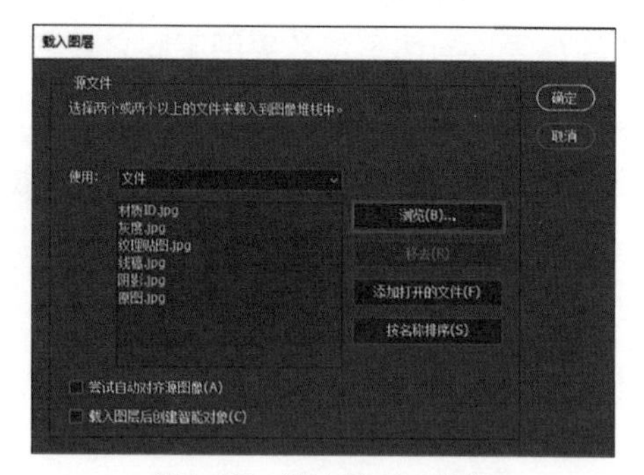


图7-126　“载入图层”对话框

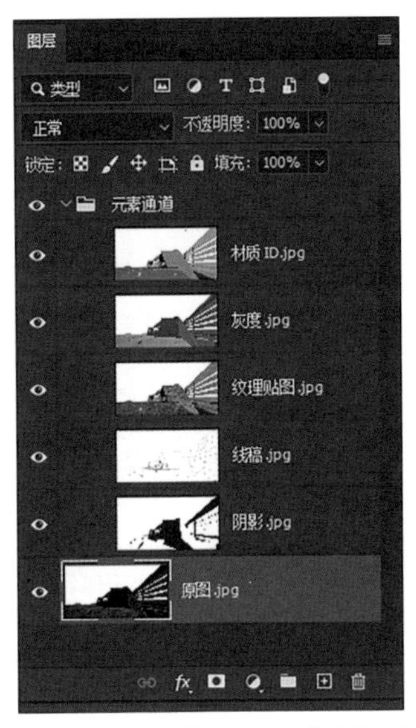


图7-127　“图层”面板显示（方法02）

> △ 提示
>
> 两种方法的不同之处在于用方法01置入图片会将除“底图”外的其他图片以“智能对象”图层置入，而用方法02置入的图片全部为普通的像素图层。

（2）保存文件

执行快捷键“Ctrl＋Shift＋S”，将文件另存为PSD格式文件，并命名为“福田记忆广场效果图”。

（3）备份底图

选中“底图”图层，执行快捷键“Ctrl＋J”，复制“底图”图层，并关闭其图层可见性，留作备份。

（4）裁剪画布

使用“裁剪工具”（快捷键“C”）将画布上下两端多余的黑边裁掉，如图7-128所示。

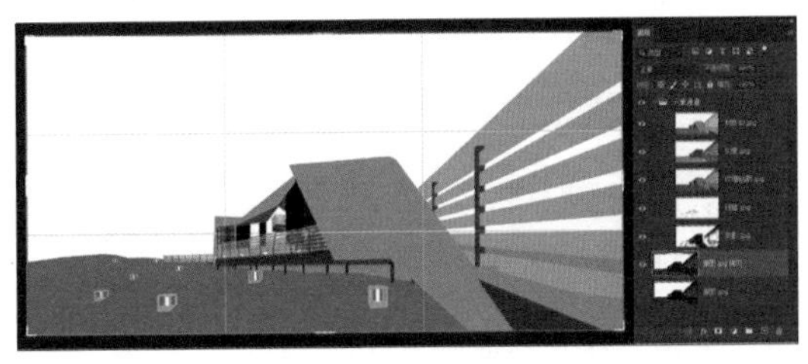

图7-128　裁剪多余黑边

（5）分离元素（抠图）

**步骤01**　将“材质ID”图层置于顶层，并确保其图层可见（可单击图层“眼睛”图标，关闭“渲染元素”图层组内的其他图层的可见性）。

**步骤02**　选中“底图”图层，执行快捷键“W”，以选择“魔棒工具”。然后取消勾选选项栏的“连续”选项，将“容差”值设置为20，以及勾选“对所有图层取样”选项。

**步骤03**　在“材质ID”图层的天空区域上单击，此时可使用“多边形套索工具”（快捷键“L”），按住“Alt”键，去选多余的选区。然后执行快捷键“Ctrl＋J”，将“底图”图层天空区域上的像素单独复制出来，并命名为“天空”，如图7-129所示（为便于读者观察，作者将此处的“天空”区域填充为蓝色）。

图7-129　“天空”区域

**步骤04**　在“材质ID”图层的草地区域上单击，然后执行快捷键“Ctrl＋J”，将“底图”图层草地区域上的像素单独复制出来，并命名为“草地”，如图7-130所示。

图7-130　“草地”区域

**步骤05**　在“材质ID”图层的建筑区域上单击，然后执行快捷键“Ctrl＋J”，将“底图”图层铺装区域上的像素单独复制出来，并命名为“建筑木纹”，如图7-131所示。

图7-131 “建筑木纹”区域

步骤06 在“材质ID”图层的灯芯区域上单击，此时可使用“多边形套索工具”（快捷键“L”），按住“Alt”键，去选多余的选区。然后执行快捷键“Ctrl＋J”，将“底图”图层的灯芯区域上的像素单独复制出来，并命名为“灯体”，如图7-132所示。

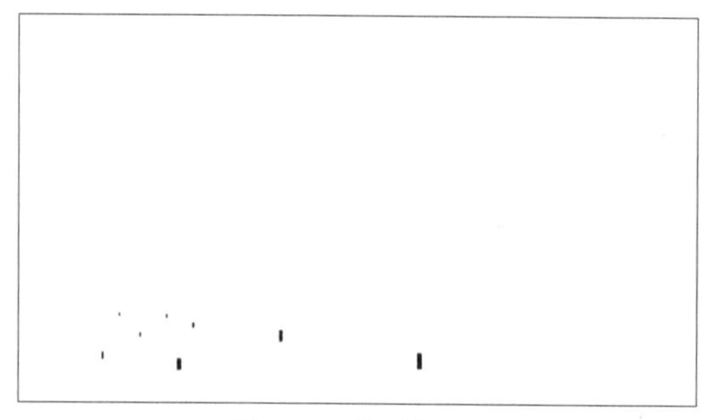

图7-132 “灯体”区域

步骤07 执行快捷键“Ctrl＋A”，全选“底图”图层的所有像素。按住“Ctrl＋Alt”键，依次在“天空”“草地”“建筑木纹”和“灯体”图层的缩览图上单击，去选这4个图层的像素区域。然后执行快捷键“Ctrl＋J”，将“底图”图层剩余区域上的像素单独复制出来，并命名为“建筑内部”，如图7-133所示。

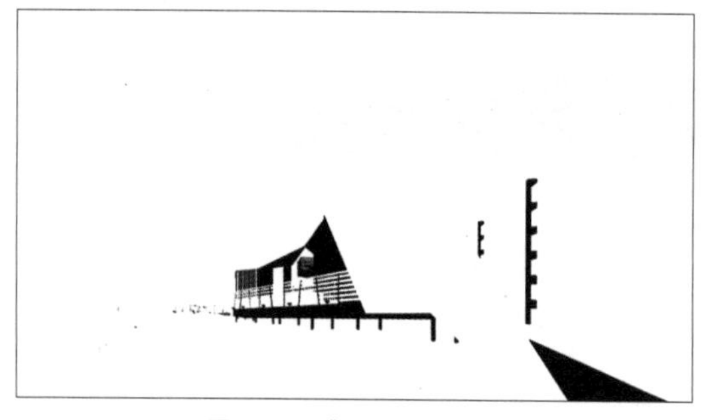

图7-133 “建筑内部”区域

△ 提示

为确保分离出来的图层之间不会出现“白边”（由于“材质ID”中的各个颜色之间存在过渡区域，使用“魔棒工具”创建选区时会有一定的像素缺失，而导致出现“白边”），在使用“魔棒工具”创建选区后，可单击菜单栏的“选择>修改>扩展”，在弹出的“扩展选区”对话框中输入“1”，以将选区向外扩展1个像素，此时再执行快捷键“Ctrl＋J”时便不会出现“白边”。

## 7.3.1.2 整理图层

**调整图层顺序：**

步骤01 单击“元素通道”图层组的“眼睛”图标，关闭该图层组的可见性；

步骤02 在“图层”面板中上下拖拽各图层，将各图层按照由上到下的顺序将图层调整为“草地”－“灯体”－“建筑内部”－“建筑木纹”－“天空”－“底图”，“图层”面板显示如图7-134所示。

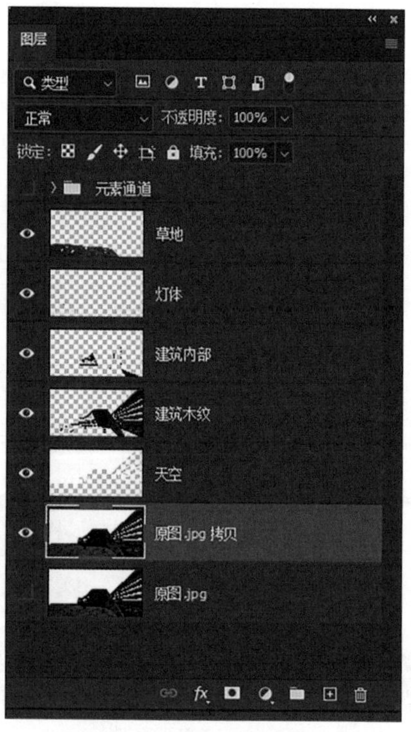


图7-134 “图层”面板显示

## 7.3.2　替换像素（素材替换）

作图的第二步便是将图像中效果欠佳的区域替换成更合适的素材，以达到理想中的效果。替换顺序可以从最下层开始，从下往上依次进行替换，可使作图思路更清晰，操作更顺畅。

### 7.3.2.1　替换天空素材

步骤01　选中“天空”图层，将“合成素材”文件夹内的“天空”图片拖拽至文档内，对其进行移动和缩放操作，将其移动至合适的位置，调整为合适的大小，并命名为“天空素材”。

步骤02　选中“天空”图层，按住“Shift”键并单击“天空素材”图层，将这两个图层一起选中。然后执行快捷键“Ctrl+G”，以创建图层组，并命名为“天空”，如图7-135所示。

图7-135　置入并调整“天空”素材

### 7.3.2.2　替换木纹素材

步骤01　选中“纹理贴图”图层，按住“Ctrl”键单击“建筑木纹”图层的缩览图，建立木纹区域的选区。然后执行快捷键“Ctrl+J”，将“纹理贴图”图层木纹区域上的像素单独复制出来，并命名为“木纹素材”。

步骤02　将“木纹素材”的图层不透明度设置为“43%”，并移至“建筑木纹”图层上方。

步骤03　选中“建筑木纹”图层，按住“Shift”键并单击“木纹素材”图层，将这两个图层一起选中。然后执行快捷键“Ctrl+G”，以创建图层组，并命名为“建筑木纹”，如图7-136所示。

图7-136　替换“建筑木纹”素材

### 7.3.2.3　替换灯体素材

步骤01　选中“纹理贴图”图层，按住“Ctrl”键单击“灯体”图层的缩览图，建立灯体区域的选区。然后执行快捷键“Ctrl+J”，将“纹理贴图”图层灯体区域上的像素单独复制出来，并命名为“灯体素材”。

步骤02　将“灯体素材”图层移至“灯体”图层上方，选中“灯体”图层，按住“Shift”键并单击“灯体素材”图层，将这两个图层一起选中。然后执行快捷键“Ctrl+G”，以创建图层组，并命名为“灯体”，如图7-137所示。

图7-137　替换“灯体”素材

### 7.3.2.4　替换草地素材

步骤01　选中“草地”图层，将“合成素材”文件夹内的“草地”图片拖拽至文档内，对其进行移动和缩放操作，将其移动至合适的位置，调整为合适的大小，并命名为“草地素材”。

步骤02　选中“草地素材”图层，按住“Ctrl”键单击“草地”图层的缩览图，建立草地区域的选区。然后单击“图层”面板下方的图标（◘），为其添加图层蒙版。

步骤03　使用“画笔工具”（快捷键“B”），导入“合成素材”文件夹中的“草笔刷”文件，在其中选择任意笔刷。然后将前景色设置为白色，在“草地素材”图层的蒙版缩览图中草地与建筑的交界线上涂抹，如图7-138所示。

图7-138 替换“草地”素材

**步骤04** 在其图层名字后方空白处点击鼠标右键，选择“栅格化图层”选项。使用“仿制图章工具”（快捷键“S”），将“草地素材”中多余的植物去除，并将其图层不透明度设置为“43%”。

**步骤05** 选中“草地”图层，按住“Shift”键并单击“草地素材”图层，将这两个图层一起选中。然后执行快捷键“Ctrl + G”，以创建图层组，并命名为“草地”，如图7-139所示。

图7-139 处理“草地”素材

## 7.3.3 调整像素（色彩调整）

将所需素材替换好后，需对这些素材进行色彩调整，使画面更加自然、和谐，进一步美化图像。

### 7.3.3.1 调整天空素材

**▼ 操作方法**

选中“天空素材”图层，执行快捷键“Ctrl + U”，或单击菜单栏的“图像>调整>色相/饱和度”选项，在弹出的“色相/饱和度”对话框中，降低“饱和度”选项的数值，如图7-140和图7-141所示。

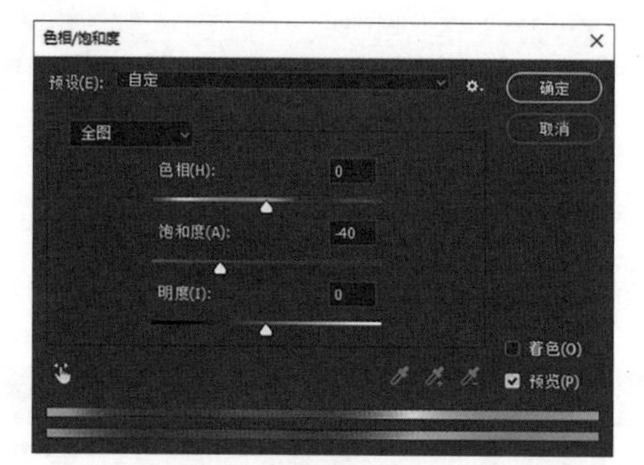


图7-140 “色相/饱和度”对话框

图7-141 降低“天空素材”的饱和度

### 7.3.3.2 调整草地素材

**▼ 操作方法**

选中“草地素材”图层，执行快捷键“Ctrl + Shift + A”，或单击菜单栏的“滤镜>Camera Raw滤镜”选项，在弹出的“Camera Raw”面板中，设置各项调整参数，如图7-142和图7-143所示。

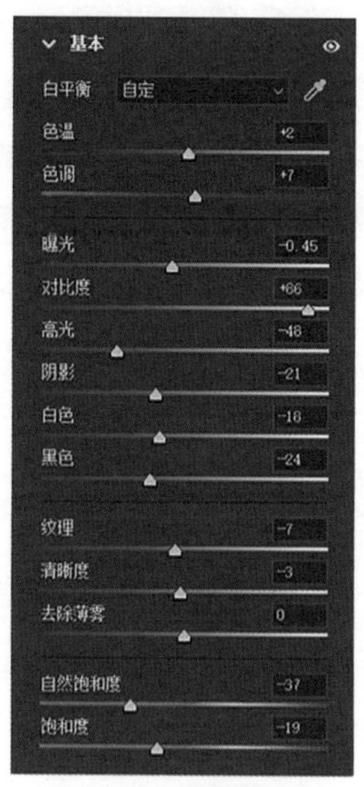


图7-142 设置参数

图7-143　调整“草地素材”

## 7.3.4　添加像素（素材置入）

向图像中添加其他缺少的元素，如“拼贴风”必备的纹理贴图，以增加画面的拼贴质感。还有阴影、植物、人物和热气球等拼贴素材，使画面更加丰富、饱满。

### 7.3.4.1　添加草地纹理贴图

**步骤01**　选中“草地素材”图层，将“合成素材”文件夹内的“纹理”图片拖入文档内，按“回车”键确认。

**步骤02**　按住“Alt”键拖动该图片，对其进行移动并复制，将两张图片对齐并移动至合适的位置，调整为合适的大小（完全覆盖草地区域即可），如图7-144所示。

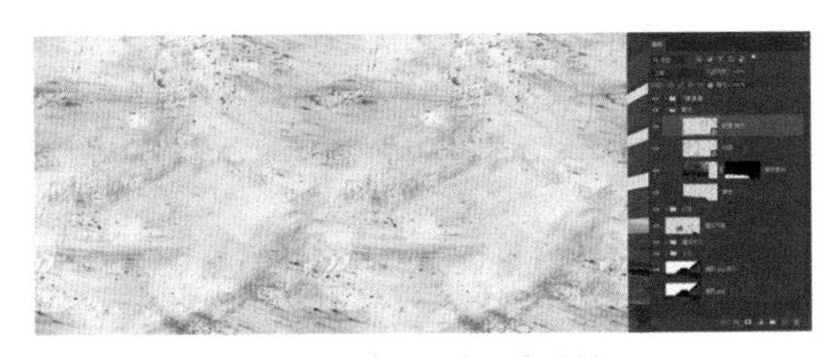

图7-144　置入“纹理”素材

**步骤03**　选中“纹理”图层，按住“Shift”键并单击“纹理 拷贝”图层，将这两个图层一起选中。然后执行快捷键“Ctrl＋E”，将其合并为一个图层，并命名为“纹理素材”。

**步骤04**　按住“Alt”键拖拽“草地素材”图层的蒙版缩览图至“纹理素材”图层上，将“草地素材”图层的蒙版复制给“纹理素材”图层，如图7-145所示。

图7-145　复制图层蒙版

**步骤05**　选中“纹理素材”图层，将其图层混合模式改为“柔光”，如图7-146所示。

图7-146　更改图层混合模式为“柔光”

### 7.3.4.2　添加建筑纹理贴图

**步骤01**　选中“木纹素材”图层，将“合成素材”文件夹内的“纹理（2）”图片拖拽至文档内，按“回车”键确认。

**步骤02**　按住“Alt”键拖动该图片，对其进行移动并复制，将两张图片对齐并移动至合适的位置，调整为合适的大小（完全覆盖木纹区域即可），如图7-147所示。

图7-147　置入“纹理（2）”素材

**步骤03**　选中“纹理（2）”图层，按住“Shift”键并单击“纹理（2） 拷贝”图层，将这两个图层一起选中。然后执行快捷键“Ctrl＋E”，将其合并为一个图层，并命名为“纹理（2） 素材”。

步骤04 选中“纹理（2） 素材”图层，按住“Ctrl”键单击“建筑木纹”图层的缩览图，建立木纹区域的选区。然后单击“图层”面板下方的图标（◘），为其添加图层蒙版，如图7-148所示。

图7-148 添加图层蒙版

步骤05 选中“纹理（2） 素材”图层，将其图层混合模式改为“柔光”，图层不透明度设置为“40%”，如图7-149所示。

图7-149 更改图层混合模式为“柔光”，图层不透明度为“40%”

### 7.3.4.3 添加明暗细节和阴影

步骤01 选中“灰度”图层，按住“Ctrl”键单击“建筑木纹”图层的缩览图，建立木纹区域的选区。然后执行快捷键“Ctrl + J”，将“灰度”图层木纹区域上的像素单独复制出来，并命名为“明暗加强”，并移至“建筑木纹”图层组上方，如图7-150所示。

步骤02 将“明暗加强”图层的混合模式改为“叠加”，如图7-151所示。

步骤03 然后执行快捷键“Ctrl + L”，或单击菜单栏的“图像>调整>色阶”选项。在弹出的“色阶”对话框中，将“黑场”滑块向右移动，“白场”滑块向左移动，以增强明暗对比，如图7-152和图7-153所示。

图7-150 添加明暗细节

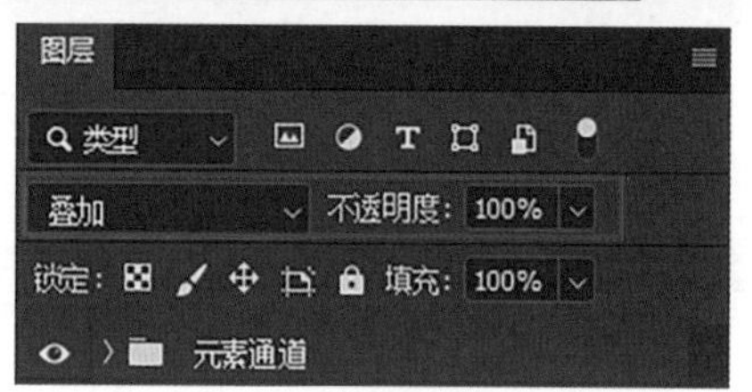


图7-151 更改图层混合模式为“叠加”

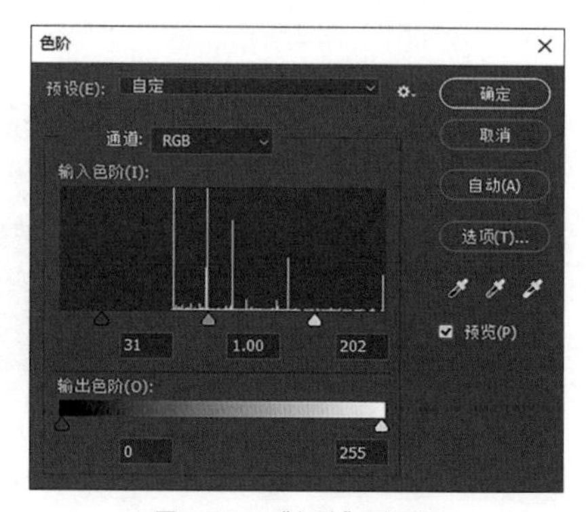


图7-152 “色阶”对话框

图7-153 调整“色阶”，增强明暗对比

**步骤04** 单击“阴影”图层的“眼睛”图标，打开“阴影”图层的可见性。按住“Ctrl”键单击“建筑内部”图层的缩览图，建立建筑内部区域的选区。

**步骤05** 使用“魔棒工具”（快捷键“W”），勾选“连续”选项，按住“Shift”键并单击画面中的栏杆区域，以加选栏杆区域阴影。按住“Alt”键并单击画面右下角的三角形区域，以减选该区域。

**步骤06** 然后执行快捷键“Ctrl＋J”，将“阴影”图层上选中的像素单独复制出来，并命名为“阴影细节”。

**步骤07** 将“阴影细节”图层移至“建筑内部”图层上方，并将其图层不透明度设置为“40%”。

**步骤08** 选中“明暗加强”图层，按住“Shift”键并单击“阴影细节”图层，将“建筑内部”图层与这两个图层一起选中。然后执行快捷键“Ctrl＋G”，以创建图层组，并命名为“明暗细节”，如图7-154所示。

**步骤09** 将“阴影”图层的混合模式改为“正片叠底”，以添加全图阴影，如图7-155所示。

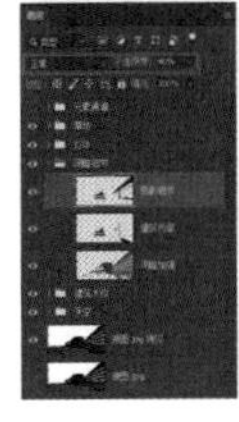

图7-154　添加阴影细节

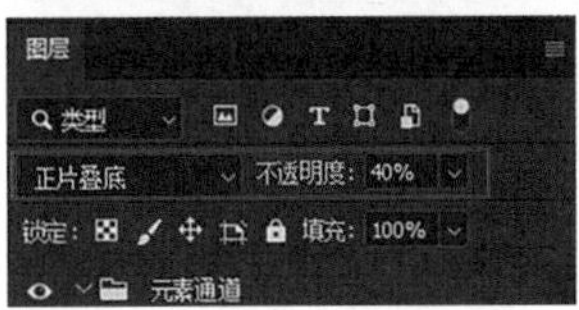


图7-155　添加全图阴影

## 7.3.4.4　添加动植物素材

**步骤01** 打开“合成素材”文件夹内的“人物”.psd文件，将其中的“人物1”和“人物2”图层拖入“福田记忆广场效果图”文档中。

**步骤02** 执行快捷键“Ctrl＋T”，分别对这两个图层进行移动、旋转和缩放等操作，将其移动至合适的位置，调整为合适的大小，如图7-156所示。

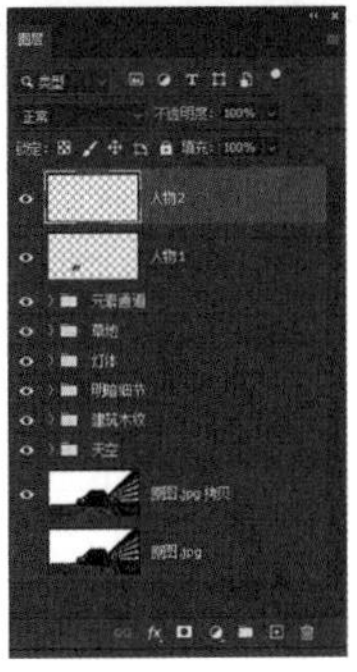

图7-156　添加“人物”素材

**步骤03** 将“合成素材”文件夹内的“鸟”图片拖入“福田记忆广场效果图”文档中，对其进行移动、旋转和缩放等操作，将其移动至合适位置，调整为合适的大小。

步骤04 将其图层不透明度设置为“75%”，如图7-157所示。

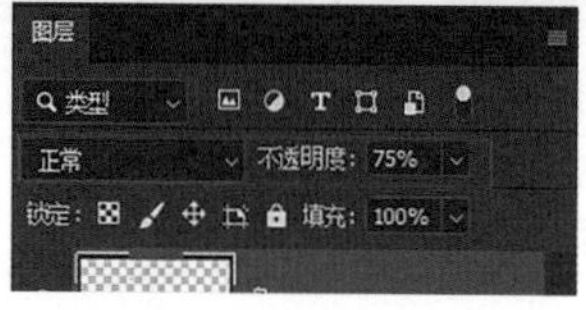


图7-157 添加“鸟”素材

步骤05 将“合成素材”文件夹内的“树”图片拖入“福田记忆广场效果图”文档中，对其进行移动、旋转和缩放等操作，将其移动至合适位置，调整为合适的大小。

步骤06 将其图层不透明度设置为“82%”，如图7-158所示。

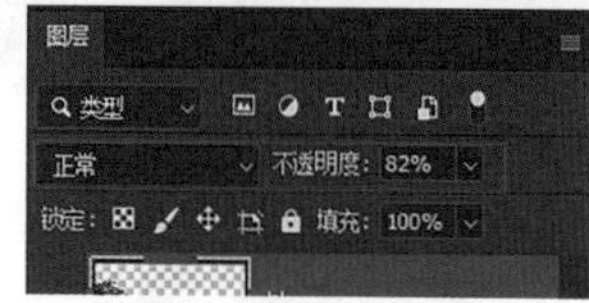


图7-158 添加“树”素材

## 7.3.4.5 添加热气球素材

步骤01 将“合成素材”文件夹内的“树”图片拖入“福田记忆广场效果图”文档中，对其进行移动、旋转和缩放等操作，将其移动至合适位置，调整为合适的大小。

步骤02 将其下移至“树”图层下方，图层不透明度设置为“82%”。

步骤03 将置入的六个素材图层一起选中，执行快捷键“Ctrl + G”，以创建图层组，并命名为“素材”，如图7-159所示。

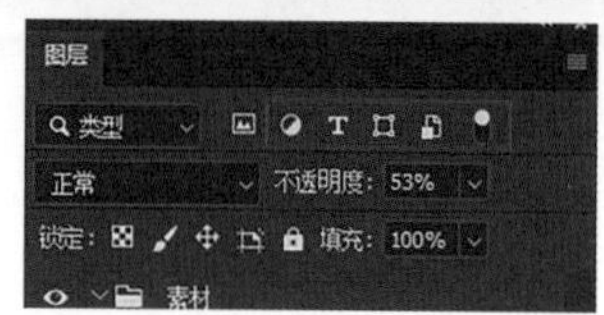


图7-159 添加“热气球”素材

## 7.3.4.6 添加全图纹理素材

步骤01 将“合成素材”文件夹内的“纹理（3）”图片拖拽至文档内，按“回车”键确认。

步骤02 按住“Alt”键拖动该图片，对其进行移动并复制，直至其完全覆盖全图，如图7-160所示。

步骤03 将所有纹理素材图层一起选中，执行快捷键“Ctrl + G”，以创建图层组，并命名为“全图纹理”，将其图层混合模式改为“柔光”，图层不透明度设置为“84%”，如图7-161所示。

图7-160 置入“纹理（3）”素材

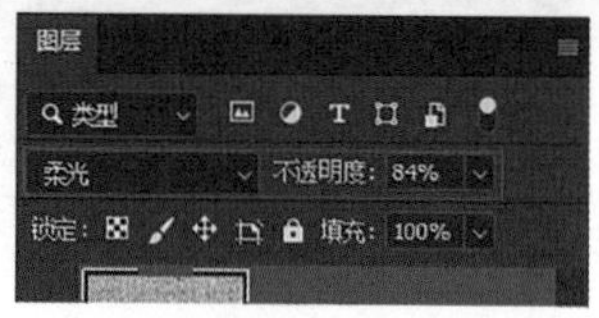


图7-161 更改图层混合模式和图层不透明度

## 7.3.5 合并像素（整体调整）

**将所有素材处理好之后，便可进行作图的最后一步：**将文档中所有可见图层合并为一个新的图层，然后进行全图的颜色调整，使画面更加自然美观、和谐统一。

### 7.3.5.1 盖印全图

在“图层”面板中，先选中第一个图层，然后执行快捷键“Ctrl＋Shift＋Alt＋E”，将所有可见的区域合并为一个新的图层，并命名为“最终图像”。

### 7.3.5.2 全图调整（Camera Raw）

选中“最终图像”图层，执行快捷键“Ctrl＋Shift＋A”，或单击菜单栏的“滤镜>Camera Raw滤镜”选项，在弹出的“Camera Raw”面板中，设置如图7-162所示的参数，使全图效果更加美观。最终图像效果及图层整理如图7-163所示。

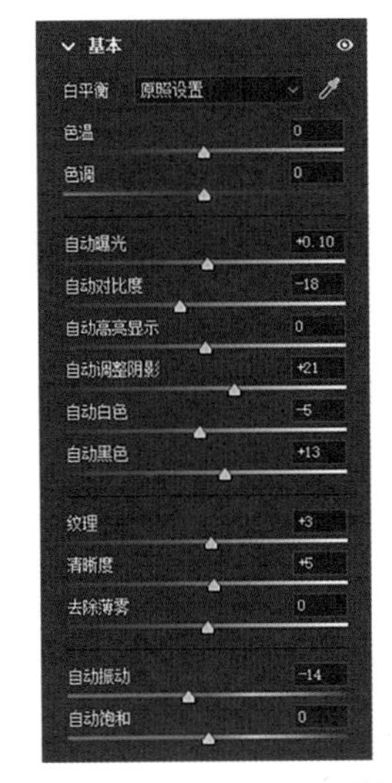


图7-162 Camera Raw面板

图7-163 最终图像效果及图层整理

## 7.4 分析图制作——西哈莱姆公园（可达性分析）

本书的分析图制作以“西哈莱姆公园”为例，如图7-164所示。此类分析图的制作方法非常简单，只需在渲染好的“AO”图（即白膜）上进行加工，如填色、绘制形状、添加箭头、图标和文字说明等素材，将复杂的信息通过简洁的图形传达给阅读者。读者可以关注公众号“卓越软件官微”，回复“西哈莱姆公园分析图”获取作图所需的素材文件，如图7-165所示，文件素材包括“可达性分析图”“合成素材”和“元素通道”文件。Photoshop作图思路和技巧不计其数，本章节在编写过程中，仅提供部分作图思路和技巧，供读者参考。

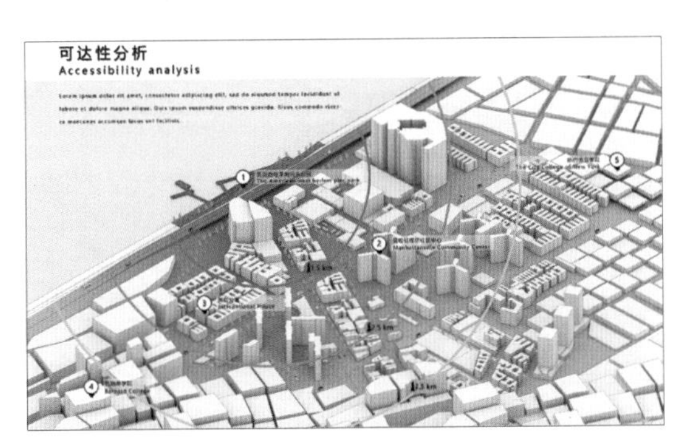


图7-164 西哈莱姆分析图（可达性分析）

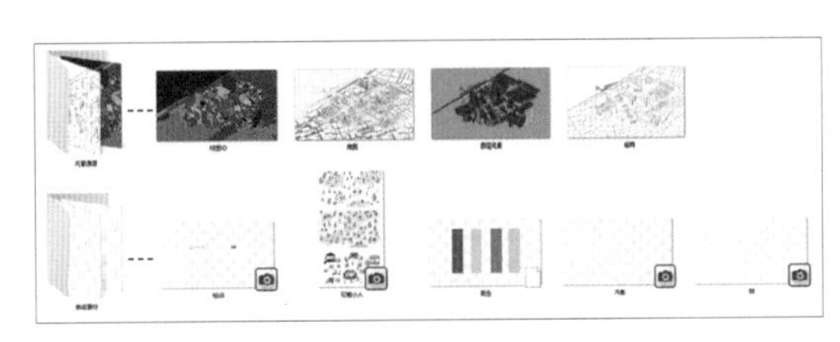

图7-165 作图素材文件预览

### 7.4.1 分离像素（抠图＋填色）

分离像素通常为作图的第一步，也就是利用“渲染元素”将图像中需要进行处理的各个区域的像素分离开来，单独选中，也就是我们常说的“抠图”。这样我们方便单独选中图像不同区域的像素对其进行填色，用不同的颜色表达不同的区域信息。

#### 7.4.1.1 元素通道辅助抠图

（1）置入图片

**方法 01**

**步骤01** 打开Photoshop软件，将“元素通道”文件内的“底图”图片拖拽至软件内，将其解锁，并将图层名称改为“底图”。

**步骤02** 将“元素通道”文件内的“材质ID”“图层元素”和“线稿”图片全选，并一次性将其拖拽至软件内。

**步骤03** 单击选项栏的“确认”按钮或按“回车”键确认即可（拖入几张图片便需要按几次“回车”键）。

**步骤04** 按住“Shift”键并单击“材质ID”“图层元素”和“线稿”图层，以将其全选。然后执行快捷键“Ctrl＋G”，以创建图层组，并将该组名称改为“元素通道”，“图层”面板显示如图7-166所示。

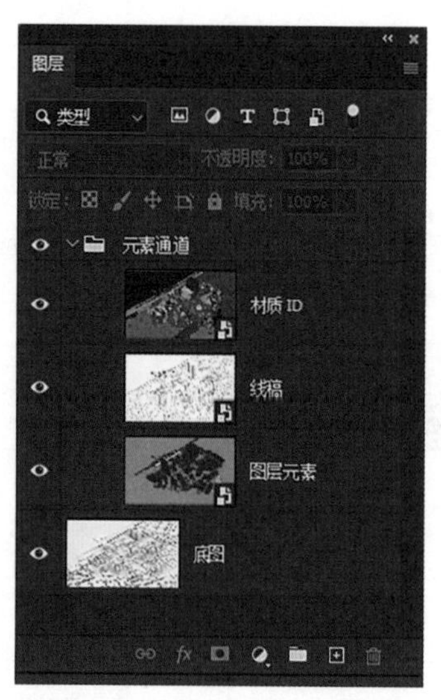

图7-166 “图层”面板显示（方法01）

**方法 02**

**步骤01** 打开Photoshop软件，单击菜单栏的“文件>脚本>将文件载入堆栈”，以打开“载入图层”对话框，如图7-167所示。

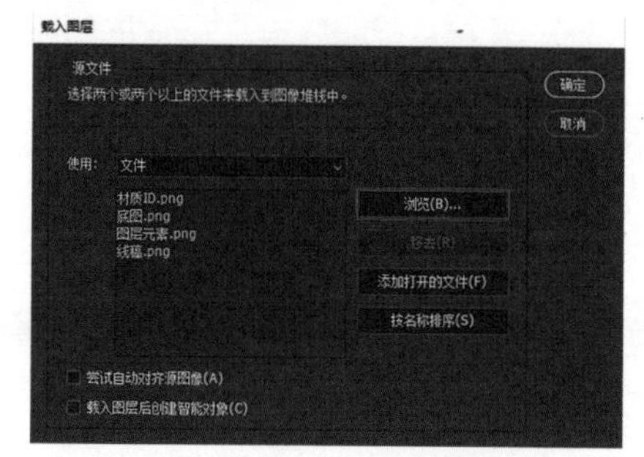

图7-167 “载入图层”对话框

**步骤02** 单击“载入图层”对话框中的“浏览”选项，并全选“元素通道”文件内的所有图片，单击“确定”按钮或者按“回车”键确认即可一次性置入所有图片。

**步骤03** 将“底图”图层置于最底层。按住“Shift”键并单击“材质ID”“图层元素”和“线稿”图层，以将其全选。然后执行快捷键“Ctrl＋G”，以创建图层组，并将该组名称改为“元素通道”，“图层”面板显示如图7-168所示。

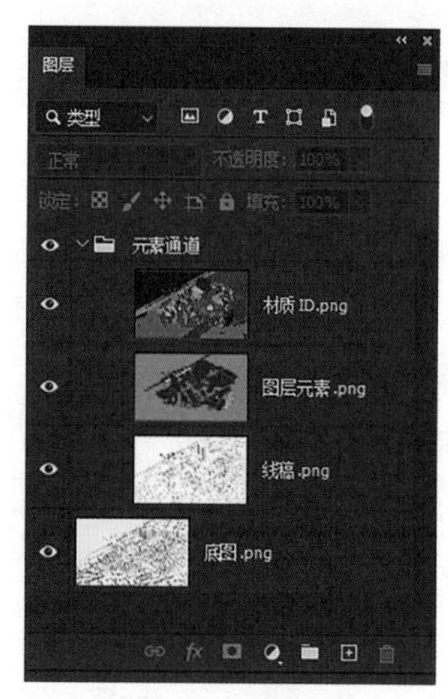

图7-168 “图层”面板显示（方法02）

> **△ 提示**
>
> 两种方法的不同之处在于用方法01置入图片会将除“底图”外的其他图片以“智能对象”图层置入，而用方法02置入的图片全部为普通的像素图层。

（2）保存文件

执行快捷键“Ctrl + S”，将文件保存为PSD格式文件，并命名为“西哈莱姆公园可达性分析图”。

（3）备份底图

选中“底图”图层，执行快捷键“Ctrl + J”，复制“底图”图层，并关闭其图层可见性，留作备份。

（4）分离元素（抠图 + 填色）

**步骤01** 将“合成素材”文件夹内的“配色”图片拖拽至文档内，对其进行移动和缩放操作，将其缩小并移动至右下角。

**步骤02** 单击“材质ID”图层的“眼睛”图标，打开其图层可见性（此时可关闭“渲染元素”图层组内的其他图层的可见性）。

**步骤03** 选中“底图”图层，执行快捷键“W”，以选择“魔棒工具”。勾选选项栏的“连续”选项，将“容差”值设置为20，以及勾选“对所有图层取样”选项。

**步骤04** 在“材质ID”图层的海面区域上单击，按住“Shift”键可进行加选。执行快捷键“Ctrl + Shift + Alt + N”，新建空图层。

**步骤05** 使用工具栏的前景色拾色器吸取“配色”图层中的第二个颜色，执行快捷键“Alt + Delete”键，填充前景色。然后将图层混合模式改为“正片叠底”，图层不透明度设置为“30%”，并将其命名为“海面”，如图7-169所示。

**步骤06** 单击“图层元素”图层的“眼睛”图标，打开其图层可见性（此时可关闭“渲染元素”图层组内的其他图层的可见性）。在“图层元素”图层的码头公园区域上单击，然后执行快捷键“Ctrl + Shift + Alt + N”，新建空图层。

**步骤07** 使用工具栏的前景色拾色器吸取“配色”图层中的第一个颜色，执行快捷键“Alt + Delete”键，填充前景色。然后将图层混合模式改为“正片叠底”，图层不透明度设置为“70%”，并将其命名为“码头”，如图7-170所示。

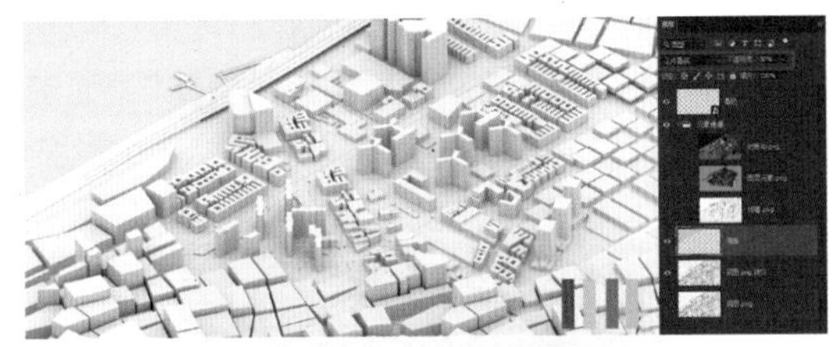

图7-169 “海面”区域填色

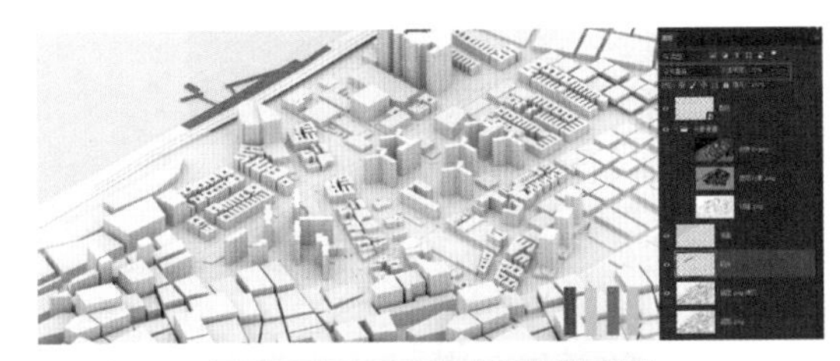

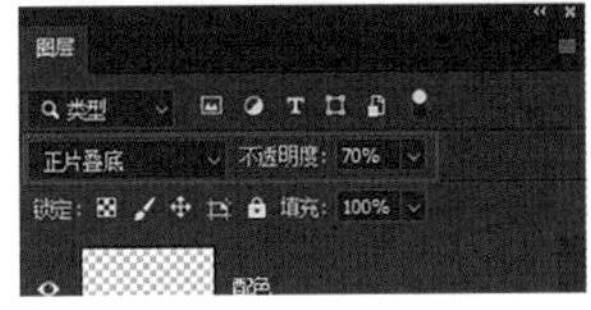


图7-170 “码头”区域填色

**步骤08** 单击“材质ID”图层的“眼睛”图标，打开其图层可见性（此时可关闭“渲染元素”图层组内的其他图层的可见性）。

**步骤09** 选中“底图”图层，执行快捷键“W”，以选择“魔棒工具”。取消勾选选项栏的“连续”选项，将“容差”值设置为20，以及勾选“对所有图层取样”选项。

**步骤10** 在“材质ID”图层的红色区域上单击，然后关闭“材质ID”图层的可见性，打开“图层元素”图层可见性，按住“Shift”键加选高架桥区域。执行快捷键“Ctrl + Shift + Alt + N”，新建空图层。

**步骤11** 执行快捷键“G”，以选择“渐变工具”。单击选项栏的颜色带，调出渐变编辑器。在渐变编辑器中设置如图7-171所示的渐变颜色（使用“配色”图层的第三个和第四个颜色）。

步骤12 使用选项栏的“径向渐变”，在空图层中填充渐变颜色。然后将其图层混合模式改为“正片叠底”，并命名为“道路”，如图7-172所示。

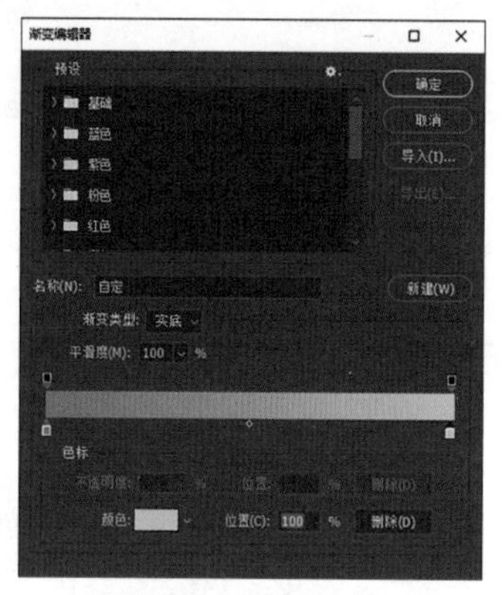

图7-171 “渐变编辑器”面板

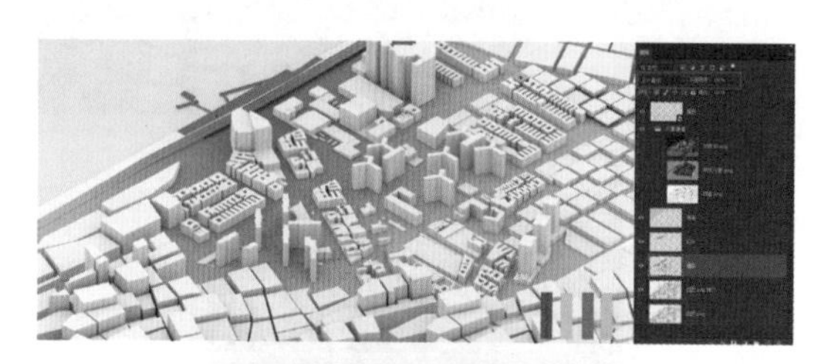

图7-172 “道路”区域填色

### 7.4.1.2 整理图层

**整理图层：**

步骤01 单击“元素通道”图层组的“眼睛”图标，关闭该图层组的可见性；

步骤02 在“图层”面板中上下拖拽各图层，将各图层按照由上到下的顺序将图层调整为“码头”-“道路”-“海面”-“底图”；

步骤03 按住“Shift”键并单击“码头”“道路”“海面”图层，然后执行快捷键“Ctrl+G”，以创建图层组，并将该组名称改为“填色”，“图层”面板显示如图7-173所示。

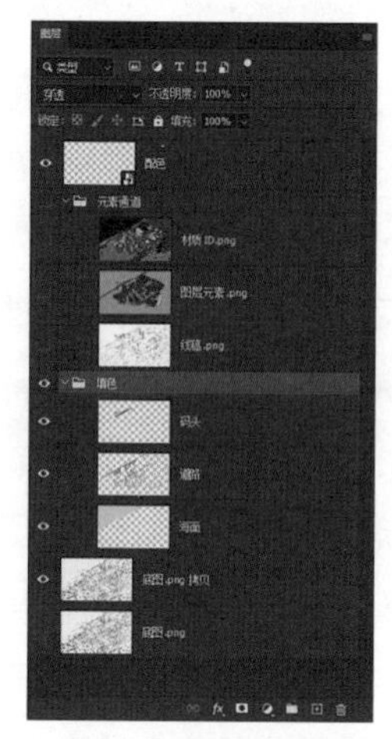

图7-173 “图层”面板显示

## 7.4.2 添加像素（绘制形状+添加文字、素材）

向图像中添加其他表达信息所需的元素，如绘制形状、添加图标、文字说明和动植物等素材，将复杂的信息通过简洁的图形传达给阅读者，使画面更加丰富。

### 7.4.2.1 绘制半径范围圈

步骤01 执行快捷键“U”，以选择“形状工具”。按住“Shift”键并拖动光标，绘制正圆形状，并命名为“圆形1”。

步骤02 在选项栏中，将填充改为“无颜色”，描边颜色使用“配色”图层中的第三个颜色，描边宽度改为“10像素”。

步骤03 然后按住“Ctrl”键将其移动至合适的位置，按住“Shift”键将其等比缩放至合适的大小，如图7-174所示。

图7-174 绘制圆形形状（一）

步骤04 执行快捷键“Ctrl+J”，拷贝该图层。按住“Shift+Alt”键拖动控件角点，将其从中心进行等比缩放（为增强透视感，可将其压扁一点）。

步骤05 在选项栏中，将描边颜色改为其附近的颜色，并命名为“圆形2”，如图7-175所示。

步骤06 重复执行 步骤04 的操作，然后将描边颜色改为“配色”图层中的第四个颜色，并命名为“圆形3”，如图7-176所示。

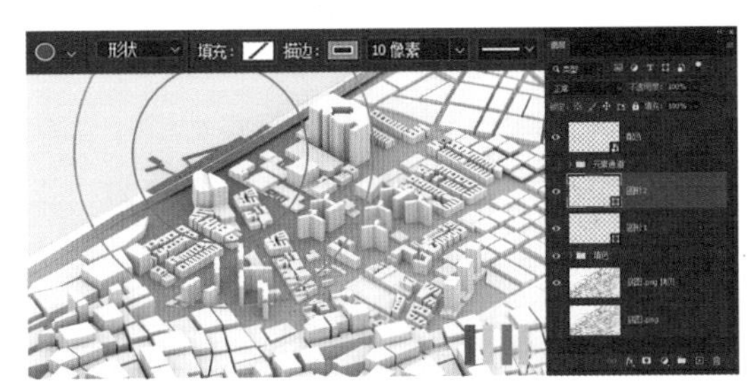

图7-175 绘制圆形形状（二）

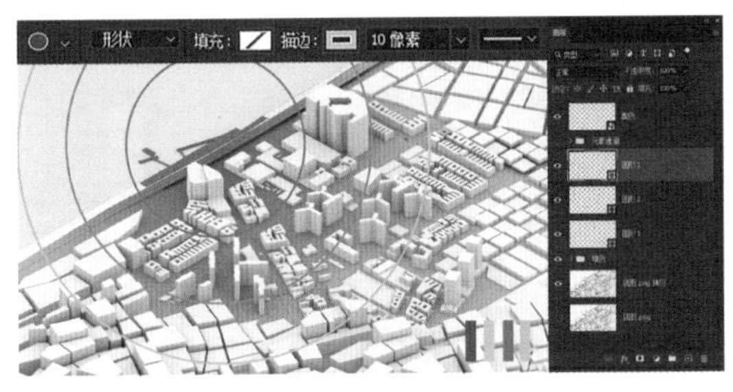

图7-176 绘制圆形形状（三）

步骤07 单击“圆形1”图层，按住“Shift”键加选“圆形2”和“圆形3”图层，在图层空白处点击鼠标右键，在弹出的菜单中选择“栅格化图层”。

步骤08 执行快捷键“Ctrl+Alt+E”，将这三个图层合并至一个新图层，并命名为“半径范围”。

步骤09 关闭“圆形1”“圆形2”和“圆形3”图层的可见性。

步骤10 执行快捷键“L”，以选择“多边形套索工具”，将“半径范围”图层中多余的部分选中，然后按“Delete”键将其删除。

步骤11 执行快捷键“Ctrl+D”取消选择，然后将这四个图层一起选中，执行快捷键“Ctrl+G”，并命名为“半径圈”，如图7-177所示。

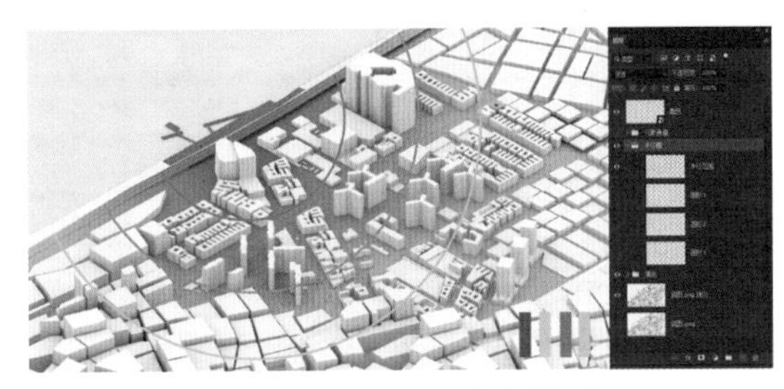
图7-177 删除圆形形状多余部分

## 7.4.2.2 添加距离标志和建筑标识

步骤01 打开“合成素材”文件夹内的“标识.psd”文件，将其中的“距离标志”图层组拖入“西哈莱姆公园可达性分析图”文档中，将其移动至对应的半径圈上。

步骤02 按住“Ctrl”键单击“圆角矩形”图层的缩览图，使用前景色拾色器吸取对应的半径圈的颜色，执行快捷键“Alt+Delete”键，填充前景色。

步骤03 然后按住“Alt”键将“距离标志”图层组移动并复制到其他两个半径圈上，重复执行 步骤02的操作。

步骤04 双击文字图层，将数字改为对应的半径距离，从里到外分别为1.5km-2.5km-3.5km，如图7-178所示。

步骤05 打开“合成素材”文件夹内的“标识.psd”文件，将其中的“建筑标识”图层组拖入“西哈莱姆公园可达性分析图”文档中，将其移动至对应的建筑位置上。

步骤06 按住“Alt”键可将其进行移动并复制，双击文字图层，可更改文字，如图7-179所示。

步骤07 为重复性操作，为节省时间，读者可打开“标识.psd”文件内的“完整建筑标识”图层组的可见性，按住“Shift”键将其拖入文档中即可。

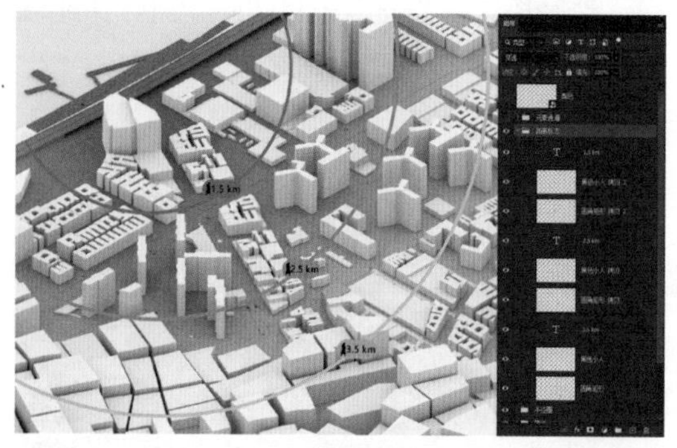

图7-178　添加距离标志

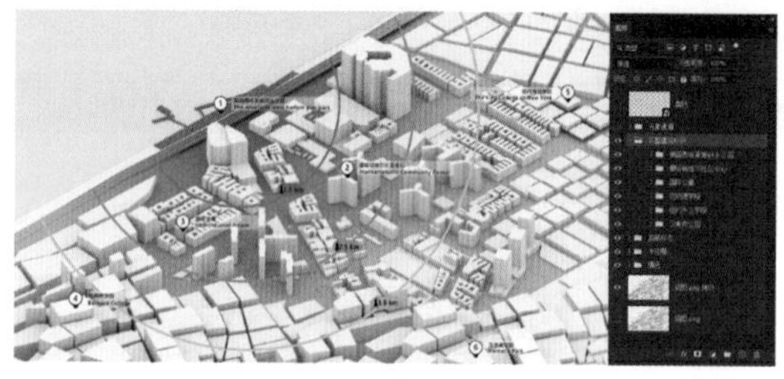

图7-179　添加建筑标识

## 7.4.2.3　添加配景素材（植物、汽车）

步骤01　打开“合成素材”文件夹内的“可爱小人.psd”文件，使用套索工具（快捷键“L”）选择合适的植物素材，然后将其拖入“西哈莱姆公园可达性分析图”文档中，并命名为“植物”。

步骤02　然后将其移动至“半径圈”图层组下方，执行快捷键“W”，以选择“魔棒工具”，选中“植物”图层的叶子部分。

步骤03　打开前景色拾色器面板，选择合适的颜色，执行快捷键“Alt＋Delete”键，填充前景色。

步骤04　执行快捷键“Ctrl＋T”，对该图层进行移动和缩放等操作，将其移动至合适的位置，调整为合适的大小。

步骤05　按住“Alt”键对其进行移动并复制，然后将复制出来的所有图层一起选中，执行快捷键“Ctrl＋E”，将其合并，并命名为“树”。

步骤06　为重复性操作，为节省时间，读者可打开“合成素材”文件夹内的“配景素材.psd”文件，选中其中的“树”和“车”图层，按住“Shift”键将其拖入文档中，然后移动至“半径圈”图层组下方即可，如图7-180所示。

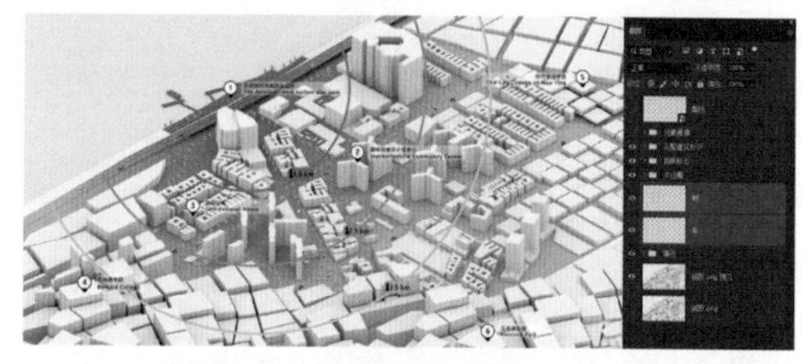

图7-180　添加配景素材（植物、汽车）

## 7.4.2.4　叠加线稿

步骤01　打开“线稿.png”图层的可见性，将其移动至“车”图层下方。

步骤02　然后将图层混合模式改为“正片叠底”，图层不透明度设置为“30%”，如图7-181所示。

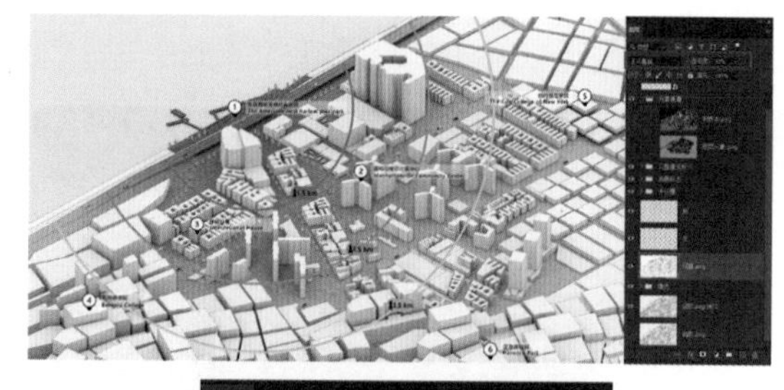


图7-181　叠加线稿

## 7.4.2.5　添加白色背景和文字说明

步骤01　执行快捷键“C”，以选择“裁剪工具”，将画布向上拉宽。

步骤02　执行快捷键“M”，以选择“矩形选框工具”，选中“半径范围”图层中多余的部分，按“Delete”键将其删除，然后执行快捷键“Ctrl＋D”取消选择。

步骤03　执行快捷键“Ctrl＋Shift＋Alt＋N”，新建空图层。

步骤04　执行快捷键“D”，将拾色器切换为默认颜色（前黑后白）。

**步骤05** 执行快捷键“Ctrl＋Delete”键，填充背景色（白色）。然后将该图层移动至最底层，并命名为“背景”，如图7-182所示。

**步骤06** 执行快捷键“T”，以选择“文字工具”，输入图名及文字说明并更改字体样式、调整文字大小及字行间距，然后将该图层移动至最顶层，如图7-183所示。

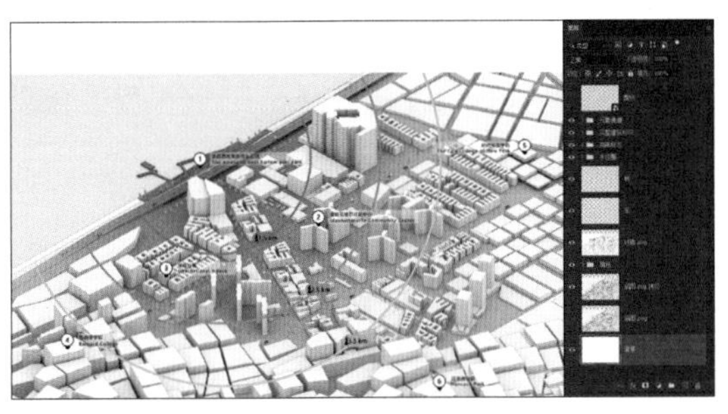

图7-182　添加白色背景

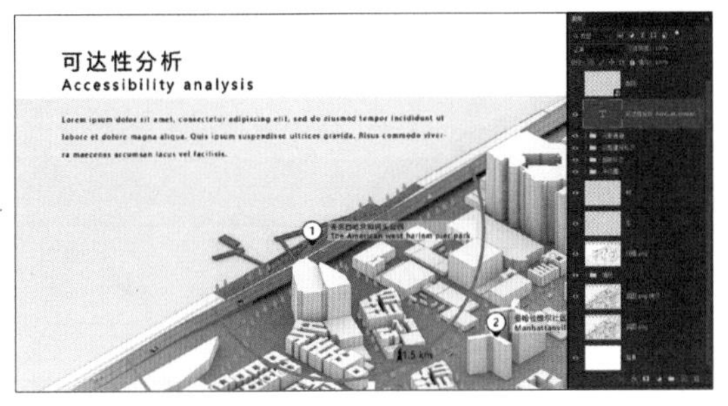


图7-183　添加文字说明

## 7.4.3　合并像素

**将所有素材处理好之后，便可进行作图的最后一步：**将文档中所有可见图层合并为一个新的图层。

在“图层”面板中，先选中第一个可见图层，然后执行快捷键“Ctrl＋Shift＋Alt＋E”，将所有可见的区域合并为一个新的图层，并命名为“最终图像”，如图7-184所示。

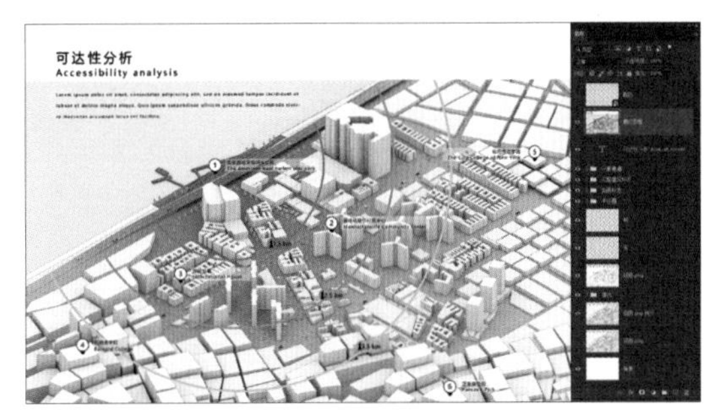


图7-184　最终图像效果及图层整理